本书研究获国家自然科学基金（41171147）支持

主体功能区背景下的城市群空间重构

伍世代　曾月娥／著

科 学 出 版 社
北 京

内 容 简 介

在全球化、工业化、城市化、信息化、绿色化成为当前我国经济社会发展主旋律的背景下，城市群发展呈现两个显著的态势：一是同城化趋势日益显现，二是主体功能区战略实施进程加快。本书以厦漳泉城市群为典型案例，对其空间总体特征进行剖解，将焦点投向同城化和主体功能区实施影响下的城市群空间发展要素，探讨这一背景下厦漳泉城市群空间重构导向、模式及实现路径，构建科学合理的城市群空间格局，以期丰富与拓展城市群空间重构系统研究，同时也为我国其他类似区域城市群空间重构实践提供一定的借鉴意义与参考价值。

本书适用于城市与区域规划、人文地理、城乡规划与建设等相关专业技术人员，也可供政府管理和决策部门及高等院校师生参考阅读。

图书在版编目(CIP)数据

主体功能区背景下的城市群空间重构／伍世代，曾月娥著．—北京：科学出版社，2017.6

ISBN 978-7-03-053130-8

Ⅰ.①主… Ⅱ.①伍…②曾… Ⅲ.①城市空间-空间规划-研究
Ⅳ.①TU984.11

中国版本图书馆CIP数据核字（2017）第128121号

责任编辑：林 剑／责任校对：彭 涛
责任印制：张 伟／封面设计：无极书装

科学出版社出版
北京东黄城根北街16号
邮政编码：100717
http://www.sciencep.com

北京虎彩文化传播有限公司印刷

科学出版社发行 各地新华书店经销

*

2017年6月第 一 版 开本：720×1000 B5
2018年4月第二次印刷 印张：15 3/4
字数：316 000

定价：98.00元

（如有印装质量问题，我社负责调换）

前　　言

城市群作为区域经济发展最具活力和潜力的增长极，一直是地理学科关注的热点。城市群的快速发展，致使无序竞争、忽视环境的保护及资源的合理利用、城市群空间联系通道支撑不足等问题显现，城市群空间重构被认为是解决城市群发展瓶颈的核心，也是实现城市群可持续发展的重要保证。当前，我国对城市群空间重构的概念理解不够全面，大多数研究往往都是就城市群空间结构特征及发展变化的机理而论空间结构优化，从较为宏观的角度进行论述。然而，目前中国城市群发展正处于城市群同城化和主体功能区实施的特殊背景，针对这一背景进行城市群空间重构探讨的研究较为鲜见。而这一背景较具中国特色，国外相关文献亦不多见。鉴于此，本书运用城市地理学的相关理论，对厦漳泉城市群空间结构的现状特征进行分析，尝试从同城化、主体功能区实施的角度展开城市群空间重构探讨，提出厦漳泉城市群重构模式及其实现路径，以期为厦漳泉城市群空间重构提供理论依据与技术指导。

第 1 章为绪论，介绍了研究背景和理论依据，提出了本书的研究意义及研究目标，继而拟定本书重要研究内容：一是厦漳泉城市群的人口、经济、城镇空间结构特征；二是厦漳泉城市群同城化、主体功能定位及其主要影响因子分析；三是在同城化和主体功能区实施背景下的厦漳泉城市群空间重构框架；同时，介绍了本书的技术路线和行文思路。第 2 章为研究综述，介绍了城市群、城市群空间结构、城市群空间重构等相关概念与研究进展，认为城市群空间重构的理论依据、路径选择、空间布局等研究仍需进一步深化；其次介绍了同城化、主体功能区提出背景、概念及其相关研究进展，认为同城化大多是从政府主导出发，鲜少基于个体、民众来反思同城化，忽视了民众认知，较少在同城化存在问题及发展需求基础上提出城市群空间重构；主体功能区从初期的理论层面研究逐步过渡至地方实践探讨，焦点转向以主体功能区实施为平台的各类相关内容研究，但鲜有学者探讨在主体功能区实施背景下城市群空间如何重构以实现国土空间格局优化。第 3 章是厦漳泉城市群空间特征的研究。本章包括了研究区概况、人口、经济、城镇空间特征四个部分。首先简单介绍了厦漳泉城市群自然环境、社会经济、历史文化等概况。在人口空间特征部分，利用城市首位律、城市位序—规模法则，分析了城市人口规模等级结构、人口密度空间分布特征，认为厦门市虽作为厦漳泉城市群的首位城市，但中心地位不够明显；中小城市发展迅猛，同时人口密度分布不均，呈现出城市群东部沿海地区高于西部地区。在经济空间特征部分，采用产业结构协调指数分析了产业结构变化，重心模型分析其经济重心轨迹变化状况，并概括出经济空间均衡类型。研究表明，整体上，产业结构协调程度日益上升，但部分地区产业协调指数较为不稳定，产业结构优化效果仍不显著；经济空间结构上表现为东南部强于西北部、核心区域强于外围区域，且东南部地区同城化现象凸显，城市群向同城化的空间结构演变，整体为“核—心错位偏离型”；在城镇空间部分，厦漳泉城市群城镇化水平、城镇密度整体有待提升，内部空间差异较大，城镇分布呈显著的交通轴线特征，目前形成“T”字形城镇空间结构。第4章是厦漳泉城市群同城化的研究。本章简要介绍了厦漳泉城市群同城化进程，提出影响同城化进程的相关因子主要有地理环境、经济发展、交通网络、思想文化以及政策规划，进而利用特尔斐法识别主导因子，结果表明交通网络是主导因子，政策规划起了加速作用，是厦漳泉城市群同城化的催化剂，经济发展、地理环境以及思想文化因子是基础。进而以交通网络为基础，利用凸壳理论和民众认知，从理论、实际小时交流圈以及城市群城际、城内的可达性等几个角度分析了主导因子对于厦漳泉城市群同城化的影响。研究表明，厦漳泉城市群理论小时交流圈覆盖范围，交叉范围涵盖了同城化的核心区域，城际交通较为完善，但民众交通辅助时间为31～61分钟，实际一小时交流圈范围小，城市群城市内交通系统有待改善。从基于交通时间满意度的可达性来看，厦漳泉非常满意城际可达性和满意城际可达性都大于厦漳泉的范围，但非常满意城内可达性和满意城内可达性面积有限，而非常不满意占主导地位；厦漳泉城际交通已达到多数人满意需求，而城内交通未能达到多数人满意需求。第5章是厦漳泉城市群主体功能区的研究。本章介绍了厦漳泉城市群在国家、省级层面的主体功能定位，明确了厦漳泉城市群各镇域的主体功能定位，并分析了城市群综合资源承载力。结果表明2005～2012年厦漳泉城市群资源环境承载力指数整体上呈现下降趋势，而人口经济社会发展压力指数则呈现出稳步上升状态。2006年以后，厦漳泉城市群可持续发展状态较差；此外，根据土地、大气、水以及交通各单要素承载潜力测算，厦漳泉城市群资源环境综合承载潜力为2443万～2955万人，其中交通环境是影响厦漳泉城市群开发潜力的主要限制因素。从空间分异上看，厦漳泉城市群综合资源承载力空间差异显著，承载潜力可分为潜力提升区、潜力一般区、潜力较大区以及潜力最大区，且呈现出与现状经济空间结构、城镇空间结构相矛盾的态势。第 6 章是厦漳泉城市群空间重构的研究。在前面三章的基础上，在同城化强调交通网络、民众参与以及主体功能区强调资源环境承载力、区域主体功能的背景下，提出厦漳泉城市群空间重构整体导向及重构模式，指出其应以生态化、一体化、网络化、节约集约化为整体导向，在近期采取“点—轴”模式相结合的空间重构模式，以优化开发区的厦门市中心城区、泉州市中心城区作为整个城市群的中心极点，重点开发区作为城市群的协调极，利用交通综合网络引导周边县市，特别是限制开发区的保护性发展，从而实现空间重构；远期采取星座网络模式，以资源环境承载力为基础，重构形成厦门都市圈、泉州都市圈、漳州都市圈、泉州北部生态城市圈、漳州西南生态城市圈以及漳州南部沿海城市圈六个星座城市圈。最后，从优化开发区、重点开发区、限制开发区、禁止开发区四类不同类型主体功能区出发，具体提出各类主体功能区各城市圈、不同主体功能区交界处以及空间联系通道空间重构的实现路径，包括优化开发区需提高国土资源利用率，优化产业结构，提高开发潜力，做好中心极点；提升漳州市中心城区，拓展泉州市的重点开发区，保障重点开发区的协调极作用；农产品主产区、重点生态功能区以及近海生态功能区在保证各自主体功能的同时，主动发展绿色经济，构筑宜居环境，重构为泉州北部生态城市圈、漳州西南生态城市圈；维护城市群基本的地表纹理，分类保护禁止开发区。发挥优化与重点开发区、重点与限制开发区交界区域的优势，成为同城化的先驱地区、不同主体功能城市圈交流、合作的平台。同时，注重城际、城内交通的无缝衔接，特别注重城内交通的完善，重构空间联系通道。第 7 章为政策启示，从规划体系、交通系统、资源分配、生态保护等方面提出厦漳泉城市群空间重构的政策建议。第 8 章为推广应用，以厦漳泉城市群的研究推广应用至大武夷区域，划分了武夷山市、泰宁县、光泽县的功能区划分，提出大武夷区域重构的建议。第 9 章为讨论、结论和展望，首先对城市群同城化的主导影响因子、民众交通感知对城市群空间重构的影响以及主体功能区与城市群空间重构三个内容进行讨论；进而总结了本书的主要结论、创新点，并对今后进一步深入研究的方向进行了展望。

本书的前言、第 1 章由曾月娥完成，第 2 ~7 章由伍世代和曾月娥共同完成，第 8、第 9 章由伍世代完成，附表和彩图由伍世代和曾月娥共同完成。

自 2010 年以来，我们一直把同城化和主体功能区作为主攻方向，并持续至今。目前，先后已有 2 位中青年老师、2 位博士生和 5 位硕士生参与这一科研方向。

感谢李永实、王强、郑达贤、廖福霖、朱宇、韦素琼、林岚、谢红彬、袁书琪、祁新华等多位教师在撰写和审稿过程中给予的热心帮助。感谢一起参与课题的李婷婷、施飞鸿、叶丽玲、翁美娥、黄江效、王佳韡、魏玮等研究生们在野外调查、数据分析、图表制作、文字润色等方面给予的帮助。

本书在国家自然科学基金（41171147）的支持下完成，在此表示感谢。

本书写作过程参考了大量文献，在此向所有文献著者表示感谢。正如真理总是相对的，目前我们的一些认识还有待于进一步的实践检验，因此，书中难免存在一些不足，亟待我们后续研究的加强和完善，在此也恳请读者批评指正。

作　者
2017 年 3 月

目　　录

1 绪　　论

1.1 研究背景及理论依据

1.1.1 城市群发展演变的新态势

在全球化、工业化、城市化、信息化、绿色化成为当前我国经济社会发展主旋律的背景下，城市群已然成为区域经济发展的主体，构成城市化空间组织的主要形态，是参与国际竞争与分工的重要单元。城市群作为区域经济发展最具活力和潜力的增长极，在促进区域经济增长的同时带动欠发达地区共同发展，最终实现在区域整体发展方面具有不可取代的地位。国外发达国家和地区以及我国东部沿海地区的发展实践也充分证明，城市群空间结构明显、城市空间辐射效应较强的区域，也是区域经济较为发达的地区。

从未来发展趋势来看，国内大规模城市群建设仍将持续推进，城市群一体化将愈发显著和深入，中心城市间的相互作用日益强化并呈现出“同城化”趋势。而同时主体功能区战略的实施，又要求各城市按其主体功能发展，党的十八大明确提出的“按照主体功能定位发展，构建科学合理的城市化格局”，则强化了这一热点问题。当前，城市群发展呈现两个显著的态势：一是同城化趋势日益显现；二是主体功能区战略实施进程加快。城市群如何在同城化和主体功能区实施的背景下，促使城市群实现空间重构，实现构建科学合理的城市化格局？这俨然成为政府与学界关注的焦点，因此，城市群空间重构已经成为新时期我国城市发展不可回避的要求和任务。

1.1.2 城市群发展态势对理论修正与完善的需求

随着工业化进程的推进，城市群不断发展，地域空间不断拓展，国外发达地区城市群理论研究逐渐深化。总体而言，国外学者对于工业化时期的城市群空间结构特征、发展规律的认识相对全面，且已形成较为系统的理论体系，并为工业化时期的发达地区城市群空间发展提供了理论指导，也为后工业化时期及发展中国家的城市群空间进一步深入研究奠定了基础。

改革开放以来，我国城市群发展取得了长足进展，城市群空间的理论研究亦方兴未艾，并进行了较为系统的研究，理论研究成果不断丰富。在理论及其实践研究的基础上，我国城市群发展迅猛，城市快速扩张，区域经济增长极作用突出。但不可忽略的是，部分城市群在重视经济、社会快速发展的同时，忽视了环境的保护及资源的合理利用，造成如城市生态绿地面积骤减、环境质量下降等资源环境问题，城市群发展引起的资源环境问题与其发展之间的矛盾日益尖锐，与可持续发展战略、生态文明战略有所不符。因此，如何调整城市群空间结构，以促使其在取得发展速度的同时又保证发展质量，既保护生态环境又降低能耗，成为学术界、政府及社会共同关注的焦点问题。与此同时，我国城市群发展的背景亦发生重大变化：一方面，区域经济一体化的推进，必然要求城市群间及其内部加快空间链接，逐步融合，形成城市群一体化或同城化；另一方面，由于城市群空间无序开发，资源环境约束加剧，促使主体功能区战略成为城市群空间发展的必然选择，必然要求城市群以资源环境为基底，按照主体功能区布局形成科学合理的空间格局。

城市群在主体功能区、一体化或同城化战略加速的语境下，空间格局急剧响应将导致两方面的重构问题：一是各类主体功能区空间的重构问题。城市群发展中存在着“均衡—非均衡—均衡”的演进关系，由于主体功能区的划分，原有均衡关系被打破，城市群内各城市空间势必存在非协调性，有必要加强对主体功能区格局响应的重构，探讨重构机理。二是城市群内部各个城市间及城市内部空间的重构问题。城市群内部包含不同行政主体、规模、职能的诸多城市，存在差异化的利益诉求，在主体功能区和一体化的双重背景下，如何协调不同城市及不同类型主体功能区间的空间发展，促进城市群可持续发展和生态文明建设是地理学科的重点问题。城市群发展态势及其所处的转型时期，需要对我国城市群空间重构理论进行修正与完善。

厦漳泉城市群是海西经济区发育较早的城市群，城市空间体系早已形成。一直以来，由于受到“长江三角洲”、“珠江三角洲”断裂点的影响，厦漳泉城市群发展质量不高、空间发育不完善。随着主体功能和同城化战略的实施，脱胎于断裂点地区城市空间存在的如中心城市体系不完善、城市功能无序重复、城市联系通道建设滞后、资源环境承载能力有待提高等问题，成为厦漳泉城市群发展的掣肘因素，限制了城市群空间功能的有效发挥。国内外实践证明，城市空间重构是促进区域发展的关键所在。国内发达地区的城市群的形成和发展，在很大程度上促进了各城市资源要素重组及整合，城市群空间演变也表现出显著的正反馈效应。由此可见，为了克服城市群空间不足，通过主体功能及同城化战略实现城市群空间重构，应该成为厦漳泉城市群发展的必然途径。

综上所述，本研究认为城市群空间重构研究具有坚实的理论基础和广泛的实践需求，在主体功能定位发展，城市群空间结构亟须优化布局和同城化呈强劲趋势的现实情况下，构建同城化区域城市群空间重构成为一个新的研究课题，是新时期我国地理学的重要理论与实践问题。因此，本研究将“城市群空间重构”作为研究主题，以厦漳泉城市群作为研究对象，对其空间总体特征进行剖解，深层次挖掘同城化、主体功能区主导影响因子，并在同城化趋势、主体功能区实施背景下，探讨厦漳泉城市群空间结构优化的内核，为在未来发展过程中构建科学合理的城市群空间发展格局提供科学支撑。本研究从同城化和主体功能区实施背景的角度展开对厦漳泉城市群空间重构的研究，为厦漳泉城市群空间重构提供具有科学性和可操作性的政策性建议，发挥主体功能区在城市群发展过程中的作用，寻求同城化基础上的城市群健康合理发展，并以此完善我国城市群空间重构的理论框架与实践调控体系。

1.2 研究意义与研究目标

1.2.1 研究意义

1）理论意义

当前，我国对城市群空间重构的概念理解不够全面，大多数研究往往都是就城市群空间结构特征及发展变化的所有机理而论空间结构优化，从较为宏观的角度进行论述。然而，目前城市群发展正处于城市群同城化和主体功能区实施的新态势背景下，针对这一背景进行城市群空间重构探讨的研究较为鲜见。同城化、主体功能区均基于中国国情而提出，国外相关理论亦不多见。鉴于此，本研究强调运用城市地理学的相关理论，梳理与构建新背景与趋势下的厦漳泉城市群发展研究，尝试从同城化、主体功能区实施的角度展开城市群空间重构探讨，试图构架我国城市群空间重构的理论分析框架与研究方法，验证与丰富城市地理学的理论研究内容。

2）实践意义

针对当前我国城市群发展存在的无序竞争、忽视环境保护、资源的不合理利用、城市群空间联系通道支撑不足等问题，从同城化、主体功能区出发的城市群空间重构是解决城市群发展瓶颈的核心，也是实现城市群可持续发展的重要保证。本研究通过对厦漳泉城市群空间结构的现状特征、同城化以及主体功能定位等的研究，提出了城市群重构模式及其实现路径，为厦漳泉城市群空间发展问题的解决及城市群空间功能提升提供科学支撑。同时，本研究成果对于我国其他类似区域城市群空间重构实践具有一定的借鉴意义与参考价值。

1.2.2 研究目标

本研究基于城市群同城化、主体功能区实施的视角展开研究，力求达到以下目标：

（1）基于厦漳泉城市群空间结构特征，遵循主体功能区战略要求，结合同城化趋势，试图提出切实可行的厦漳泉城市群空间重构导向、模式、实现路径，为厦漳泉城市群空间系统优化提供战略支撑与科学依据。

（2）从主体功能区、同城化的角度出发，深入探讨城市群空间重构的模式、实现路径，发展和完善城市群空间重构与优化的分析框架和方法论体系，力图完善基于我国国情的城市群空间重构的理论分析框架，为我国城市群（尤其是海峡西岸城市群）空间结构优化的理论体系提供探索性研究成果。

1.3 研究框架及技术路线

1.3.1 研究内容

1）厦漳泉城市群空间结构特征

以城市地理学理论为基础，以区域空间属性为切入点，根据研究区的实际情况，探讨厦漳泉城市群规模、经济、城镇空间结构特征。

2）厦漳泉城市群同城化及其主要影响因子

以城市群同城化为基础，运用德尔菲法咨询该领域并熟悉厦漳泉城市群情况的国内外专家学者意见，提炼厦漳泉城市群同城化影响因子，并重点分析其主导影响因子。

3）厦漳泉城市群主体功能区及其主要影响因子

以厦漳泉城市群主体功能区划分结果为背景，分析城市综合资源承载力，判断厦漳泉城市群城市综合资源承载状态，进行承载潜力预警测算。

4）厦漳泉城市群空间重构

基于主体功能区实施的背景，统筹厦漳泉同城化的大势，根据厦漳泉城市群空间特征与主体功能区划分现状，综合考虑同城化主导因子及资源环境约束，探讨厦漳泉城市群空间重构导向与模式，提出各类主体功能区空间重构实现路径。

1.3.2　技术路线

本研究按照“理论基础—提出问题—研究内容”的思路构建技术路线，具体如图 1-1 所示。

1.3.3　行文思路

第 1 章简要对研究背景、理论依据、研究意义及目标、技术路线等进行概括。第 2 章对城市群空间重构、同城化及主体功能区的相关研究展开述评。在第 2 章的基础上，第 3 章采用多种定量方法，包括重心模型、产业协调指数等方法模型，对厦漳泉城市群人口规模、经济、城镇空间结构进行解析与特征总结。第 4 章、第 5 章是第 2 章、第 3 章的延伸，着重介绍厦漳泉城市群同城化和主体功能定位；分析厦漳泉城市群重构的两大背景现状，并识别主导影响因子，分析其可能存在的问题及其发展需求。鉴于同城化、主体功能区可相互补充、引导并约束着城市群空间重构，因此在前面两章分析的基础上，第 6 章以厦漳泉城市群同城化、各城市主体功能为基底，探讨两者耦合下的厦漳泉城市群空间重构导向、模式，并明确各类主体功能区及空间联系通道重构的实现路径。第 7 章提出了厦漳泉城市群空间重构的政策启示。第 8 章则根据厦漳泉城市群的相关研究结论、政策启示，在大武夷区域进行推广应用。分析了大武夷区域的主体功能，提出了大武夷区域的空间重构思路。第 9 章从理论层面，从同城化主导因子、其对城市群空间重构的影响及主体功能区与城市群空间重构关系三个方面探讨本研究的科学性，进而对全书进行总结，提出展望。

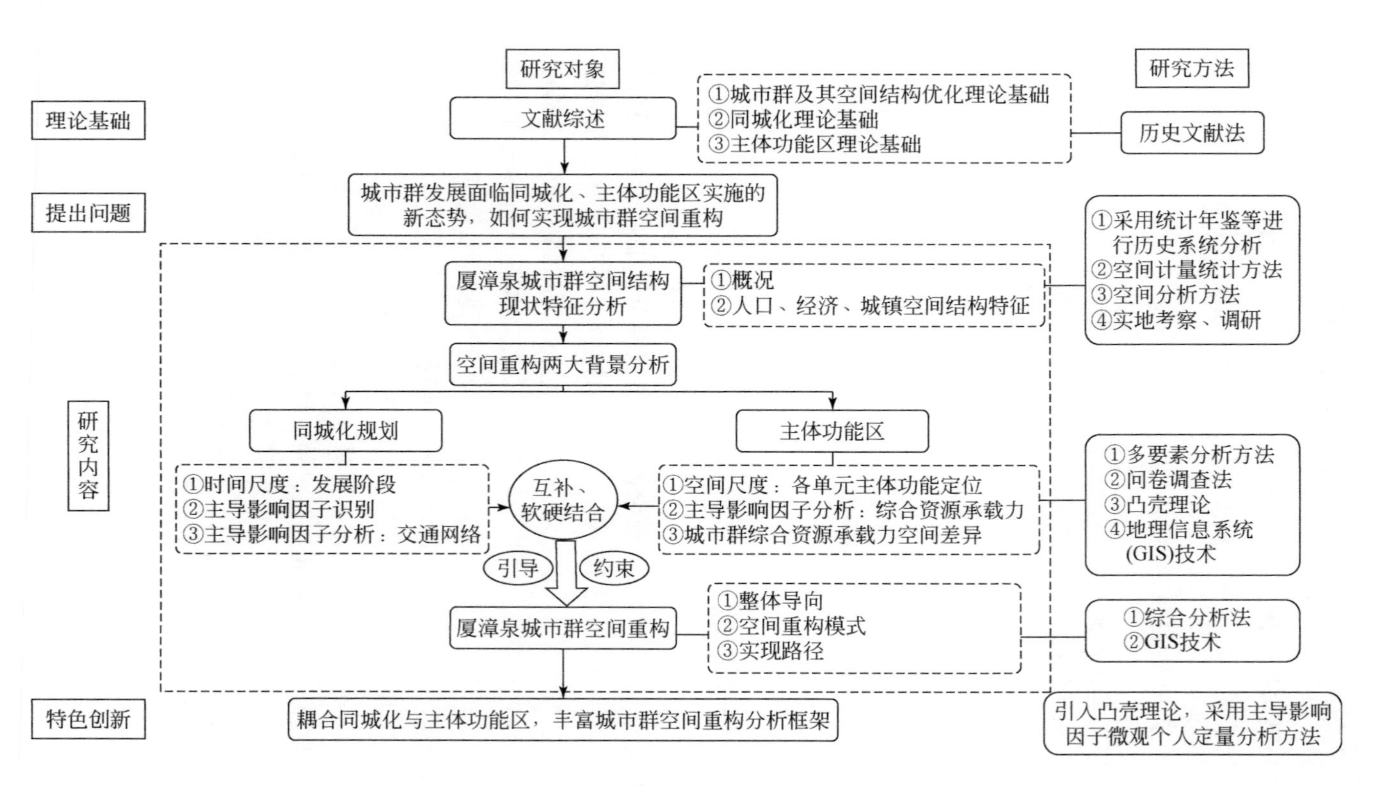

研究对象
研究方法
理论基础
文献综述
①城市群及其空间结构优化理论基础
②同城化理论基础
③主体功能区理论基础
历史文献法
提出问题
城市群发展面临同城化、主体功能区实施的新态势，如何实现城市群空间重构
①采用统计年鉴等进行历史系统分析
②空间计量统计方法
③空间分析方法
④实地考察、调研
厦漳泉城市群空间结构现状特征分析
①概况
②人口、经济、城镇空间结构特征
空间重构两大背景分析
研究内容
同城化规划
主体功能区
①时间尺度：发展阶段
②主导影响因子识别
③主导影响因子分析：交通网络
互补、软硬结合
①空间尺度：各单元主体功能定位
②主导影响因子分析：综合资源承载力
③城市群综合资源承载力空间差异
①多要素分析方法
②问卷调查法
③凸壳理论
④地理信息系统(GIS)技术
引导
约束
厦漳泉城市群空间重构
①整体导向
②空间重构模式
③实现路径
①综合分析法
②GIS技术
特色创新
耦合同城化与主体功能区，丰富城市群空间重构分析框架
引入凸壳理论，采用主导影响因子微观个人定量分析方法

图 1-1 技术路线

2 国内外相关研究综述及其理论基础

2.1 城市群空间重构研究进展

2.1.1 城市群研究进展

1898 年，英国学者 Howard E. 在其著名论著 *Tomorrow: a Peaceful Path to Real Reform* 中主张将城市周边地域城镇纳入城市范围，强调城市和区域应作为整体，提出“town cluster”的概念，建议利用大城市周边分散、独立、自足的田园城市来缓解大城市的矛盾，以促使城市生活和乡村生活的有机结合，开创了以城市群体角度来研究城市的先河（Howard，1898）。20 世纪初，英国近代西方人本主义城市规划思想家 Geddes 在 *Cities in Evolution* 一书中，采用区域综合规划的方法，以英国城市为实例进行城市发展进化的研究，揭示了城市扩散形成新区域发展的基本形态：城市地区（city region）、集合城市（conurbation）及世界城市（world city）。其中，集合城市被看做是拥有卫星城的大城市，并将其称为 urban agglomerations。其理论认为英国的伦敦、法国的巴黎、德国的柏林及鲁尔区、美国的芝加哥和纽约等地区已形成城市群（Geddes et al.，1915）。德国地理学者 Christaller 首次提出将区域内的城市群体系统化，其系统地论述了区域内城市群的发展，认为城市群空间分布是遵循城市等级、行政、交通及市场等原则形成的规则的六边形结构，形成著名的城市群组织结构模式，建立中心地理论并为各相关行业广泛运用（顾朝林，2011）。第二次世界大战后，随着经济社会的发展，在多学科交叉作用下，城市群研究进入兴起发展阶段，并在理论和实践两方面均取得突破性成果。1957 年，法国地理学家 Gottmann 在研究美国东北海岸城市密集地区时发表了具有划时代意义的论著——*Megalopolis or the Urbanization of the Northeastern Seaboard*，首次提出全新的城市群体——“megalopolis”的概念，并由此开辟了城市地理学的一个崭新的研究领域，开创了城市群空间研究的新纪元。他认为在“megalopolis”内，空间经济形式已从单一的大城市或都市区支配转向集聚若干都市区支配，并在人口和经济活动等方面密切联系形成一个巨大整体（Gottmann，1957）。

虽然“megalopolis”的提出在地理学界具有标志性意义，但国际学术界对这一概念持有不同提法，如城市群（urban agglomerations）、城市圈（city circle）、城市带（megalopolis）、城市场（urban field）、城镇体系（urban system）、城市区（city region）、城市功能区（urban function area）、城镇群（town cluster）、大都市区（metropolitan area）、大都市管区（metropolitan district）等提法（Howard，1898）。实际上，这样的区域是具有相对紧密联系（人口、资本、贸易、服务等的交流与联系）的城市在空间上呈现的集聚区域，是一个地理位置上比较接近的巨大城市群体，即所谓的“urban agglomeration”（Sassen，2000）。此外，McGee提出的Desakota模式（McGee，1991），则被认为是类似西方大都市而发展背景完全不同的新型城市区域。在对城市群内涵及标准界定时，戈特曼认为其是城市发育的最高级阶段，提出以2500万人口规模和250人/km^2的人口密度为下限界定城市群范围；1910年，美国规定大都市区内中心城市人口规模应在5万以上，在城市行政边界以外10km范围内最小行政单元的人口密度为150～200人/km^2。日本则认为城市群为中心城市人口规模在100万以上，且邻近有人口50万以上的城市，外围地区到中心城市的通勤率不小于本身人口的15%的城市集合体。

相比于国外有关城市群研究，国内研究于20世纪80年代初才逐步涉及，主要由城市地理学界发起，并主要借鉴“megalopolis”、“metropolitan area”等概念。宋家泰（1980）在其《城市-区域与城市区域调查研究——城市发展的区域经济基础调查研究》中提出了“城市群”术语，是国内最早使用该术语的学者。于洪俊和宁越敏于1983年在《城市地理概论》中首次以“巨大城市带”的译名将Gottmann的“megalopolis”相关理论系统引入中国。1991年，周一星借鉴西方大城市空间单元系统，提出了都市连绵区（metropolitan interlocking region，MIR）的概念，该概念与“megalopolis”相对应，指出其是以若干城市为核心，与周围地区保持紧密的经济社会联系与相互作用的巨型城乡一体化区域，形象地反映了城市群的一大特征，即城市间一体化的特征（Zhou，1991）。进入90年代，随着经济社会的发展，中国城市体系不断完善，在经济社会较为发达的地区，受城市化和郊区化的共同影响，形成了以中心城市为核心，周边区县相互作用的都市区，姚士谋等称为城市群（urban agglomeration），并从区域空间布局的角度对城市群概念进行界定，在经过多次研究及修正后，其认为城市群是在特定的地域范围内具有相当数量的不同性质、类型和等级规模的城市，依托一定的自然环境条件，以一个或两个超大或特大城市作为地区经济的核心，借助于现代化的交通工具和综合运输网的通达性，以及高度发达的信息网络，发生与发展着城市个体之间的内在联系，共同构成一个相对完整的城市“集合体”（姚士谋等，2006）。

同时，姚士谋等（2006）认为中国存在沪宁杭城市群、珠三角城市群、京津唐城市群、辽宁中部城市群、四川盆地城市群五个超大型的城市群，以及关中城镇密集区、湘中地区城镇密集区、中原城市密集区、福厦城市密集区、武汉地区城镇群、哈大齐城市地带、山东半岛城市发展带、台湾西海岸城市带八大近似城市群的城镇密集区，从地理学角度强调了城市群是一地域空间。崔功豪等则提出“特大城市和城市群网络是这个时代的特征”，其结合长三角城市群研究，根据城市群发展不同阶段与水平，将城市群体结构分为城市区域（city region）、城市群组（metropolitan complex）、大都市带（megalopolis）三种类型（崔功豪，1992）。1995 年，《珠江三角洲经济区城市群规划——协调与持续发展》编制完成，并提出建设都市会、市镇密集区、开敞区和生态敏感区，首次在城市群规划中引入“大都市区”的概念，成为城市群跨境空间协调规划的新理念（刘玉亭等，2013）。1997 年，史育龙、周一星建议分别采用都市区（metropolitan area）和大都市带（megalopolis）来统一国外已有的、与其类似的各种概念。为了同西方的研究相区别，可称中国的大都市带为都市连绵区，同时定义大都市带或都市连绵区是以都市区为基本组成单元，以若干大城市为核心并与周围地区保持强烈交互作用和密切的社会经济联系，沿一条或多条交通走廊分布的巨型城乡一体化区域。至 2006 年，《国民经济和社会发展第十一个五年规划纲要》中，首次将城市群定位为国家城市化发展战略。2009 年，为了规范中国城市群规划，并为编制《中国城市群规划规范》提供科学决策依据，城市群规划的规范性研究逐步开始。由于城市群构成要素的复杂性、地域范围的广大性、区域功能的显著性，因此成为城市规划学、现代经济地理学等多门学科共同关注的重点问题。而从不同的学科视角出发，对城市群的概念界定亦有所不同。从城市规划学角度来看，城市群是指一定地域内城市分布较为密集的地区；从地理学角度研究城市群，则认为城市群是由一个或数个中心城市和一定数量的城镇结点、交通道路及网络、经济腹地组成的地域单元，强调城市群体内大中小城市的空间布局、等级体系、职能分工与网络联系；而站在经济学角度上来看，认为城市群正逐步变为城市经济区，是一定区域内空间要素的特定组合形态，是以一个或数个不同规模的城市及其周围的乡村地域共同构成的在地理位置上连接的经济区域，其侧重城市间、城市与区域间的集聚扩散机制及社会经济的一体化发展，强调城市群体内经济活动的空间组织与资源要素的空间配置。

在实践工作的推动下，国内学术界更加重视对城市群的研究，研究成果数量剧增，刘玉亭等（2013）统计了 1984 年以来国内有关“城市群”相关研究的论文发表量变化情况，表明国内对城市群的研究在 20 世纪 90 年代以后大幅增加，随之而来的是国内学者对于城市群概念界定的多样化（表 2-1）。虽然各学者对城市群概念定义侧重点有所不同，但均提到高密度城市分布、城市间或城市与区域间存在紧密的经济社会相互作用关系的本质。因此，从定义上看，本研究认为城市群是在特定的地域范围内具有相当数量的不同性质、类型和等级规模的城市，依托一定的自然环境条件，以一个或两个超大或特大城市作为地区经济的核心，借助于现代化的交通工具和综合运输网的通达性，以及高度发达的信息网络，发生与发展着城市个体之间的内在联系，共同构成的一个相对完整的城市“集合体”。

表 2-1 国内部分学者对于城市群概念的界定

时间	作者	概念
1990 年	肖枫和张俊江	由若干个中心城市在各自基础设施和具有亲和性的结构方面，发展特有的经济社会功能，而形成的一个社会、经济、技术一体的具有亲和力的有机网络
1994 年	孙一飞	在一定地域范围内，以多个大中城市为核心，城市之间、城市与区域之间发生着密切联系，城市化水平较高，城镇连续性分布的密集城镇地域
1999 年	顾朝林	由若干个中心城市在各自的基础设施和具有个性的经济结构方面，发挥特有的经济社会功能，从而形成社会、经济、技术一体化的具有亲和力的有机网络
2003 年	刘荣增	在一定连续区域范围内聚集一定数量的城市，该区域城市水平较高，经济相对发达，大中城市以多个大中城市为核心，城市之间、城市与区域之间发生着密切联系，城市化水平较高，城镇连续性分布的密集城镇地域
2003 年	龚经海	城市群为以一个或多个特大城市为核心的若干城市网络集合或区域城市共同体
2005 年	方创琳等	在特定地域范围内，以一个特大城市为核心，由至少三个都市圈（区）或大中城市为基本构成单元，依托发达的交通通信等基础设施网络，所形成的空间相对紧凑、经济联系紧密，并最终实现同城化和一体化的城市群体
2008 年	袁安贵	在特定的地域范围内，具有相当数量的不同性质、类型和等级规模的城市，依托一定的自然环境条件，以一个或两个特大城市作为地区经济的核心，借助于现代化的交通工具和综合运输网的通达性，以及高度发达的信息网络，共同组成的城市群体
2013 年	王丽等	指在特定的地域范围内，各城市依托基础条件，按照一定的结构发生紧密联系，共同构成的地域整合体
2014 年	陈桂龙	是一个在人口、经济、社会、文化和整体结构上具有合理层级体系，在空间边界、资源配置、产业分工、人文交流等方面具有功能互补和良好协调机制的城市共同体

方创琳指出在全球化背景下，城市群是国家参与全球竞争和国际分工的一个全新地域单元（方创琳，2012），是区域发展至关重要的增长极和动力源（钟业

喜和文玉钊，2013），在城市经济和区域经济中担当了不可替代的重任，因此城市群研究是学术界长久不衰的研究热点。

从研究方法上看，城市群研究逐步由定性分析转向定量研究，并以地理信息系统（geographic information system，GIS）等新技术手段为支撑，逐步加入时间序列的概念，将城市群研究由静态向动态研究发展变化。例如，张洪军（2009）基于GIS对山东半岛城市群进行空间分析，建立地理数学模型相结合的方法进行空间布局研究；张倩等（2011）使用基础地理数据、DEM数据、空间化的经济社会格网数据，以地球信息技术为支撑，以空间通达性的定量测算为基础，对中国九大城市群的空间位置及其覆盖区域进行定量化研究；汤放华等（2008）基于分形理论对长株潭城市群等级规模结构进行研究；马晓冬等（2008）基于1984～2005年的遥感影像数据，运用空间关联测度模型对苏州地区的城镇扩展进行分析；张浩然和衣保中（2012）利用中国十大城市群2000～2009年的面板数据，运用位序规模法则和首位度检验了中国十大城市群及其经济绩效间的关系；程玉鸿和李克桐（2014）则是利用城市群经济增长率变异系数等一系列数据方法来分析珠三角城市群协调发展程度。由此可见，城市群的研究方法已趋于多样化和信息化。

而从研究内容看，城市群研究则表现为内容的丰富性。概括起来，城市群研究主要集中在城市群概念辨析、城市群识别与范围界定、形成及其发展机制、城市群发展及城市群空间结构研究等多个方面的内容。在概念辨析方面，虽然对城市群的概念仍存在争议，类似概念也较多，如城市带、都市连绵区、都市圈、组团型城市等（陈美玲，2011；顾朝林，2011），但大体上已经形成共识，将其作为一种新的人类聚居形式进行研究（刘玉亭等，2013），因此在此不再论述。在城市群识别与范围界定方面，黄建毅和张平宇（2009）基于引力模型，结合城市群的城市交通流分析，首先对辽中城市群范围进行了界定。陈群元和宋玉祥（2010）从城市群系统的本质特征出发，采用要素流分析法对长株潭城市群空间范围进行了界定。张倩等（2011）综合了交通、人口和经济属性判断的城市群快速识别和区划的技术流程，以城市集群的经济和社会属性为判据，以此来识别城市群空间分布及其界线。王丽等（2013）将区域作用和城市群的识别相结合，对以往城市群界定体系进行梳理，提出并量化城市群界定的标准，利用研究相对成熟的区域作用模型实现城市群识别。在形成及其发展机制方面，赵勇（2009）认为总体受到四种因素影响：一是经济主体之间的相互作用；二是产业间的联系和产品的差异化；三是外部性与集聚在空间结构形成中的作用；四是人力资本和知识在城市增长中的作用。而方创琳（2012）则认为中国城市群形成、发育带有强烈的政府主导性倾向。在城市群发展研究方面，顾朝林和张敏（2000）对长三角城市群进行了可持续发展战略的论述；方创琳等（2010）、姚士谋等（2011）均对我国城市群发展问题进行了探索。

2.1.2 城市群空间结构研究进展

随着城市群的不断发展演变，城市群空间结构（urban agglomeration spatial structure）已成为城市群重要研究内容，然而对于城市群空间结构的界定，学术界仍不尽相同。部分学者认为，城市群空间结构是一种空间地域的投影。例如，吴建楠等（2013）认为城市群空间结构是城市群结构的最基本形式，是城市群发展程度、阶段与过程的空间反映。例如，贺素莲（2010）认为城市群空间结构是指城市群发展区域内，各个城市的经济结构、社会结构、规模结构、职能结构等组合结构在空间地域上的投影。张立荣等（2009）认为城市群空间结构是在一定的社会经济发展水平下，区域城市发生、发展及其相互作用的产物，反映特定区域内城市间相互关系和相互作用。部分学者认为，城市群空间结构是某种或多种空间的汇总。例如，李俊高（2013）提出城市群空间结构是一种经济空间结构，是城市群内部的产业关系的抽象化和外在化，他强调是城市群内的产业通过功能联系和空间联系形成紧密的经济空间。李光勤（2007）认为城市群空间结构就是在其企业空间、居住空间、公共空间等单元空间和物流空间、商流空间、信息空间等营运空间之上形成的。李依浓（2007）则认为城市群空间结构并非区域内各个单体城市空间结构的简单汇总，而是以城市群系统的区域层面为出发点，通过城市个体空间结构和它们相互作用所形成的一种空间结构。另有部分学者认为，城市群空间结构是城市群内资源、要素等在空间的组合。例如，李晓莉（2008）认为城市群空间结构是指各种物质要素（或各城镇）集聚与配置的空间表现，是各种物质要素在区域空间中相互位置、相互关联及相互作用等所形成的空间组织关系和分布格局。赵璟和党兴华（2012）认为城市群空间结构是城市群内部所有社会经济组织方式及文化、生态观的具体地域表现形态。朱政（2012）指出城市群空间结构是城市群在空间方面的形态、特征、联系的总和，并有狭义和广义之分；狭义的城市群空间结构仅仅指建成区的面积、区位、形状及空间分布特征，而广义的城市群空间结构包括各城市的现状、功能、环境质量及城市间的相互作用。张浩然和衣保中（2012）则提出城市群空间结构反映了资源、要素以及社会经济活动在空间中的分布与组合状态，可分成单中心（monocentricity）和多中心（polycentricity）两种模式；单中心城市群是以一个特大城市为核心，并与周边分布中等城市及若干小城市组成紧密联系的空间组织，城市间主次分明，以长三角城市群为代表；多中心城市群是以多个城市共同作为中心城市，其他城市环绕着这几个城市形成复杂的交通网络联系，主从关系不明确，以海峡西岸城市群为代表。

本研究认为城市群空间结构是城市群内各种资源、要素等在空间的组合，是城市群内各个城市的生产、生态、生活空间结构及城际空间联系在空间地域上的投影，反映城市群的发展程度及趋势（图 2-1）。

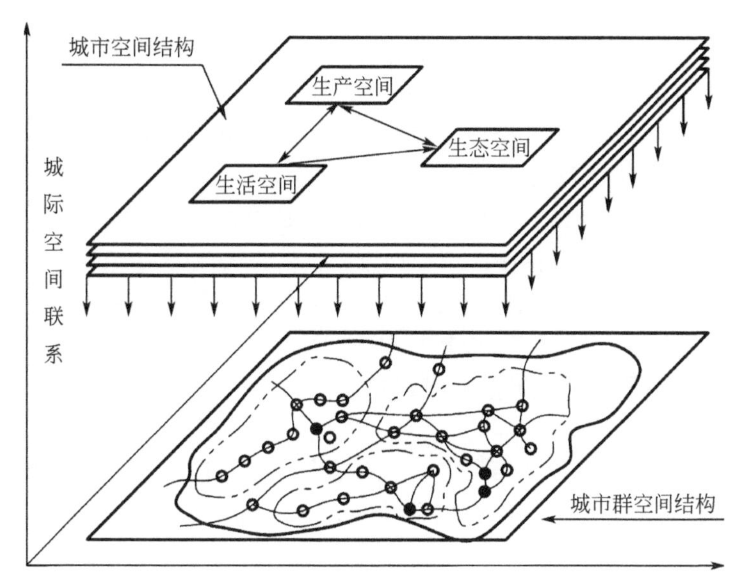

图 2-1 城市群空间结构示意图

城市群空间结构已经成为城市地理学、经济地理学等学科研究的重点，自 20 世纪 90 年代城市群进入全面发展阶段以来，城市群空间结构其研究内容逐渐丰富，研究领域不断深化，研究方法也更加多样化（李光勤，2007），且主要集中在城市群空间结构的演化动力机制方面。纵观目前研究成果，城市群空间演化的动力机制可以概括为三种基本思路：一是以经济社会学为基础，将城市群空间演化视为社会经济演化过程。例如，国家发展和改革委员会宏观经济研究院国土地区研究所课题组在 2009 年指出的，在城市群的形成和发展过程中，市场机制是城市群空间演变的动力源，政府机制是城市群空间演变的推动力，通过政府和市场的共同作用产生集聚和扩散效应，从而影响和改变着城市群的发展演变（肖金成，2009）；郭荣朝等（2008）则坚持交通道路建设引导因素、产业簇群推动因素、社会历史文化制约因素化及新经济因素等在城市群空间结构演变中发挥着主导性作用；王开泳和肖玲（2005）认为城市经济的发展是推动城市发展的内生力量，是城市空间结构演变的根本动力。二是从城镇形态学的角度出发，将城市群空间演化视为一个类似于有机体的空间生长组织过程。例如，张洛锋（2009）提出城市群空间结构演变的机制包括城市职能的转变、开发区的建设和发展及城市人口增长与用地结构的变化；而温静（2011）认为集聚和扩散这两种效应共同作用，使得空间结构特征具有阶段性的特征，成为城市体系空间结构演化的动力。三是综合前两种基本思路，将经济、社会与城镇形态学相结合。例如，刘天东（2007）提出城市群空间结构演变主要来源于三种力量，第一种是来自城市内部，包括规模经济、范围经济、集聚经济效应等共同作用形成的推动力，第二种是来自城市外部，主要指城际要素流动的吸引力，第三种则是来自政府，如城市规划等政府行为的调节力；李俊高（2013）则认为推动城市群空间结构演变在于自然生长力、政府调控力及经济驱动力三者合力；谢馥荟（2006）构建了城市群空间结构演变的动力系统，将城市群空间结构演变的动力概括为自我生长力、经济驱动力、行政调控力和国际牵引力四方面，认为城市群的空间结构演变是这四种动力因素在动力机制的综合作用下共同推动着空间结构的演变。

2.1.3 城市群空间重构概念

随着全球化、市场化和信息化的深入推进，城市群的空间发展开始面临诸多问题，同时也提出了诸如新城市主义（new urbanism）、紧凑城市（compact city）等理念，Weber 和 Pissant（2003）认为随着城市群空间扩展，会带来一系列的社会、经济、环境问题，因此，对于城市群空间结构的重构的相关研究应运而生。

“重构”（restructuring）一词来源于计算机科学，原义是指软件内部结构从一种表示形式转换为另一种表现形式，其转换过程中系统外部行为保持不变，以提高软件的可理解性（Chikofsky and Cross，1990）。计算机科学认为虽然软件产品最初制造出来时最具有良好架构，但由于随着发展需求的变化，必须不断调整软件内部设计构架以满足发展需求，提高软件的扩展性及其效益，由此便产生“重构”（林征，2008）。重构的主要目的在于促使提升效益。而城市地理学中与计算机科学的“重构”相类似的概念有“区域空间重组”、“城市空间结构优化”、“城市空间重构”等。

区域空间结构重组（regional spatial structure reorganization）是区域空间结构被动接受人为干扰的过程，是一种“人们为顺应社会、经济发展的时代要求而有意识地对区域空间结构的演化进行干预和引导”的过程（陈修颖，2003），是对空间结构要素进行重新组合和优化，促使不符合区域经济发展要求的空间结构尽快适应转换，是对传统空间的继承及创新的结合过程（伍贤旭，2004），以促使区域成为一个和谐的有机整体（陈志文和陈修颖，2007），使之具有更高组织效率的功能和结构形态（赵璟和党兴华，2012）。区域空间结构重组是人为干扰区域发展进程和方式的工具和手段，是为了克服区域空间结构演化过程中存在的时滞性、无序性问题，以促使区域发展（刘继斌，2012），实现空间层次合理、彼此关系协调、分工明确及便于实施管理的基本目标（刘传明，2008）。而城市空间结构优化（urban spatial structure optimization）与区域空间结构重组的概念类似，均是指在对空间结构特点和变化趋势认识的基础上，以现有资源、社会经济和技术条件为支撑，选择为使空间系统达到最佳运行状态而采取的主动的调控与引导措施，通过空间结构要素的优化和重新组合，促使整体效益最优化，以顺应经济、社会发展的时代要求，实现地域空间的自我持续发展（王珺，2008；朱顺娟，2012）。而城市空间重构（urban spatial restructuring）则体现了城市产业重组、社会结构变革和实体空间的综合变化（赵云伟，2001），是城市系统发展到一定阶段，根据外界影响而对内部的要素和结构进行重新整理的过程（宋云婷，2013），是对外界发展环境变化的响应。从区域经济学的角度来看，重构的基本方向是促进区域城市空间外在功能的强化（王颖，2012）；而从城市地理学角度看，城市空间重构是针对城市内部而言，包括三个方面内容，即城市内部各要素调整、空间结构优化和功能完善，并且包括发生在城市边缘地带的外延型重构（增量扩展）和城市内部空间调整的紧凑型扩张（存量更新）两种表现形式（宋云婷，2013）。

“区域空间结构重组”、“城市空间结构优化”、“城市空间重构”等几个概念虽然在面上表述不同，但其本质较为一致，均是通过科学干预和引导空间结构要素调整、重新组合，以满足发展需求，促使效益最优化，实现可持续发展。城市群空间重构内涵与这几个概念类似，但学术界目前对于城市群空间重构尚无准确、严格的定义，因此，本研究借鉴计算机科学的“重构”定义，参照“区域空间重组”、“城市空间结构优化”、“城市空间重构”等类似概念，认为城市群空间重构是人为地科学干预、调整城市群内部各个城市间的资源、环境、经济等所有要素空间组合，促使城市群更加协调有序发展，实现城市群生产、生活、生态等整体效益的质和量的提升。

2.1.4 城市群空间重构研究进展

由于目前学术界对于城市群空间重构的直接论述尚不多见，因此本研究主要对城市空间重构、城市空间重组、城市空间优化等内涵一致的研究进行总结，为方便理解及论述，本研究将这几个概念统称为城市空间重构。纵观城市空间重构的研究成果，主要集中在重构的必要性研究、重构的动力机制、重构的措施等方面，并结合相应的实证进行研究。

在城市空间重构的必要性研究方面，学者们认为：第一，是全球化的要求，随着全球化和区域经济一体化进程的不断推进，区域一体化、信息化与知识化的趋势愈加明显，必然要求城市群空间重构（汤放华等，2010）；第二，是发展阶段所需，当前中国的经济、社会、体制都处于急剧变革的状态，因此空间重构必然成为新的特征（顾朝林，2011）；第三，是城市本身的实际发展情况及发展趋势所需，由于政企分离、资源配置效率低、城乡发展不平衡及生态环境等问题，目前的城市空间结构已不适应未来发展需求，因此要对城市空间进行重构（诸大建和王世营，2011）。

在城市空间重构动力方面，纵观目前研究，概括起来不外乎两种，一是外部驱动，二是内部推动。从外部驱动来看，有学者认为高速公路及铁路的建设开通是城市空间重构的重要驱动力（方大春和杨义武，2013）；同样的，区域外部环境和发展理念的变化也是区域城市空间重构的重要动力（王颖，2012）；但也有学者认为政策规划、经济发展、交通状况改变及可持续发展理念才是城市空间重构的动力因素（苏珏灿，2013）。从内部推动来看，有学者提出区域竞争、产业升级、城市化及人口迁移是空间结构重构的动力，而区域空间结构惯性、区域内行政分割管理等因素是其阻力（渠立权，2014）；也有学者从经济体制、土地使用制度、户籍管理制度、住房制度等制度变迁驱动力，交通、信息等技术进步驱动力，经济发展、外资涌入、城市智能等经济发展驱动力及居民活动四大驱动力分析城市空间重构的动力（李仙德和白光润，2008）；王明苹（2011）则认为自然条件、经济发展、交通状况、政策规划、城市历史等传统动力及信息化、知识经济、经济全球化、精明增长理念和可持续发展等新型动力共同影响城市空间重构；马学广（2012）则从生产方式、政治体制、制度变迁及文化意识形态嬗变的结构视角，利益分配、权力博弈和社会冲突等行为视角，以及利益集团、社会行动者的关系视角来解释城市空间重构。

在空间重构措施方面，学术界研究大相径庭，主要源于研究视角的不同。部分学者利用传统的区域重构视角探讨重构措施，如利用城市中心性、城市经济联系强度和城市可达性等指数模型，对江苏省进行重构研究，提出江苏省各地市可以重新组合为四大区域的重构措施（张洵等，2013）；部分学者从城市能级提升的视角出发；研究了城市群空间拓展方向和空间结构重构路径（韩玉刚等，2010）；部分学者应用空间句法理论，提出重庆市空间结构优化措施（谭跃，2009）。部分学者则采用后现代地理学的视角来讨论重构措施，如依据洛杉矶学派的理论与实践来讨论中国城市空间重构措施（刘如菲，2013）；利用尺度重组理论分析城市空间重构，提出中国城市空间重构可从“尺度上移”和“尺度下移”来实现（殷洁和罗小龙，2013）；从单位视角来解释中国城市空间重构，并以此提出相应的城市空间重构措施（柴彦威，2001）。

2.1.5 城市群空间重构研究启示

方创琳（2012）指出在全球化背景下，城市群是国家参与全球竞争和国际分工的一个全新地域单元，是区域发展至关重要的增长极和动力源（钟业喜和文玉钊，2013），在城市经济和区域经济中承当着不可替代的重任，因此城市群研究始终是学术界长久不衰的研究热点。

城市群是现阶段全球城市化发展的总体趋势（姚士谋等，2010），是推进我国城镇化的主体空间形态和高效协调可持续的城镇化空间格局（李佳洺等，2014），具有增长极点和核心节点等作用（方创琳等，2005），是未来发展最具活力、潜力的核心地区，由此城市群的重要性在全球城市化、信息化的背景愈发凸显，而城市群的发展必然以城市群空间为载体，因而城市群空间的研究成为一种持续性要求（吴建楠等，2013），研究城市群空间结构有助于在更广阔的视野中把握城市群的发展，促使城市群发挥更大的效益。

纵观国内外城市群的相关研究成果，对于城市群的理论与实践研究已从定性分析转向定量探讨，由静态研究转向动态分析，由宏观把握转向微观深入，由结构分析转向机制探索，并取得了丰硕的成果。同时，国外城市群研究起步较早，且由于城市群发展完善，其在城市群空间结构演化及重构等方面均有了较为细致和深入的研究，可为我国学者的相关研究提供借鉴，但仍需考虑我国城市群空间结构发展的特殊背景。尽管我国学者已做了大量的理论与实践研究，整体研究发展较快，但研究主要集中在长三角城市群、珠三角城市群等发展较为成熟的城市群，城市群研究仍面临较多的理论和应用问题（顾朝林和庞海峰，2007），尤其对城市群空间重构研究还不是很多，城市群空间重构理论依据、路径选择、空间布局等的研究仍需进一步深入。

2.2 同城化研究进展

2.2.1 同城化概念

随着我国城市化建设的深入发展，党的十七大报告提出“突破行政区划界限，形成若干经济圈和经济带”。区域经济一体化及区域合作不断加强，同时城市间的互动日益强化，促使相邻城市合作机会提高，呈现出“同城化”趋势。同城化是具有中国特色的概念，国际上并未有同城化相应的词汇，其译文主要是我国学者利用相似词汇进行组合，如“urban integration”、“urban cohesion”、“cities synchronization”等。2006年深圳市政府发布的《深圳2030城市发展策略》提到“加强与香港在高端制造业、现代服务业及其他领域的合作，与香港形成‘同城化’发展态势”，这是同城化概念的首次提出并作为一种区域发展策略和发展目标正式出现在政府规划文件中；2007年，时任辽宁省委书记的李克强首次提出沈抚同城化的构想；2008年，《珠江三角洲地区改革展规划纲要》中提出广佛同城化；随后，合淮、长株潭、太渝等地均提出同城化建设，掀起了我国同城化研究的热潮。

作为一种新的研究趋势，学术界对同城化的理论研究相对薄弱，且由于同城化是地方实践先于理论研究，其实践、理论均在不断进行中，具有其独特性与前沿性，因此学术界对同城化的概念界定各持己见，尚难统一界定。鉴于同城化研究的特殊性，本研究拟先梳理同城化提出原因及学术界看法，以此对同城化概念进行界定。多数学者承认城市间存在着多种相互作用关系，有正面促进效应亦有负面阻碍效应，为促使地域毗邻的城市克服相互之间的排斥、冲突及无序竞争，有学者提出“城市整合”（王士君和高群，2001）、“城市联盟”概念（刘克华和陈仲光，2005）。闫晴（2012）提出“区位临近的城市之间由于合作联系的增强，整合不断深入发展，这就产生了同城化”，因此，可以认为同城化是为打破城市间的行政分割，促进区域一体化，以达到资源共享、提高整体竞争力而提出的（唐启国，2010）。

从目前学术界相关定义来看，部分学者认为同城化是一种现象，是相邻城市间通过经济要素的共同配置，共享城市化发展成果的现象（邢铭，2007）；是文化底蕴相似、优势互补的城市在经济社会联系到一定程度后而呈现的一体化现象（桑秋等，2009）。另有部分学者认为同城化是一种发展战略，是旨在打破城市间行政分割及保护主义限制的发展战略（高秀艳和王海波，2007）；是城市为满足其新的空间发展要求、提升城市竞争力的现实需求而做出的行政区划调整的一种策略（王佃利和杨妮，2013）；厦门市地方税务局课题组（2013）同样提出，同城化是地理位置相邻的两个或多个城市通过政府间相互协调，以推进在空间、产业、基础设施、制度管理等方面的融合，实现优势互补、协调发展、增强整体竞争力的城市群发展战略。同时，部分学者认为同城化是一种区域模式，是区域经济体一体化过程中产生的一种开放式的区域合作模式、区域治理模式（杨海华，2010）。也有部分学者从社会协同学、社会心理学角度提出，同城化事实上是一种过程，是使城市群融为一体的过程（李恒鑫，2010），也是使相邻城市的居民产生如同生活在同一城市的社会生活感受的城市整体发展过程（谢俊贵和刘丽敏，2009）。此外，还有学者认为同城化是一种发展理念（秦尊文，2009）；是捆绑在一起的命运共同体、利益共同体（胡兆量，2007）；是新型地域组合关系，是城市群区域一体化在空间上的表现（王玉等，2012）。从同城化特征及内涵来看，同城化是城市化在我国发展到特定阶段的产物，具有地理空间相邻、人文背景相似、产业发展互补、交通网络完善等特征（王振，2010；彭震伟和屈牛，2011），强调的是跨界整合及社会生活的同城感受（周轶男，2011）。

纵观目前的研究成果，虽然对于同城化尚无统一界定，但都承认同城化旨在促进城市群的发展。从“同城化”提出背景，即提升城市竞争力、打破行政区划限制（王德等，2009），本研究认为同城化是在城市发展指导下，通过资源要素共同配置以深化城市群发展的区域发展战略和理念。

2.2.2 同城化研究进展

自2007年以来，随着各大城市的发展及同城化政策的制定，学术界对同城化的研究趋势达到一个小的高峰，取得了一定的研究成果，研究视角广泛却也集中，研究内容亦逐步丰富，而研究方法则由以实证分析及经验总结为主转向多样化发展，如集成租金分析法（林东华，2013）、空间计量法（官卫华等，2011）、GIS方法（曾月娥等，2012a，2012b）等。

同城化研究视角主要涉及地理学、城市规划学、区域经济学、管理学、社会学等视角。有学者从人文地理学的视角对同城化进行了概念界定（曾群华和徐长乐，2013），同时朱惠斌和李贵（2013）则借鉴萨森的“推拉效应”模型，从现实基础和约束条件入手，探讨分析深港同城化发展路径选择、策略与影响因素等。由于同城化是出于政府规划文件，因此从城市规划学视角来研究同城化的成果较为丰富，如广州市城市规划勘测设计研究院城市规划研究中心在进行广佛同城化规划时，提出两市“点-面”的协调发展规划，明确了空间结构、功能区划及功能分区等规划要点（李晓晖等，2010）；抚顺市规划局等以沈抚同城化为例，提出同城化比一体化更具有可操作性，进一步对沈抚同城化条件进行分析，并提出规划建设思路和发展对策（邢铭，2007）；但同时，王德等（2009）也提出目前城市规划学界和城市地理学界对同城化的研究仅限于个案分析，尚处起步阶段。从区域经济学视角来看，同城化研究主要是从分工与协作入手，如杨再高（2009）认为同城化是促进城市间合理分工、优势互补的切入点和具体实现形式；朱铁臻（2007）同样指出，同城化是在经济全球化和区域经济一体化中发展起来的，是为了利用比较优势而进行分工合作。从管理学角度对同城化进行的研究成果最为丰富，如曾群华（2011）以新制度经济学理论为基础，引入博弈论，从制度变迁的时间分析了同城化的制度内涵、目标及结果，并从新制度经济学的角度提出同城化的路径选择；陈周宁（2011）以城市管理体制为基本视角，以泉州市晋江两岸同城化为例，探讨了地方政府推动城市管理体制创新，构建适应区域内经济社会发展的体制机制，促进了泉州市晋江两岸同城发展；彭智勇（2014）在府际协调理论支撑下，从不同社会集团利益协调的角度考察同城化协调发展机制，强调同城化需多元主体共同参与、组织管理；吴蕊彤和李郁（2013）则引入跨界管治理论，以广佛同城化为实证，讨论了同城化跨界地区的管治特点及建构模式，并与欧洲跨境区域管治进行比较，提出同城化跨界合作的管治措施。而从社会学角度出发研究同城化并未有系统的研究成果，社会学角度主要是在同城化定义时有所体现。

同城化研究内容主要集中在概念界定、内涵与特征分析、形成与动力机制、发展模式、同城对策及个案分析等方面的研究。从个案分析来看，主要是国内深港、广佛、沈抚等地“同城化”建设合作工作，本研究根据相关的理论文章、实践分析及新闻报道总结了国内同城化城市实施情况（表2-2）。

表2-2 国内部分城市同城化实施情况

地区	启动时间	合作纲领	目标	进展情况
西安、咸阳	2002.12.28	西安咸阳经济一体化协议	形成西安咸阳大经济圈	统一区号029，公交直达
深圳、香港	2005.12.07		与香港共同发展的国际都会	深圳居民一次签注多次往返香港，广深港高铁通车
长沙、株洲、湘潭	2006.06.27	长株潭区域合作框架协议	提高以长沙为核心的长株潭城市群的核心竞争力和综合实力	设立长株潭综合改革试验区，开通公交，统一区号0731
沈阳、抚顺	2007.09.11	加快推进沈抚同城化协议	打造世界级的先进装备制造基地和国家的中心城市乃至东北亚重要的中心城市	开通城际铁路，公交客运公交化运营，统一区号，推出沈抚同城游
太原、晋中	2007		打造太原经济圈	公交线路、广电网络对接，煤气供应互通，连接公路取消收费

续表

地区	启动时间	合作纲领	目标	进展情况
广州、佛山	2009. 03. 19	广州市佛山市同城化合作框架协议	到2012年，初步实现同城化，带动广佛肇经济圈和携领珠江三角洲一体化发展	两市城市规划、交通基础设施、产业协作、环境保护对接，金融同城化取得进展，开通广佛地铁
厦门、漳州、泉州	2011. 09. 08	厦漳泉大都市同城化合作框架协议	至2015年厦漳泉初步实现同城化	签订卫生、人才、知识产权、海洋执法、旅游等多个规划协议，开建厦漳泉桥段、厦漳同城大道
福州、莆田、宁德	2012. 03. 21	推进福莆宁同城化发展框架协议	构建福州大都市区、推进福莆宁同城化发展框架协议	旅游上推出福莆宁景区一票通

从同城化形成与动力机制来看，有学者以沈抚同城化为实证研究，提出经济社会空间联系紧密、政府企业化及城市间合作型管治是沈抚同城化的动力机制（桑秋等，2009）；杨海华（2010）认为广佛同城化的动力主要来自城市化、工业化等市场机制的驱动和上级政府的推动；而同样针对广佛同城化，朱虹霖（2010）认为广佛同城化的动因应从历史、地理、经济、产业及发展和压力来分析，其研究得出广佛同城化的地理位置是天然禀赋，经济实力是现实基础，产业结构是整合基础，历史渊源是社会纽带，发展与压力则是原动力；曾群华（2011）在对沪苏嘉同城化进行研究时提出，沪苏嘉同城化的动力机制主要有源生驱动力、核心驱动力、引导驱动力及外部驱动力，源生驱动力、核心驱动力、引导驱动力及外部驱动力包括因素及其相互作用概况如图 2-2 所示；李迎成和王兴平（2013）认为沪宁高速走廊地区同城化的动力机制至少包含空间吸引力（空间邻近）、政策推动力（政府推动）和市场驱动力（产业、经济、居民收入及旅游景点等具有差异性）三个方面；宋煜（2008）提出经济要素是国内同城化最普遍、最重要的驱动因素，基础设施也日益成为同城化的动因，同时行政机制是同城化中前期的主导因素；黄鑫昊（2013）则认为需具备自然条件、交通条件及经济条件等基础条件，区域分工合理的市场机制，以及为促进要素流动、降低交易费用的制度创新才能形成与发展为同城化。

关于同城化发展模式，有学者根据同城化主要驱动因子确定发展模式，如朱惠斌和李贵才（2013）认为具有区域宏观统筹型、部委课题委托型和单边地方政

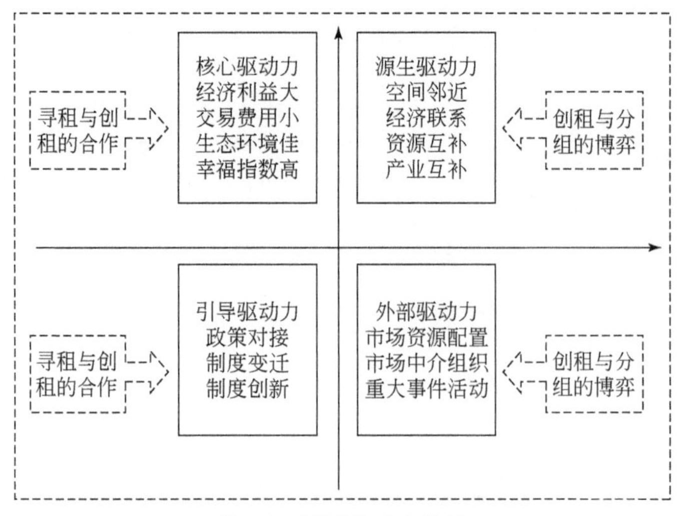

图 2-2 同城化动力体系

府主导型三种同城化模式，其中区域宏观统筹型是指以上级政府为主导，政府对同城化发展进行定位、规划，具有一定的权威性，执行力、可操作性较高；部委课题委托型是对区域合作模式的一种探讨，属于理论研究，因此较不具有权威性；而单边地方政府主导型则是由一方政府所提，其他地方政府却无该意愿，认同度低，因此该种发展模式可操作性低且效率不高。焦张义和孙久文（2011）提出类似的发展模式，并分析了同城化过程中城市功能耦合与产业布局，认为目前同城化的主要模式有四种：理事会、协商、上级政府派出机构及联合党委模式。其认为理事会模式是比较成功的模式，这一模式需要有成熟的选举制度与文化支撑，广佛、沈抚同城化都是实行该模式。目前，在我国比较流行的同城化发展模式是协商模式，该模式减少了城市合作的障碍，具有合作层次高、合作领域广的特点，但其成果落实法律效力低下；而上级政府派出机构模式以长株潭同城化早期发展为代表，其利用行政手段而非市场手段来协调城市利益，因此在实践过程中，地方逐渐否认该模式；联合党委模式是乌昌同城化过程中提出的新模式，而焦张义和孙久文（2011）认为该模式实质为同一化。另有学者则根据地域空间类型，归纳出同城化的发展模式，认为同城化有两种类型：毗邻型、遥望型。其中，毗邻型可分为多点对接和整体对接模式；遥望型又可分为三种模式：共筑新城、分散组团、生态绿核+卫星城镇（图 2-3）（段德罡和刘亮，2012）。

同城化的研究主要目的之一是提出对策建议，以作为地方政府决策依据、行动指导，因此同城化对策是最为重要的研究内容之一。桑秋等（2009）提出沈抚

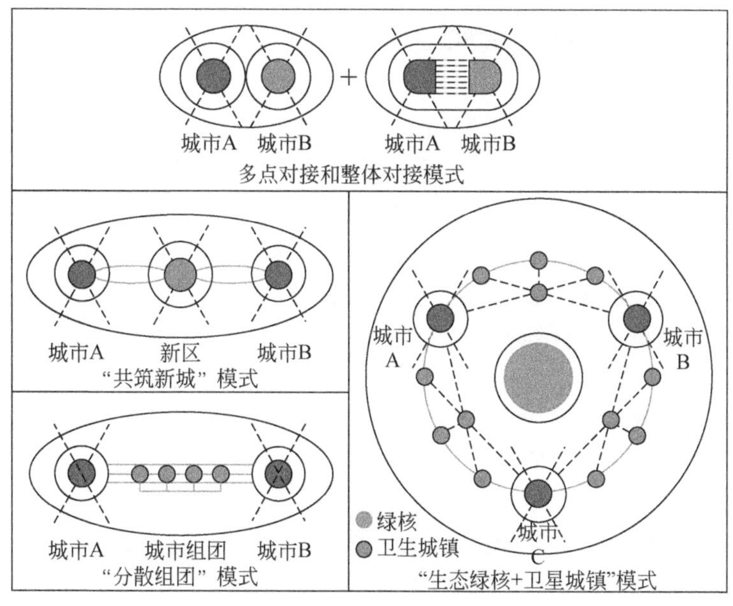

图 2-3 同城化空间发展模式

同城化的主要对策包括发展战略协调、行政壁垒消除和协调组织独立化，其中发展战略协调又囊括了协调组织机构建立、基础设施建设、空间发展战略统一规划及产业发展协调等战略，消除行政壁垒可从产品市场、生产要素、社会待遇一体化来实现。邢铭（2007）则认为沈抚同城化要重点实现基础设施、生态环境、旅游资源等方面共享，按照联合大都市区方式实现同城化。吴瑞坚（2010）从集团理论视角来对广佛同城化提出对策建议，认为广佛同城化目前存在着利益协调与补偿机制障碍、行政区划障碍、共同利益障碍、理性官僚障碍及目标标准障碍等问题，因此应以问题为导向，建立行政区划调整机制并构建具有行政职能的协调委员会，同时建立区域信息共享协调平台、利益补偿机制，充分发挥社会中介组织、行业协会等第三方力量（吴瑞坚，2010）。牟勇认为应以企业为主体，以政府为辅助，以信息系统一体化为催化，以交通为基础，以补偿机制为保证，共同推进合淮同城化。王振（2010）鉴于长三角地区城市群发育较为完善而提出，长三角地区同城化的关键在于应以发展高端商务经济为主体，做好跨界通勤保障工作，以推进同城化进程。此外，王发曾和刘静玉（2007）提出城市群整合发展途径包括城市竞争力、城市体系、产业、空间、生态环境等方面的整合，同城化实践对策均可以考虑。

2.2.3 同城化研究启示

同城化是城市群建设的最高境界（秦尊文，2009），是为消除城市群建设中的行政壁垒，从而共享资源、环境等多方面要素，以促进其更好发展而提出的。目前，对同城化的系统性、综合性的研究成果已较成熟，各城市同城化规划亦在实施进行，但在同城化的趋势中，各城市如何调整城市群空间结构，同城化对城市空间如何反馈，学术界目前尚缺乏此方面的探讨。

同时，虽然同城化规划及实践案例在增多，但同城化实施效果并不显著。焦张义和孙久文（2011）指出，其原因之一是“对同城化的理解过于简单，只重视同城化的美好景象，而缺乏实践的动力”，而其所指的实践动力主要指对同城化的需求，包括了地方政府行为、民众意愿等方面的需求，若同城化动力不足，则注定效果不佳。同城化不是简单的政区合并，不是单纯的政府行为（杨海华，2014），李迎成和王兴平（2013）同样指出，同城化的最直接感受者应该是公众，但纵观目前同城化有关研究成果，大多数是基于同城化“自上而下”的推进过程而进行研究，不管是在概念界定还是在动力机制研究方法，如张超（2013）认为的“地方政府是同城化建设工作的直接组织者和实施者”，大多是从政府主导出发，鲜少基于个人、民众来反思同城化，未能实现城市群建设倡导的“自下而上”，忽视了民众感受，尚未从同城化推进中存在的问题及其发展需求来考虑城市群空间重构。

2.3 主体功能区研究进展

2.3.1 主体功能区概念

1）提出背景

随着经济社会发展进入新阶段，各种区域发展问题凸显，面临资源环境约束日益加剧、区域空间无序开发等问题，并集中表现为：生态环境压力增大（邱强，2014）、资源供给不足（王强，2009）、空间无序开发致使结构失衡（刘传明，2008）。对此，《国民经济和社会发展第十一个五年规划纲要》明确提出要根据资源环境承载能力、现有开发密度和发展潜力划分主体功能区；2010 年6 月《全国主体功能区规划》上升为国家战略；《国民经济和社会发展第十二个五年规划纲要》又指出，实施主体功能区战略，形成高效、协调、可持续的国土空间开发格局；十八大报告同样提出优化国土空间开发格局，建设美丽中国；至2014年年初，国家发展和改革委员会、环境保护部选取部分市县开展国家主体功能区建设试点示范工作，以贯彻党的十八大和十八届三中全会精神，推进主体功能区建设这一战略任务。主体功能区的提出，为解决我国目前的区域发展过程中遇到的问题发挥了积极的作用（郭凯，2013）。

2）内涵

功能区以地域分异规律为指导，根据区内发展要素的内在一致性，以及区内地理空间单元的完整性，划分出具有特定作用的区块。主体功能区在功能区划的基础上，考虑不同区域的资源环境承载能力、现有开发密度和发展潜力，划分出具有某种主导功能的区划单元。

樊杰（2007a，2007b）指出，主体功能区的思想主要来源于国外空间管制的实践，其实质是按照区域的资源环境承载力状况、经济发展现状及开发潜力，对区域进行的差别化管理。国家发展和改革委员会宏观经济研究院国土地区研究所课题组（2007）也指出，主体功能区是在这三者综合分析的基础上，以自然环境要素、社会经济发展水平、生态系统特征及人类活动形式的空间分异为依据，划分出具有某种特定主体功能的地域空间单元，学者朱传耿等（2007）对此概念界定持相同观点。哈斯巴根等（2007）提出主体功能区是将特定区域确定为特定主体功能定位的一种空间单元与规划区域；李宪坡（2008）则认为真正的主体功能区应该是“地理空间+职能空间+政策空间”的复合体；邱强（2014）提出主体功能区是我国实施空间治理和完善区域协调发展战略的新思路，是以整体功能最大化为出发点。

主体功能区不同于一般的功能区，其“主体”指区域在大的区域分工中所承担的主要的功能，这种功能有可能是经济发展，有可能是环境保护也有可能是其他的主体功能（图2-4和图2-5），如是以保护生态环境为主还是以发展经济为主等，强调的是同质性。因此也可以理解为，“主体功能”在一定程度上决定了一个地区未来的发展方向和重心。之所以把它定义为“主体”，是因为其功能起着主导作用，超越了如工业区、商业区等的一般功能和自然保护区等的特殊功能区，但并不排除这些功能与主体功能区共存并发挥其应有的作用。此外，由于地域功能本身也有“发育—生长”的演变过程（樊杰和洪辉，2012），因此，主体功能区具有动态性，即区域的资源环境承载力、发展条件随着时间推移，均有可能发生变化，因而各区域主体功能亦随之变化（李红和许露元，2013），但某一区域的主体功能在一定时期内是相对稳定的。

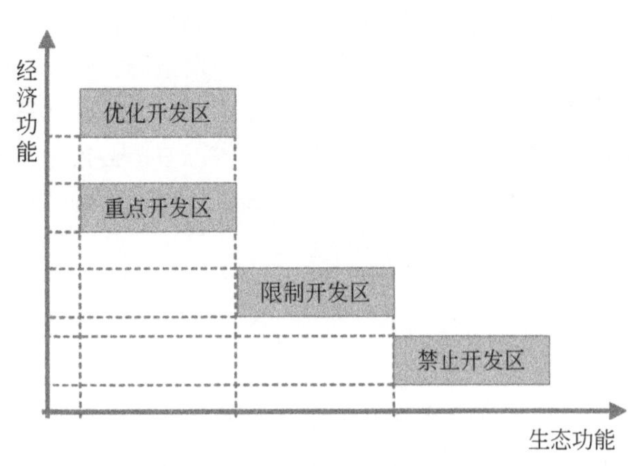

图 2-4 主体功能区的经济与生态功能

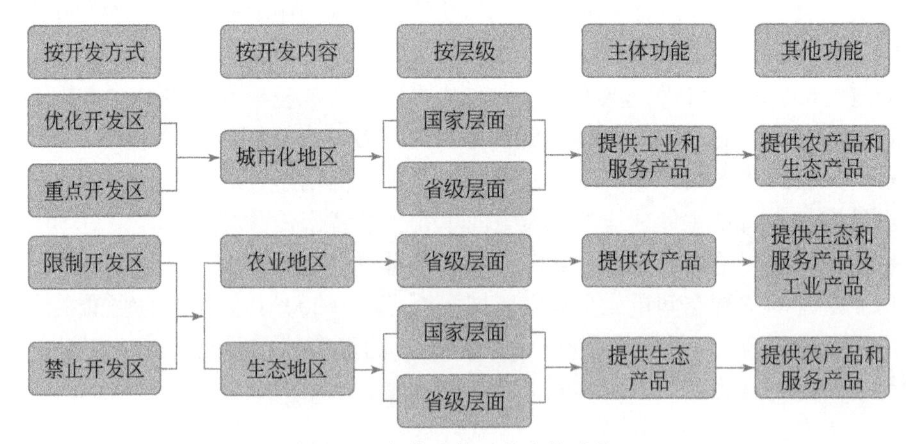

图 2-5 主体功能区的主体功能

3）基本类型

主体功能区一般分为优化开发区、重点开发区、限制开发区和禁止开发区这四种类型（表 2-3）。

表 2-3 主体功能区类型

类型	内涵	发展方向
优化开发区	经济比较发达，开发密度较高，人口相对密集，资源环境承载能力有所减弱，环境问题日益凸显	改变经济增长模式，优化空间布局和产业结构，强化土地集约节约利用，追求经济社会与资源环境协调发展

续表

类型	内涵	发展方向
重点开发区	已有一定的经济基础，资源环境承载能力较强，经济和人口集聚条件较好的区域	统筹规划国土空间，完善基础设施建设，引导人口集聚，大力发展产业集群，努力成为区域新增长极
限制开发区	资源环境承载能力较弱，关系到较大区域范围的生态安全，不适宜进行大规模和高强度的开发	加强生态修复和环境保护，因地制宜适当发展生态产业，引导超载人口逐步有序转移
禁止开发区	依法设立的各类自然保护区域、历史文化遗产、重点风景区、森林公园、地质公园和重要水源地等	依法实行强制性保护，严禁不符合主体功能定位的开发活动

资料来源：《国民经济和社会发展第十一个五年规划纲要》

然而并非所有地区的主体功能区划都拘泥于上述四种类型，可根据当地的资源环境、城市开发程度、经济发展状况等实际情况制定相应的主体功能类型区。例如，北京市的主体功能区划分为首都功能核心区、城市发展新区、城市功能拓展区和生态涵养发展区；西藏自治区的主体功能区划仅分为重点开发区、限制开发区和禁止开发区三类，无优化开发区。综上所述，主体功能区就是将经济发展、资源节约与生态保护相结合，发挥区域主体功能，促进区域均衡和协调发展，以解决我国的区域发展问题，构建合理的空间开发格局，规范空间开发秩序。

4）特性

主体功能区划并不是简单地进行区域划分，而是严格依据当地目前资源环境承载力、现有开发密度和未来发展潜力，在空间上将国土划分为以某一功能为主导的不同功能区，与一般的行政区划、经济区划等单一性质的区划有较大的区别。主体功能区划是形成和落实主体功能区的前提和基础，同时主体功能区又对主体功能区划起着支撑的作用。主体功能区划是一个集理论与方法的综合体系，主要包括了划分原则、标准、层级、单元、方案等多方面内容。因此，主要具有以下几个方面的特性。

（1）基础性。主体功能区规划、经济发展规划及其他的一般规划的编制都要以主体功能区划为基础，以便符合主体功能区划根据自然、社会、经济要素确定的功能定位和布局。它的基础性主要体现在两方面：从宏观上看，主体功能区划是把握国民经济和社会发展方向和基调的基石；从微观上看，主体功能区划关系着项目选址及布局、城市扩张的走向、人口分布的趋势等。

（2）综合性。与一般单一性质的传统区划相比，主体功能区划最大的特点就是区划要素的复杂性。无论是资源、生态、环境等的自然要素，还是经济发展现状、未来发展潜力等的社会经济要素，抑或是已经存在的行政辖区限制，都是主体功能区划要考虑的因素。由此可见，主体功能区划表现出很强的要素综合性。

（3）战略性。主体功能区划对国土空间的长远布局有重大的影响，它具有较强的约束性、指导性、时限性，是统筹区域协调发展的战略性方案。区域的主体功能定位在一定时期内是不会随着时间的推移而发生变化，反而会随着时间的推移使得主体功能定位更加明确、更加细化。

（4）地域性。各区域的自然本底要素和社会经济要素的空间差异性，决定了不同的区域具有不同的自然生态环境和社会经济发展条件，从而也决定了不一样的主体功能，当然它们对区域的社会经济发展过程中的反作用也是不一样的，或者是促进当地的经济发展，或者是完善当地的生态系统，抑或是发挥了当地的环境效益。

5）作用

主体功能区划最大的优点在于综合考虑资源、环境各自的承载力，避免了对国土空间的无序开发，确保国土开发能够做到合理科学。主体功能区划是从经济、环境和人口协调发展的角度出发，划定区域内的主体功能区，确保某一类型的经济活动、生态保育活动等在某一主体功能区内能够发挥其最大的效益。其主要有以下几方面的作用：

（1）促进人与自然和谐发展。我国幅员辽阔，地形多样，并不是每一寸土地都适合开发，除去荒漠、戈壁、湿地、湖泊、草原等一些不适宜开发或者具有生态保育功能的土地，那么可供开发的国土面积是相当有限的。然而主体功能区划就相当于是对国土进行了一次适宜性评价，确定哪些区域可以开发、哪些区域不可以开发、哪些区域适合什么样的经济活动。主体功能区划规避了因城市化、区域发展及经济发展带来的无序、盲目开发的风险，摆脱了用资源环境代价换取经济增长的模式，有利于促进人与自然的和谐发展以及构建资源节约型环境友好型社会。

（2）协调经济与人口发展，保护生态环境。在主体功能区划的基础上，可以清楚地知道哪些是生态环境脆弱区、哪些是开发的密集区、哪些是开发的重点区。通过有序地把人口、产业等从生态环境脆弱的区域向经济条件较好和适宜人居的区域迁移，引导人口和产业向资源环境承载力较强的地区集聚，实现人口、经济和环境的效益最大化。

（3）便于实行空间管治。中国有 960 万 km^2 的陆地国土面积，各地的资源禀赋、发展潜力都不一样，各地主体功能区类型也是各不相同。划分主体功能区，明确哪些地区要发展，哪些地区要保护，可以解决因片面追求 GDP，盲目强调城市化和工业化带来的不良后果，从而规范空间开发秩序，逐步形成合理的空间开发格局。

（4）优化资源空间配置。主体功能区划的目的在于根据区域自身的资源禀赋条件、社会经济现状及发展潜力，赋予其主体功能定位和未来发展基调。不同的主体功能定位具有不同的发展重点，如优化开发区是要推进经济的快速发展，重点开发区是要协调经济与人口的重要载体，限制开发区是要发挥其生态功能，而禁止开发区则是要突出其自然保护功能。主体功能区划将有利于提高资源空间配置效率，形成人与自然和谐发展的空间格局。

2.3.2　国内外空间区划研究概况

我国主体功能区划是在广泛借鉴国外空间区划（规划）思想和经验的基础上，结合我国实际情况提出的。主体功能区划不同于以往的各类经济区划和专项规划，是我国现阶段加强国土空间管理、落实科学发展观和实施可持续发展战略的一项重大创新和探索。截至目前，国外并没有主体功能区划的实践案例和其他相关研究成果，国内在“十一五”规划以后才逐步出现相关研究，成果尚不成熟。作为新近出现的概念，学术界对主体功能区划的研究基本上处于起步阶段，需要今后相当长时期的持续研究和积累。因此，有必要对国内外空间区划的理论和方法进行梳理，形成进一步深入研究主体功能区划的扎实基础。

2.3.2.1　地理区划的研究进展

1）地理区划的发展历程

空间分区研究是地理学的古老传统，也是地理学的永恒主题。地理区划是依照一定的参照及标准对地理区域空间进行划分。早在 19 世纪初，地理学家就从认识自然的需要出发，以气候、地形、地貌、土壤、植被等自然要素的空间分异规律为依据，进行了自然要素区划和综合自然区划研究。此后，根据生产力布局的需求，前辈学者以自然为基础，以经济为导向，开展了农业区划、经济区划及部门区划等研究。在我国，在各省综合自然区划逐渐推开的同时，赵松桥、席承藩及任美锷的持续研究把综合自然区划推向高潮。农业区划研究始于 20 世纪 30 年代胡焕庸的《江苏省之农业区域》和《中国之农业区域》，后来的研究逐步由大范围、专项的资源调查与分区向小范围包括气候、生态等多种功能区划过渡；经济区划先后出现了经济协作区、经济地带、城市经济区、都市经济圈等研究。80 年代中期以来，随着人地矛盾的不断恶化，可持续发展观逐步成为世界的主流思潮，学术界开始注重生态区划、生态功能区划及生态系统生产力区划等研究。2005 年 10 月，中共十六届五中全会在“十一五”规划的建议中提出主体功能区划概念，这代表了地理区划研究的一个崭新的方向。

相对于自然区划、经济区划、生态功能区划等传统区划而言，主体功能区划将特征区划与功能区划相结合，生态环境与经济社会发展相结合，揭示区域生态经济系统的空间分异规律，是一种完全综合性区划，是地理区划研究发展的新阶段。

2）地理区划发展的新特点

我国已相继开展了自然区划、农业区划、经济区划、生态功能区划、海洋功能区划等重大基础性工作，随着人们对区域分异规律、区域发展理念认识的深化及区划方法和技术手段的现代化，地理区划的发展呈现出以下新的特点：

（1）区划目的由理论认识向综合决策转变。传统的区划目的多是为了认识地域的特征，认识某一地域在地域分异中的地位与作用，或者是为了探索区划理论与方法，提高区划技术，区划内容不求全，成果单一。但随着社会经济的发展，尤其是人们对区域发展的认识深化，区划目的开始转向为区域发展综合决策服务，特别是为塑造区域特色经济，促进区域协调发展等提供科学的决策依据。

（2）区划标准由单要素向全要素转变。无论是自然区划、经济区划，还是农业区划、生态功能区划和海洋功能区划，都是以区域自然、经济或生态等某一要素为标准来认识地域分异特征，在区划过程中所考虑的综合性，只不过是自然、经济或生态某一方面的综合性，相对于整个区域生态经济系统而言，这种综合是不完全的。随着可持续发展理念的普及，尤其是科学发展观的确立，人们认识到区域发展并不仅仅是经济、生态或社会等某一方面的持续发展，而是由经济、社会、生态环境等要素构成的区域系统的整体演进。因此，地理区划不能只考虑某一要素，而应该综合考虑区域系统的各组成要素，以保证区划的完全综合性。

（3）区划方法由一般定量向综合集成转变。伴随着区划理论的深化，区划方法逐渐由一般定量分析向综合集成转变。数学、物理学、化学、生态学、经济学、社会学等学科的研究方法，为地域分异规律、各类区划界线的确定等提供了新的分析方法。自 20 世纪 60 年代空间信息技术产生以来，GIS、RS（remote sensing，遥感技术）、GPS（global positioning system，全球定位系统）及计算机等现代技术手段的逐步应用，使地理区划从野外调查、信息收集与处理、计算模型、方案成图等向现代化转变，从而为区划演化、地理结构与功能、地域分异规律等的研究提供了先进的手段，提高了研究精度。

2.3.2.2 国外有关空间区划（规划）及对我国的启示

不同的国家具有不同的发展历史、不同的经济社会和文化背景，因此，空间区划方案考虑因素、方法也有较大不同，但总体而言，仍有较多经验、教训值得借鉴。不同的区划方案更是基于当时的历史条件出发做出的，这可能与我国当前的经济社会发展现实情况有一定的差异。但无论如何，尤其是发达国家经历过经济社会发展阶段上的问题，有许多是我国正在面临或者将要面临的，因而空间功能区划的许多经验和教训也是值得我国借鉴的。

国外许多发达国家和地区从20世纪初就陆续开展了区域规划，但规模较大地进行还是在第一次世界大战之后。第二次世界大战使欧洲不少国家的城市和经济遭到严重破坏，战后百废待兴，基于重建城市和发展经济的需要，以城市为核心的区域规划在战后进入旺盛时期，如法国的巴黎、德国的汉堡、波兰的华沙等许多大城市地区。60年代以来，由于工业迅速发展和城市化进程加快，人口、资源、环境及区域发展不平衡等问题日益突出，引起世界各国普遍关注，区域规划进入了一个全新的发展阶段。欧美发达地区对空间开发都是有严格限制的，如各国对自然保护区都是禁止开发的，对生态脆弱的地区都有各种开发限制，对经济过密的地区则着重进行优化调整。这些国家制定和实施空间规划的实践对我国推进形成主体功能区有重大的启示和借鉴意义。

1）美国标准区域的划分

美国自20世纪70年代由经济分析局对全国进行经济地区的划分，并随着各地区经济社会发展状况的变动保持动态调整。美国划分经济地区的基本空间单元是县，并以通勤量、报纸发行量、人口规模为重要指标，按照工作地和居住地尽量一致的原则，同时综合考虑行政区划分传统、历史文化习俗、自然资源和环境特点等因素，建立不同等级和层次的经济区划体系。美国的标准区域分为区域经济地区组合、经济地区与成分经济地区三个层次，主要划分步骤包括以下几个方面：第一是节点认定。节点是指大都市区，或者是作为经济中心的地区。第二是将各县合理分配到相应的节点，形成成分经济地区。第三是综合考虑经济规模、经济联系、通勤量等因素，合并成分经济地区形成经济地区。第四是在经济地区的基础上，进一步归并分类形成区域经济地区组合。

2）欧盟标准地区统计单元目录的划分

欧盟标准地区统计单元目录（NUTS）是由欧洲统计局建立的，目的是为欧盟提供统一的地域单元划分，可用于欧盟区域统计资料的收集与协调，用于区域社会经济分析，并帮助确定区域政策的实施方位。NUTS 的划分依据三个基本原则：①照顾习惯的划分。以目前成员国习惯使用的行政区划分为基础，各国划分区域可以采用不同的标准。②照顾具有一般特点的区域单元。NUTS 划分排除特殊的地区单元（矿区、轨道交通区、农作区、劳动力市场区等）。③实行三级分类。每个成员国划分为多个 NUTS1 区域，每个 NUTS1 区域又划分为多个 NUTS2 区域，依此类推。2003 年，最新的 NUTS 目录生效，将欧盟分为 72 个 NUTS1 区域、213 个 NUTS2 区域和 1091 个 NUTS3 区域。

3）巴西规划类型区的划分

巴西的规划类型区与我国的主体功能区划分有一定的相似之处，为实现宏观调控目标，巴西将全国划为五个基本的规划类型区：①疏散发展地区，主要指圣保罗和里约热内卢及其环绕的都市区。由于城市过度膨胀，导致工业过分集中、生活质量下降、环境恶化、自然和城市景观破坏，需要控制城市进一步增长。②控制膨胀地区，主要指东南部地区的大部分和南部区的某些地方及东北部环绕累西腓和萨尔瓦多的都市区，这些地区的城市化过程正生气勃勃，具有良好的社会经济结构，可提供适当的条件推动工业的分散，防止过分聚集和膨胀。③积极发展地区，指环绕福塔莱萨和贝伦的都市区以及内陆的中等城市（如首都和各州的首府），这类地区通常人口稠密，但经济基础薄弱，要对该地区开发给予指导。④待开发（移民）区，主要位于北部和中西部地区，沿着通向内地的主要道路或亚马逊河谷地带分布，这类地区需制定移民及安置计划，以引导地区开发。⑤生态保护区，主要位于亚马逊和中西部地区，要在保护这类地区的自然资源和控制生态平衡的条件下进行生产性利用。

4）法国的领土整治规划

法国把区域规划工作称为领土整治工作，1963 年法国政府专门设立了领土整治机构——“达达赫”，建立了领土整治基金，研究和提出了领土整治政策。法国以均衡化作为领土整治目标，控制人口和产业过分向巴黎地区集中。采取法律、行政、经济等手段积极开发落后地区，有步骤地建设新城，并且有计划地开发整治罗纳河（Rhone）流域、北阿尔卑斯山区及濒临大西洋的阿基斯坦地区。法国的国土整治工作对旅游业的发展特别重视，环境保护和改善也是领土整治的重要内容。

5）日本的区域规划

日本20世纪50年代的区域规划思想侧重于开发资源、复兴经济。日本有全国性的综合开发计划，都、道、府、县有土地利用计划，还有有关公共事业（如下水道、港湾、机场、道路、土地改良等）的长期计划，其中以全国性的综合开发计划的编制及其成效为世界瞩目。1962～1987年日本批准了四次全国性综合开发计划，每次编制的目标重点和开发方式都有所不同。例如，1962年通过的第一次全国性综合开发计划，简称“一全综”，是以地区间均衡发展为目标，采取据点开发的战略方针，重点是建立工业开发据点，建立新兴工业城市。1969年通过的“二全综”，针对大都会人口过度集中问题，采用大规模开发方式，即“大项目开发”方式，后因石油危机影响，中断了计划实施。1977年批准的“三全综”，提出“定居设想”，采用“定居圈”开发方式，控制大都会，振兴地方，力图达到全国均衡发展。1987年批准的“四全综”，以建立多极分散型开发格局为目标，以交通网络构想为开发方式，并增加了老龄化、国际化的规划内容。日本1998年制订的《全国综合开发计划》（简称“五全综”）的开发方式为“参与和协作”，即呼吁政府、居民、志愿者组织和企业踊跃参加区域建设，地方政府和国家协调合作予以支持。“五全综”侧重点在软件方面，主要是有效地利用现有社会资本，保护自然环境。

6）国外空间区划（规划）对我国的启示

借鉴区域政策较完善国家的成功经验，制定科学合理的区域划分可为区域政策提供可靠的制度基础和实施方向。目前，我国尚无欧美等国家较大区域范围的、规范的标准区域划分和问题区域划分，使区域政策的制定缺乏强有力的依据。我国的主体功能区既不是标准区域，也不完全等同于问题区域，但从作为政策对象来看，其部分属于问题区域、重点区域、保护区域等范畴，或具有这些特定区域的类似性质，因此需要明确区域政策的对象和领域。在没有覆盖全国的标准区域划分客观情况下，确定主体功能区既要借鉴国外标准区域划分的做法，又得借鉴问题等特定区域划分的原则，将其区域范围落到实处，使其成为政策导向的科学依据、有效手段和新时期加强政府宏观调控的重要环节。

自20世纪初德国首先编制区域规划以来，美国、日本、法国等国家也都陆续编制了各种类型的区域规划，形成了各自的区域规划体系，对优化空间结构、缩小地区发展差距和解决区域发展不平衡问题起到了积极的作用。从内容上看，许多国家已由物质建设规划开始转向社会发展规划，规划中的社会因素与生态因素越来越受到重视；从范围看，更加重视以整个国家为对象的区域规划，甚至开始制定跨国或以大洲为对象的区域发展规划，如欧洲空间展望计划等。发达国家空间规划的经验启示我们，无论是从优化空间结构和开发秩序的角度，还是从扶持落后地区发展的方面来看，都应该高度重视空间规划的调控功能，适时开展全国性的空间规划，进一步发挥其作为政府干预手段的重要职能，统筹经济和社会、城乡和区域协调发展。

2.3.2.3 中国空间规划的演变与存在问题

对我国以往有关国土空间规划的理论和方法研究，形成进一步深入研究主体功能区划的扎实基础，非常有必要对其进行全面系统的筛选和梳理。空间规划是经济社会发展到一定阶段，为解决经济、资源、环境之间矛盾及协调区域之间关系而采取的一种重要的政府干预手段，是同发展市场经济相适应的。在我国，区域规划实质是由大规模资源开发和工业基地建设所提出的综合布局问题。

1）中国区域规划演变历程

中国区域规划的演变大致经历了以下三个阶段：

第一阶段，自苏联引进的区域规划（1956～1960年）。中国最早的区域规划是“一五”期间从苏联引进的，是在联合选厂的基础上发展起来的。1958年开始“大跃进”后，各地大办钢铁，大办地方中小企业，以工业和城镇布局为主要内容的区域规划开始在不少地区展开，1960年即因“大跃进”失败而告终。在区域规划长期中断后，从事区域规划研究的经济地理界就转向了区域生产力布局的综合调查研究。

第二阶段，自西欧和日本引进的国土规划（1981～1995年）。1985～1987年我国参照日本的经验，编制了《全国国土总体规划纲要》。与此同时，在许多省区都开展了全省和地市一级的国土规划，一直延续到1991年，在全国范围出现了国土规划的高潮。在传统的计划经济体制下，重视发展规划，对国土空间规划的重要性缺乏认识，致使国土规划始终未能建立相应的法规作依托。《全国国土总体规划纲要》未经国务院审批，是以原国家计划委员会内部文件形式下发参照执行，使其难以发挥应有的作用。

第三阶段，国内主创的城镇体系规划（1996年至今）。1989年全国人民代表大会常务委员会通过的《中华人民共和国城市规划法》正式将城镇体系规划纳入编制城市规划不可缺少的重要环节。这种主要为城市规划服务的城镇体系规划，具有陪衬性质，其规划内容往往缺乏深度和精度。在全国普遍开展国土、区域规划的高潮时期，城镇体系规划成为国土和区域规划的重要组成部分。国土与区域规划停顿后，省域城镇体系规划开始向区域规划方向发展。在原有规划内容基础上，增加了社会经济发展战略、城镇体系发展与生态环境相互协调、划分不同类型的开发区和保护区以加强分区空间管治功能等内容。20 世纪 90 年代中期以来，几乎在全国各省都开展了具有上述区域规划性质的城镇体系规划。之后在城镇体系规划基础上进一步深化的城市群规划，更属于以城市为主的区域规划类型。因此，继国土规划以后开展的城镇体系规划和城市群规划，是区域规划在中国的演变或历史延续。

2）我国区域规划体系现状及其存在的问题

我国区域规划运作体系逐步趋于完善（图 2-6），但与我国现阶段区域差异明显、区际竞争激烈、农村地域广阔、城市化进程加速推进、资源环境问题日益突出、空间开发无序、空间结构失衡的国情还不太适应。具体表现在：①空间层次过多，目前达到 7 个；②彼此地位错位，如作为地域单元变动最为剧烈的市级行政区的市域规划最为普及，而作为社会经济基本地域单元的县级行政区的县域规划则相对薄弱；③统筹全国空间利用的国土规划急待完善和获得相应法律地位；④涉及跨省级行政区的国家级城市区域规划进展相对缓慢，协调难度非常之大；⑤直接面对广大农村地域的村镇规划比较匮乏；⑥对国土空间无序开发缺少必要的管制规划。

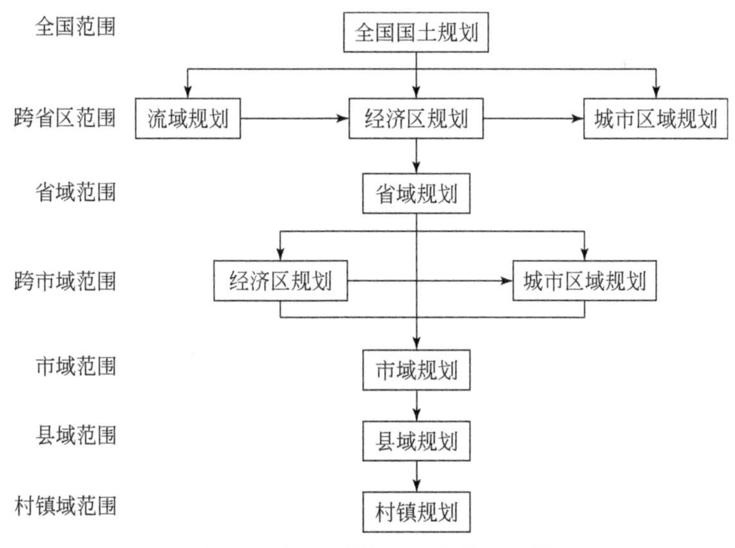

图 2-6 我国区域规划空间体系现状

目前，我国区域规划发展中存在的主要问题是，规划缺乏协调和实施不力。在基层则具体表现为各种规划之间相互矛盾、彼此冲突，令地方政府无所适从，规划难以得到执行和实施。这些问题与我国区域规划的三头管理现状有一定的关系，即国土规划、区域规划、城市规划是由国土资源部、国家发展和改革委员会及住建部三个部门分头管理。国土资源部、发展和改革委员会和住建部同时开展类似性的规划，尽管名目不一，各有侧重，但其内容多大同小异，导致大量工作重复、资源浪费、互不协调，严重影响规划的科学性、实用性和权威性。因此，从空间层次、规划内容和行政管理三个方面，理顺各规划之间的关系，已成为我国区域规划协调发展的关键所在。主体功能区规划是完善区域规划运作体系的主要途径之一。主体功能区规划是区域规划运作体系中的一个重要层次（图 2-7），是新时期空间规划的基础和依据，对于推进空间有序开发、优化空间结构、理顺各种规划关系有着重要的现实意义。

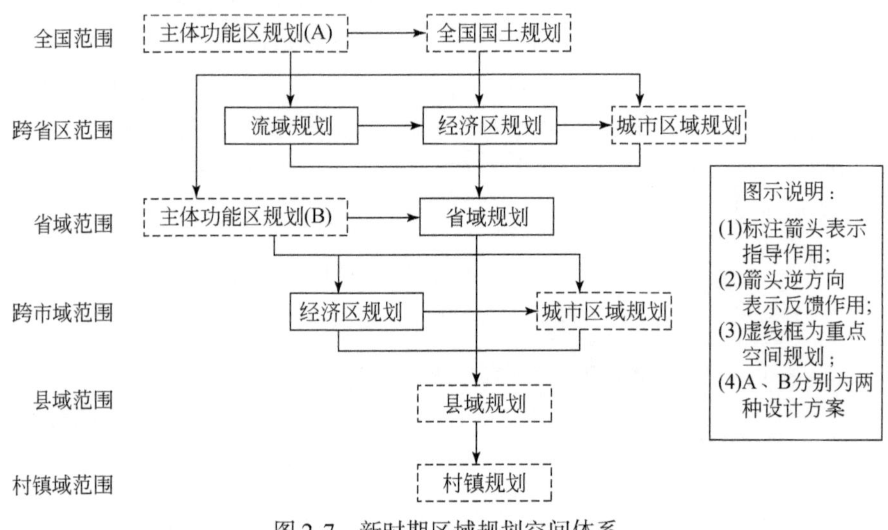

图 2-7 新时期区域规划空间体系

2.3.2.4 国内有关主体功能区的研究现状

1）统筹区域发展研究

国家发展和改革委员会宏观经济研究院国土地区研究所课题组进行的《统筹区域发展研究》中，从地区承载角度将我国功能区划分为保护区、控制区和发展区三种类型。

（1）保护区。根据我国自然条件（包括海拔、地形、降水量等），确定保护区的边界范围。将全国海拔3000m以上或降水量小于200mm的地区确定为保护区。经过调整，最后确定保护区内的地级市行政单元共计24个，涉及7个省(自治区)。

(2) 控制区。考虑到我国三级阶梯的特殊地形结构，把第一阶梯和第二阶梯内区域地形高度为1500~3000m或降水量为200~400mm的地区划为控制区。经过调整，最后确定的控制区包括57个地级市行政单元，涉及18个省（自治区)。

(3) 发展区。在第三阶梯以海拔1000m作为发展区与控制区的分界线；第一阶梯和第二阶梯内以1500m作为控制区与发展区的分界线。包括未划进保护区和控制区的其他所有区域。

最后，还根据经济社会因素（选取人均工业总产值、人口密度、城市化水平等指标)，以县级行政单元作为基本地域单元进行了划分方案的细化与修正。

2）2030年中国空间结构问题研究

中国宏观经济学会课题组进行的《2030年中国空间结构问题研究》中，以大都市圈为目标调整中国未来经济空间结构，提出2030年中国建立20个大都市圈的战略构想。每个都市圈都是由若干个城市组成的城市群，其中最大的是中心城市，中心城市周围还有不同级别的若干城市。

3）经济区划及其区域政策调整研究

中国工程院课题组在进行的《经济区划及其区域政策调整研究》中，综合考虑不同地区历史因素、未来增长潜力和国家区域政策配套上的可操作性，根据自然生态、自然资源及区位特征、经济发展水平与增长速度、经济结构特征、社会发展水平、农牧业水平及地位、参与国际分工程度、地缘政治及民族特征八类指标，将我国划分为两个层次共六类功能区域。

第一层次的功能区划（指主功能类型区）包括发展条件较好的地区、老工业基地、优化整合地区和国家重点开发地区。

第二层次的经济区包括农牧业重点发展地区和生态环境重点保护与建设地区两大类型。某些省份在划分上与第一层次区划有重复，但是按照经济区划原则并考虑这些地区的特殊功能，需要再次列为第二层次经济区。

4）全国功能区域的划分及其发展的支撑条件

中国科学院课题组在《全国功能区域的划分及其发展的支撑条件》研究中，根据影响我国区域发展的自然要素和社会经济要素，针对近年来在国土开发和生产力布局等方面出现的问题及实现各种类型区域可持续发展的要求，将我国划分为三种类型的综合功能区。

第一类是全国综合经济区，是由若干省份组成的大区域单元，包括东北经济区、华北经济区、华东经济区、华南经济区、华中经济区、西南经济区、西北经济区、新疆地区、青藏地区。

第二类是重点发展功能区，属于未来20年我国发展和开发的区域，包括四种功能区：都市经济区、人口–产业集聚区、能源–资源重点开发区、农业生产基地。

第三类是生态建设重点类型区，属于需要进行重点保护和综合治理的生态类型区，包括森林生态系统与生物多样性保育类型、荒漠生态系统保育类型、湿地生态系统保育类型、干旱河谷生态系统保育类型、沙漠化防治类型区、水土流失防治类型区等。

5）我国空间结构调整的基本思路

国家发展和改革委员会宏观经济研究院国土地区研究所课题组进行的《我国空间结构调整的基本思路》研究中，根据建立“点、线、面”有机结合的跨行政区的空间经济组织体系，把全国划分为8个经济区，命名为“7+1”经济区。即泛珠江三角洲经济区、泛长江三角洲经济区、泛渤海湾经济区、泛东北经济区、中原经济区、西南经济区、陕甘宁青经济区、西部特色经济区。

6）协调空间开发秩序研究

中国科学院南京地理与湖泊研究所的陈雯研究员提出了以经济开发价值和生态保护价值判定为基础的矩阵分类方法，将空间的开发功能区分为适宜开发区、有限制开发区、适度保护区、禁止开发区和灰色弹性开发区五大类，并对江苏省进行了实证研究，形成了《协调空间开发秩序》等多项研究成果。

7）功能分区与主体功能区划分实践研究

南京大学李满春等研究了四川省宜宾市的功能分区，以乡镇为基本单位，运用GIS遥感技术，在《国民经济和社会发展第十一个五年规划纲要》主体功能区规划思路的指导下，将宜宾市划分为重点开发区、优化开发区、适度开发区和限制开发区四种基本功能类型。

另外，辽宁师范大学韩增林、王利等组成的课题组对广西钦州市、大连庄河市进行了初步研究。主要在规划思路、GIS技术有效应用方面进行了若干探讨，并提出了一套主体功能区概念体系和划分基本指标体系。

2.3.3 主体功能区研究进展

作为一种新型的区域规划理念和模式，学者对主体功能区给予了极大重视，并进行了系统的研究。由于主体功能区涉及的学科体系涵盖了人文地理学、环境科学等学科（图 2-8），因此，学者对于主体功能区的研究主要集中在理论基础、区划及规划的方法流程、规划建设、补偿机制的相关研究，近期则集中于其实施背景下相关问题的研究。

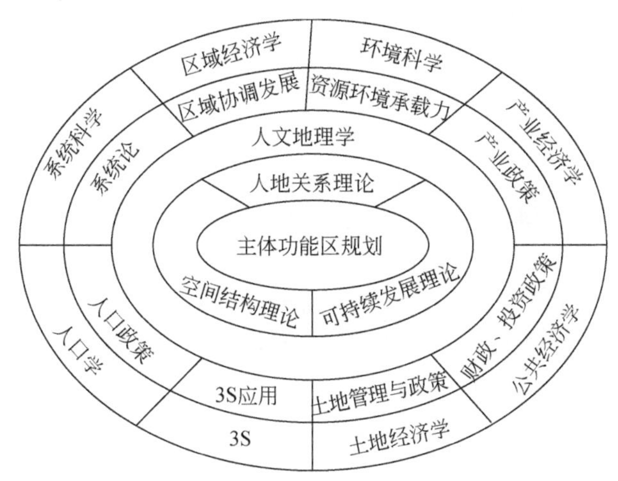

图 2-8 主体功能区规划背景理论及学科体系

注：3S 为 RS、GIS、GPS

主体功能区的思想虽然受国外空间管制实践的启发，但国外并没有主体功能区的概念，国外的类似研究主要集中在空间规划领域方面（李红和许露元，2013），尽管其研究目的（形成空间开发的合理秩序、结构）与我国主体功能区指导思想较为一致，但已有众多学者对其进行评述，因此，本研究不再累赘，而重点对国内研究进展进行论述。

就主体功能区的理论基础而言，主要有理论支撑、概念界定、作用性质等方面的研究（樊杰，2007a；朱传耿等，2007；丁四保，2009）。李雯燕和米文宝（2008）、张明东和陆玉麒（2009）均对主体功能区划有关理论进行了综述与分析；孙鹏和曾刚（2009，2013）利用新区域主义的理念来解读主体功能区，认为主体功能区应充分考虑新区域主义的理念及思想精髓，以促使我国区域规划更具人本主义、科学性、实用性。

从主体区划及规划的指标体系构建和方法流程研究方面来看，划分的理论、思路研究均有相应的实证案例，研究方法多样，且研究尺度亦有所差异。在评价指标体系构建方面，李永华（2009）指出，主体功能区划不同于传统区划，其应从资源和环境容量的“最短板”出发，既考虑地域分异规律又考虑经济和社会联系，因此指标体系应充分考虑到资源环境承载力、现有开发密度、发展潜力三方面因素。国家主体功能区划的指标体系同样体现了该方面，学者亦是在此基础上，因地制宜，构建符合区域状况、反映区域特色的评价指标体系。例如，河南省主体功能区划的指标体系（赵永江等，2008）；借鉴“状态空间法”、“相对承载力”的思路，在国家主体功能区划的指标体系上做出改进（王建军和王新涛，2008）；以生态足迹、生态承载力、开发潜力为架构，形成的生态导向型主体功能区区划指标体系（叶玉瑶等，2008）。在区划方法及流程的研究初期，主要是以传统的数学模型方法为主，包括主成分分析法（李承国，2008）、综合集成法（王强等，2009）、熵值法（朱翔等，2012）、状态空间法（张广海和李雪，2007）、空间聚类法（朱传耿等，2007）等。马随随等（2010）指出，主体功能区划的时代创新性必然要求其区划方法要在传统区划方法的基础上有所突破，这也促使一些学者将 GIS 等技术手段融入主体功能区划中。例如，以公里网格为基础，通过三维魔方图对广州市的主体功能区划进行探讨（朱高儒和董玉祥，2009）；利用遗传算法，并考虑区域的全局空间自相关特性，从而实现自动划分主体功能区（林锦耀和黎夏，2014）；采用空间重心法、中心地理论和模糊聚类分析法并利用 GIS 实现主体功能区的可视化（钟晓青和叶大青，2011）。对于区划的结果，大多数学者沿用国家主体功能区划提出的分区，但仍有部分学者探讨了主体功能区划分结果。例如，孙鹏（2011）在其博士论文中，将上海市的主体功能区划分为功能核心区、拓展区、协调区、生态发展区及生态服务区五类；朱翔等（2012）对长株潭城市群进行研究时，增加了一般开发区。

随着国家主体功能区的确定及主体功能区研究的深入，目前，省域甚至市域主体功能区规划纷纷出台，同时国家以县级为基本单位进行主体功能区试点示范建设表明了主体功能区规划已进入规划落实阶段。在主体功能区规划落实方面，成为杰（2014）在针对国内 19 个省级规划研究时指出，省级主体功能区规划通过区划范围、影响力定位、正常准确性三个方面来确保规划实施；有学者提出，推进主体功能区建设的关键在于产业体系的规划，因此，其对各类主体功能区的产业发展进行研究并提出建议，以促进主体功能区的实施落实（栾贵勤等，2008）；王铮和孙翊（2013）同样提出主体功能区思想落实到国土开发中的主要途径是通过产业调控政策来实现，并从白、黄、蓝三种区域产业政策情景模拟与调控来实现主体功能区落实。

主体功能区实施的绩效评价亦成为重要研究内容之一。主体功能区绩效评价的实质是对不同主体功能区发展路径的经济分析过程（王倩，2007），赵景华和李宇环（2012）从空间规划绩效评价与行政区绩效评价耦合的角度入手，设计了整体性的主体功能区绩效管理评价体系，认为目前主体功能区绩效的失效诱因可能有体制、资源、权利制约等外部因素及协调失效、技术限制等内部因素。对于主体功能区规划落实情况，国家发展和改革委员会宏观经济研究院李军和任旺兵（2011）提出，“对国家主体功能区开展监测和评估是掌握主体功能区规划落实情况、动态监管主体功能区运行状态的基本途径”，因此其在2011年提出的主体功能区实施的几个关键问题后，在2013年继续提出了涵盖资源、环境、生态、经济、人口社会、政策、交通等方面的指标体系，用于监测主体功能区实施落实情况（李军等，2013）。曲林等（2012）、王倩倩（2012）也分别采用GIS技术对黑龙江省、黄河流域县级行政区的主体功能区规划落实情况进行分析和探讨。

主体功能区的实施政策及补偿机制同样是研究的热点。国家发展和改革委员会宏观经济研究院国土地区研究所课题组（2007）提出，实施主体功能区规划的财政、产业、农业、人口、土地、环境等关键政策。有学者从总体上论述主体功能区实施政策机制，例如，郭凯（2013）结合山东省各类主体功能区，分别提出具体实施的相关政策；杜黎明（2008）引入均衡分析，从增强区域政策的有效供给能力的角度进行主体功能区政策研究；还有学者仅对某项政策进行探讨，如人口（张耀军等，2010）、环境（郭培坤和王勤耕，2011）、土地（刘红，2010）、财税（徐明，2010）、金融（谭波等，2012）及从地理学（王昱等，2009）、生态服务交易（高新才和王云峰，2010）、政府行为（陈学斌，2012）等角度进行的生态补偿机制研究。

随着主体功能区规划的实施，以主体功能区为支撑平台的研究日益成为焦点。其中，以主体功能区为背景，探讨区域协调发展的研究居多，如区域统筹发展研究（龙拥军，2013）、区域协调发展机制（满强，2011）、区域经济新合作模式（车冰清等，2008）、城市与区域的均衡发展（张建新和霍小平，2010）、县域城镇化（刘桂文，2010）及推进主体功能区形成的城市化空间均衡发展（邓春玉，2008）等。同时，十八大的召开及新型城镇化的提出，致使学者们以主体功能区实施背景探讨城乡一体化的趋势显著上升。例如，童长江（2014）以鄂州市为例，对基于“主体功能区”的城乡经济发展一体化模式进行了探讨，认为优化开发区应发展政府加市场城市偏向型模式，重点开发区应发展政府加市场城乡均衡型模式，生态保护区则应以政府加市场农村偏向型模式为主；芮旸

(2013) 针对城市化地区、农业地区和生态地区三类地区发展定位与方向的不同，探讨了城乡一体化发展的多元动力机制、评价体系及发展模式。随着研究的深入，研究涉及领域日渐宽广，例如，基于主体功能区实施背景探讨如建设用地集约利用程度（程佳等，2013）、进行土地利用模式优化研究（韩德军，2014）等方面的土地利用相关研究；讨论地方政府合作问题，如区域政府合作整体性治理模式（郭恒，2013）、地方政府建设（赖岚岚，2013）等；或者追溯至主体功能区的本质，探讨主体功能区背景下的空间结构问题，如张志斌和陆慧玉（2010）依据主体功能区提出西宁的“双核心”空间结构，以缩小空间差距；马随随(2013) 依据县域主体功能定位及其所决定的区域空间发展方向，从实践和政策两方面对新沂市空间结构优化对策进行了针对性探讨。

2.3.4 主体功能区研究启示

主体功能区已成为我国地理学者区域系统研究及为地方政府决策提供服务的新领域（哈斯巴根，2013），自“十一五”规划正式提出主体功能区至今，学术界的研究热度不减反增。纵观目前研究，主体功能区焦点从初期的理论层面研究逐步过渡至地方实践探讨，至十八大召开以来，主体功能区规划进一步落实，焦点转向以主体功能区实施为平台的各类相关内容研究，并主要集中在如前文所述的区域统筹与协调发展、城乡一体化、土地利用、政府合作及空间优化，研究尺度涵盖了省域、市域、县域等宏观到中观尺度，研究单元则以各类主体功能区为基本单元进行论述，成果极大地丰富了主体功能区研究。然而，在主体功能区大力实施的背景下，城市群空间该如何重构以实现国土空间格局优化？目前，鲜有学者对此进行探讨。

同时，学者们在城市群空间结构理论研究和实证分析方面日益取得突破，但随着城市群的发展，仍有新的研究视角及实践值得探索。鉴于城市群空间结构涵盖区域经济、社会、生态、政治等多方面内容，对其的研究需从多学科、多维度、多视角入手；而目前的研究多集中于城市规划学和地理学中，较少从多学科交叉融合进行探索。同时，当前城市群发展引起的资源、环境问题凸显，与其发展之间的矛盾趋向尖锐，城市群空间重构亟须进行。但目前国内城市群空间结构的研究重心多数放在城市群经济结构改革、产业结构调整等方面，对于城市群赖以生存的资源承载、生态环境因素不够重视。

主体功能区规划的实施有效地弥补了这些不足，但鲜有学者基于主体功能区实施的背景探讨区域、城市群的发展，特别是城市群空间重构。同时，城市群的发展亦偏向于重塑发展新格局，纷纷实施同城化战略，但由于对同城化认识的局限性，人们往往不可能对同城化背景下城市空间重构趋势及方向进行准确把握，而城市空间重构往往是一个高成本投入工程，保持城市的稳定发展是其重要目标之一（张莉和陆玉麒，2001）。因此，在同城化趋势下确定城市空间重构的趋势及方向，具有重要研究价值，但目前国内外相关研究鲜见报道。而将主体功能区、同城化两者相结合，从这两者实施背景出发，研究城市群空间重构的论述至今尚未有学者涉及。

2.4 同城化与主体功能区

自《全国主体功能区规划》颁布实施以来，全国整体上按照主体功能区实施，但并未实现预期成效，主要原因如下：首先，主体功能区规划是战略性规划，虽对区域主体功能进行了定位与把握，但由于主体功能空间定位重叠导致补偿区域不明确、开发强度不明确等（周小平等，2013），空间难以落地，规划实施难以进一步拓展。其次，主体功能区与城乡规划的协调问题仍需调整。主体功能区规划虽为城乡规划的上位规划，但在时序上的对接目前还存在错位，不能保证其上位性而实现对城乡规划的空间和功能定位；同时，在空间上，主体功能区划分模式的刚性和简单化与城乡规划的弹性和多层化具有潜在的冲突（王振波和徐建刚，2010），其公众参与性也远不及城乡规划，致使实施成效不佳。最后，主体功能区内部缺少一个明显而合法的主体功能区政府，管治主体具有一定的模糊性。

主体功能区规划是为了强化空间开发的有序性和优化空间结构，理论上是突破了行政区界限，但在实际操作中，无论是全国还是省域尺度，都遇到“管制容易协调发展难”的问题，面临行政区利益的冲突（方忠权和丁四保，2008）。方忠权和丁四保（2008）认为，在中国现有的政治经济体制下，“诸侯规划”不可避免，一旦跨越区域，实现主体功能区的协调发展比较困难，主体功能区依然存在行政区利益冲突的问题，因此，若单纯地从主体功能区实施出发而研究城市群空间重构，必然同样面临相同的无解之题。厦漳泉城市群同城化逐步深化，厦漳泉城市群愈加作为一个整体进行考量，行政区利益冲突会随之淡化。从该方面上考虑，同城化与主体功能区相结合是解决基于主体功能区城市群空间重构中存在的现实实施问题的最佳途径。

同样的，同城化亦存在其局限性。同城化是相邻城市主动打破行政壁垒以提升综合竞争力的一体化现象（曾群华，2011），虽然提出同城化包含了经济、社会、文化、生态等多方面的融合（陈永忠，2014），但多数学者还是认为经济发展是主要目的（朱虹霖，2010；李迎成和王兴平，2013）。因此，在城市群空间重构中，若仅考虑同城化，没有上位规划的约束，更易促使城市群内部各城市盲目追求经济社会发展或力求达到狭隘同城效应而忽略资源有效配置、生态环境的保护，没有形成区域主体功能的概念。本研究在考虑同城化这一背景的同时，将主体功能区与同城化相结合进行城市群空间重构，则可以有效弥补同城化的局限，通过城市群资源环境的共同配置，在城市主体功能的管制下，实现生产、生活、生态三方面的融合。

因此，在同城化与主体功能区互为补充的背景下进行城市群空间重构，不仅能促使同城化、主体功能区的深入实施，亦可进一步提升同城化、主体功能区、城市群空间重构理论。

2.5 理论基础

2.5.1 空间结构理论

空间结构理论源于区位论，是一定空间范围内经济社会各组成部分及其组合类型的空间位置关系（陆大道，1990）。空间结构理论主要有德国地理学家 Christaller 的中心地理论、法国经济学家 Perroux 的增长极理论、美国经济学家 Friedman 的“中心-外围”理论及我国地理学者陆大道先生提出的“点-轴”渐进式扩散理论。

1） 中心地理论

中心地理论（central place theory），又称城市区位论，最初由 Christaller 于 1933 年提出，而德国经济学家 Losch 在与 Christaller 毫无联系下的情况下，于 1940 年提出类似理论。中心地理论主要探索城市的空间分布规律，为城市地理学提供了重要的理论基础，被认为是城市地理学的开端。

Christaller 在农业区位论及工业区位论的基础上，将地理学的空间与经济学的价值论相结合，以探索城市等级、规模及分布规律。Christaller 认为，不同等级的城镇有着不同大小的腹地范围，城镇及其腹地的空间分布遵循均匀等级分布关系。在均质平原、人口均匀分布、同质人口、行为理智、交通等费的理想假设条件下，Christaller 进一步分析认为，城镇及其腹地在市场、交通、行政原则的支配下形成城镇分布模式，并以六边形中心地网络为形式呈现；在交通原则 $k=4$[①] 的情境下，次一级中心地处于连接上一级中心地的交通道路干线的中点位置，因此，该种分布模式被认为在现实社会中最有可能出现，也被认为是最具效率的交通网（于洪俊等，1983；许学强等，1997）。

Losch 则从经济学的企业区位论角度出发，利用数学推导及经济学理论得出了与 Christaller 相同的区位模型，即生产区位经济景观。

中心地理论开启了城市地理学对城市空间的研究先河，具有划时代的意义，但由于中心地理论的假设前提过于脱离现实，因此其不能很好地适应现代社会生产、生活等多元化的空间结构。

2）增长极理论

20 世纪 50 年代，Perroux 提出增长极理论，其是在“增长极”概念的基础上发展而成。Perroux 认为经济空间存在于经济要素间的经济关系。增长极，即中心城市，可以聚集周边地区的资源要素和优势资源，该过程称为“极化效应”，当中心城市发展到一定程度，则会将自身资源要素扩散至周边地区以促使其发展，该过程称为“扩散效应”，并形成正反馈，进而发展成为紧密联系的城市群空间结构。

在现实中，极化效应与扩散效应往往是同时发生的，并在叠加后形成了溢出效应（阎欣，2014），三个效应同时作用于城市，资源、要素等条件不断发生改变，促使城市内部、城市间、城市群也随之不断地调整空间结构，并产生一定空间重构，因而增长极理论对于本研究具有重要指导作用。

3）“中心-外围”理论

“中心-外围”理论（center-periphery theory），亦称为“核心-边缘”理论，是对 20 世纪六七十年代发达国家与欠发达国家间不平等经济关系时所形成的理论观点的总称，并以 Friedman 的研究为代表。Friedman 在根据委内瑞拉的发展特

---

① W. Christaller 认为早期建立的道路系统对聚落体系的形成有深刻影响，这导致 B 级中心地不是以初始的、随机的方式分布在理想化的地表上，而是沿着交通线分布。在此情况下，次一级中心地的分布也不可能像 $K=3$ 的系统那样，居于三个高一级的中心地的中间位置以取得最大的竞争效果，而是位于连接两个高一级中心地的道路干线上的中点位置。和 $K=3$ 的系统比较，在交通原则支配下的六边形网络的方向被改变。高级市场区的边界仍然通过 6 个次一级中心地，但次级中心地位于高级中心地市场区边界的中点，这样它的腹地被分割成两部分，分属两个较高级中心地的腹地内。而对较高级的中心地来说，除包含一个次级中心地的完整市场区外，还包括 6 个次级中心地的市场区的一半，即包括 4 个次级市场区，由此形成 $K=4$ 的系统。

征进行系统研究后提出在任何一个国家，某个区域会因为内部区位、资源、政治、经济等原因致使其优先发展并成为中心城市，而其他发展相对缓慢的区域则成为了外围，外围地区又可分为过渡区域和资源前沿区域。由于发展条件的差异，中心城市经济、社会发展水平显著高于外围城市，外围地区往往依赖于中心城市，同时又受到中心城市的压制，中心城市则通过革新、决策、移民和投资与其相互作用，因此中心-外围的关系并不是一成不变，而是随发展阶段的不同而改变。在发展初期，生产要素由外围向中心城市流动，中心城市集聚状态显著；继而逐步由中心城市向外围扩散，随着扩散加强，外围地区进一步发展，并成为次中心。

“中心-外围”理论运用集聚与扩散效应解释中心城市与外围次中心城市的空间演变动力机制，与增长极理论较为相似，在处理城市与区域、国内发达地区与落后地区、发达国家与不发达国家的关系等方面具有一定的实际价值（王颖，2012）；在城市群空间重构中，对于制定发展规划、配套发展政策等有关问题同样具有较高的借鉴价值。

4）“点-轴-网络”渐进式扩散理论

“点-轴”理论是陆大道于1984年提出的，其以中心地理论、增长极理论为基础，通过宏观区域发展研究而提出的适应我国国情的空间体系理论，1995年《区域发展及其空间结构》的出版则标志着“点-轴”理论的系统形成。陆大道认为，“点”是指能够带动区域发展的中心城镇，点集合而形成“簇”；“轴”指的是中心城镇间的联络轴线，但其并不是简单的联络线，而是联结若干个不同等级中心镇的经济社会密集带，沿海岸带、较大的内陆水系、铁路干线或复合型运输通道而形成，具有线状廊道、主体部分、轴的直接吸引范围三级结构（阎欣，2014）。线状基础设施经过的地带称为“轴带”，其实质是依托沿轴各级城镇形成产业开发带。有学者提出，“点-轴”理论的实质是经济社会密集带的开发（钟海燕，2006），其基本思想是从中心城市沿着线状廊道向相对不发达的外围纵深推移，并通过“轴”将不同等级的中心城市串联，进而依据梯度落差对资源要素进行优化配置，从而实现点与点、点与轴之间的空间优化。也有学者提出，“点-轴”理论的另一层含义是，要选择具有开发潜力的廊道作为发展轴，当整体经济达到高度发展阶段，即区域内部地区间发展差异缩小，点-轴不断发展并形成网络结构（李光勤，2007）。因此，“点-轴”理论为城市群空间结构发展提供了较为客观的理论基础。

网络开发模式是我国学者20世纪90年代以来提出的。网络开发模式是在区域经济发展达到较高程度情况下的空间结构。在“点-轴系统”开发已经导致过分集聚的情况下，区域经济趋向于分散化而形成网络状况。网络开发模式实际上是“点-轴系统”模式的进一步发展，是该理论模式的一种表现形式。从组成结构上看，网络是结点与轴线的结合体，结点是网络的心脏，轴线则是结点与结点、结点与域面、域面与域面之间联系的纽带和通道，主要通过人流、商品流、技术流、资金流、信息流形成各种流通网络；从发展过程上看，当点-轴系统中若干个点及轴线得到优先开发和重点发展后，整个系统的经济实力不断增强，经济开发的注意力必然要越来越多地放在较低级别的发展轴和发展中心上。

主体功能区规划中的区域开发布局十分强调区位差在区域整体发展中的重要作用，注重“点-轴”开发模式在打破落后地区传统发展格局中的可行性，通过整合资源、网罗开发形成区域全面协调发展的新格局。

2.5.2 空间相互作用理论

空间相互作用理论是城市群空间理论的重要组成部分。城市群的空间相互作用是指城市群的交换，由于城市不是孤立存在的（邬文艳，2009），同样的，城市群也不是孤立存在的，因此城市群内部各城市间、城市群与区域间通过交通、通信等手段不断地进行着人口、货物、服务、信息、技术、金融等的交换，并形成具有一定功能和结构的有机整体，这种交换称为城市群的空间相互作用（李俊高，2013）。

在城市群发展的初期阶段，地形、交通的不发达致使城市间基本没有交流；在中期阶段，交通的发展，促使沿交通轴线的城市间产生相互作用，形成条带状；随着作用力的加大，辐射范围逐级产生叠加，城市间联系愈加紧密，城市群发展进入成熟阶段。交通网络体系的迅速发展促使生产要素在城市间自由流动，城市间空间相互作用产生可能，当相互作用力达到最大，城市体系空间结构趋于稳定（邬文艳，2009）。

目前，主要的城市群空间相互作用理论有：空间相互引力模型、零售引力模型与断裂点理论以及乌尔曼的空间相互作用理论（陆大道，1990）。

1）空间相互引力模型

城市间的相互作用是通过引力与斥力这对矛盾来实现的。当相互间的引力大于斥力时，城市体系空间结构就不断调整，中心城市规模越来越大，城市密度越来越高，城市空间体系不断膨胀，集约效益越来越显著；当引力小于斥力时，郊区化、逆城市化占据主流，辅城、卫星城纷纷出现，城市体系更加完善。城市经济学中的空间相互作用理论通常把城市与外界的空间交互作用抽象化，用一种比较简单的数学模型来模拟城市联系的实际状况，这些模型几乎都来自物理学中牛顿提出的万有引力定律。Ravenstein 正式把牛顿模型运用到人口迁移的引力分析中，提出了空间相互作用的引力模型（图 2-9）。

2）零售引力模型和断裂点理论

20 世纪 30 年代，美国学者 Reilly 为了划分两个城市之间的最佳零售市场区，根据牛顿力学的万有引力的理论，提出了“零售引力规律”，他认为一个城市对周围区的吸引力，与它的规模成正比，与离它们之间的距离成反比（图 2-10）。

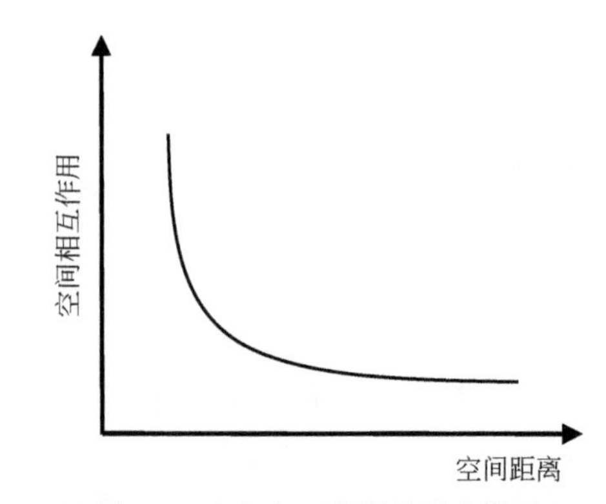

图 2-9 空间相互作用的引力模型

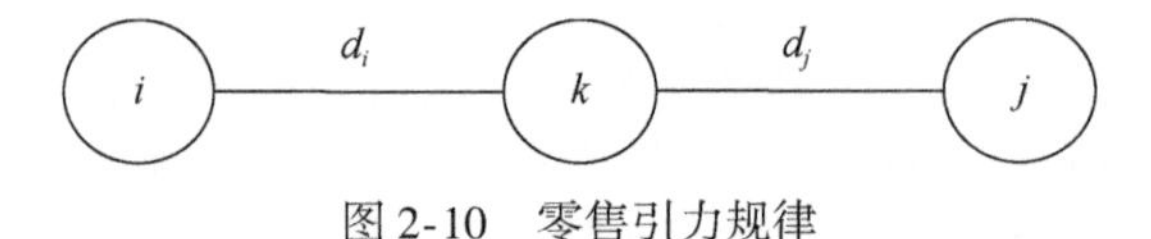

图 2-10 零售引力规律

注：i、j、k 表示城市；d_i、d_j 表示城市 i、j 到城市 k 的距离

P. D. Conberse 于 1949 年提出“断裂点”（breaking point）概念。从城市间的相互作用论可以知道城市体系空间结构发展具有明显的阶段性。在城市区域的初期发展阶段，由于生产力水平低下，人类克服自然的能力不高。因此，一方面由于地形或交通距离长，导致城市与城市处于隔绝的状态；另一方面由于城市集聚效益低，规模小，功能单一，其影响范围之内不可能出现第二座城市。在城市区域发展的中期阶段，交通走廊的“廊道效应”及地形的均质效应导致沿江、沿河、沿路、沿某一山谷形成条带状城市链，城市链之间作用强烈，其辐射范围产生叠加，形成公共市场区，在公共市场区内部就会出现区域的二级极点，并受其影响沿着这一极点定向扩展，从而使城市区域形成鱼骨状。在生产力水平极大提高以后，自然因素在城市体系空间结构形成中的作用越来越小，城市区域发展进

入成熟阶段。交通网络体系和通信网络体系的迅速形成使各种要素在城市之间根据市场的变化自由流动，城市间作用力达到最大，城市体系空间结构趋于稳定。

3）乌尔曼的空间相互作用理论

美国学者乌尔曼提出的空间相互作用理论，对城市体系空间相互作用机制研究影响深远。他认识到了空间相互作用的一般原理，提出了空间相互作用的三个基本原则，即互补性、移动性和中介机会。这三者共同影响着空间相互作用。

当一地剩余的某要素恰为另一地所需要时，那么这两地就是互补的。互补性存在的前提在于区位或区域间的资源差异性。

移动性指要素必须具有可以在两地之间运动的性质。影响要素移动性的主要障碍体现在移动时间和成本耗费上的两地之间的距离。空间相互作用遵循“距离衰减规律”。具有高移动性的大多是价值高、体积小的商品；低移动性的大都是价值低、体积大的商品，如铁矿。可移动性取决于运输成本，当成本或经济距离不是太大时，移动产生；当经济距离增加时，移动减少，介入因素增加。由于经济距离和中介机会变化，可移动性会发生变化。

中介机会概念是由 Stouffer 最先提出。如图 2-11 所示，假设有 A、B 两座城市，A、B 之间存在互补性和移动性，具有一定程度的空间关联，如果我们新建一个城市 C，A、C 之间亦有互补性和移动性，那么 C 就会介入 A、B 的关联，而且由于 C 点与 A 点较接近，这就大大限制了 A、B 间的要素流量。类似 C 对 A、B 空间关联干扰的机会谓之中介干扰的机会，简称中介机会。Stouffer 认为距离衰减规律中的距离本身并不起决定作用，运动随距离增加而衰减是因为中介机会的增加。

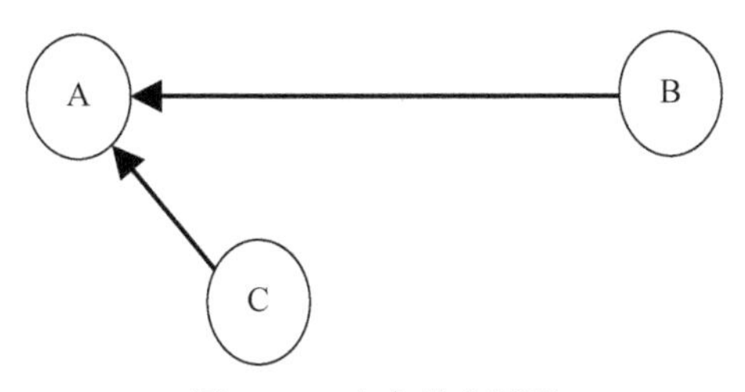

图 2-11　中介机会图示

2.5.3　地域分工理论

地域分工是研究整个城市群空间结构的基本问题和核心问题。古典学派的亚当·斯密认为分工是经济增长的源泉，市场范围限制劳动分工；大卫·李嘉图认为每个地区有其优势也有其劣势，应当扬长避短，加强彼此之间合作，利用比较优势理论来解释地域分工。国际贸易理论认为通过不同区域间相对优势的生产要素的交换而使各区域都能获得比较利益；之后克鲁格曼倡导的“新贸易理论”认为区域间的分工与协作不仅仅可以获得比较优势，还会产生规模效益递增的现象，所以相邻城市之间可以根据各自资源禀赋的差异协商确定各自区域生产活动的内容，互通有无、互为市场，既节约了资源运输和市场分割造成的高额成本，又可以避免有限市场中的同质性生产造成的恶性竞争。同时，城市主体之间也可以进行相关产业的联合，在更高一级市场中扩大产业规模，实现规模效益。

此外，制度学派抛弃了传统经济学对“增长”的执迷，认为实现经济效率增长的最重要途径在于对交易成本的控制，而制度设计是重要的手段。城市群空间重构、同城化设计打破了相邻城市之间人为的行政分割，创造了广阔的市场，鼓励了更多的经济参与者，增加了城市之间的流通性，降低了信息不对称的比例，提供了普遍的公共服务，加上地域空间上的优势、语言文化、行为习惯、社会背景的趋同性，有效地降低了相邻城市之间进行经济活动的交易成本，使得实现较高经济效率成为可能。

运用地域分工理论进行城市群空间重构的研究，可以使城市群空间组织更有效。地域优势体现在资源优势、区位优势、生产优势、市场优势和环境优势等方面，为了充分发挥地域优势，地域分工理论一方面可以指导各种经济客体在空间重构过程中进行空间再定位抉择；另一方面，可以指导城市群空间内各城市依据地域优势的变化情况重新定位产业发展方向（陈志文和陈修颖，2007）。因此，地域分工理论对城市群空间重构具有重要的指导意义。

2.5.4 城市区域理论

城市区域是全球化时代世界经济发展和产业结构转型在地理空间上的表现，是理解当代城市化形态的空间载体。它是城市发展的空间形态，是由城市的空间结构表现出来的各相关主体之间的经济、社会和政治关系。由于城市区域范围较之传统的单核城市和大都市区更为广泛，区域内产业链条的形成和经济上相互依赖的加深，各地方单位对城市区域共同身份的追求和认同日益明显；同时，各城市之间的政治、行政关系及其治理结构也变得更为复杂，经济和政治、行政地位的不同而带来的社会关系的不平等也随之显著。城市区域理论以城市区域的形态和城市区域范围内的各种关系范畴为主要研究对象，探讨各相关主体在这个关系网络中行为的规律性，以建构合理的政治地理结构，塑造有效的政策导向，实现城市区域在经济竞争、社会公正和环境保护等方面的协调和可持续发展。

城市区域理论将空间形态和产业布局结合在一起考察，发现城市区域是由传统的城市中心与新的商业中心、内外缘城市与最外缘的城市复合体，以及专业的次中心区构成的不断发展的多中心结构。多中心的网格结构使城市区域能够在合理的空间范围内形成相对完整的产业链条和面向生产者的服务网络，降低交易成本，提高区域整体的经济效率。城市区域是在“网络”与“等级”交织、融合的过程中，向层次鲜明、分工合理的多中心格局演进。

城市区域理论还关注到社会领域的不平等问题。城市区域内的产业聚集吸引了大量劳动力的进入，这些劳动力分布于不同的生产和服务部门，分散于区域内的多个城市中心，增强了城市区域在人口、经济、社会与文化等方面的异质性色彩。区域内外来移民的增加，就业人口在收入方面的差距，住房成本的上升，就业和居住地点的分离，对失业的担心，传统社区的破坏及其居民的抗争，公共服务供给在地理上的差异，“环境不公”（environmental injustice）等问题，均属于“社会再生产”（social reproduction）问题。城市区域理论认为，“城市-区域的竞争性不仅立足于生产，还有赖于生活质量（社会再生产）和许多城市区域采用的政策措施，这些措施被以‘可持续发展’的语言表达出来”。社会领域的不平等问题“切中真实的经济发展的政治，即所谓‘公正’的可持续性”。

在城市区域理论的视野中，经济区域和政治区域（独立的地方主体）应该融合为区域政治经济相互促进的关系整体。区域经济是包含了多种活动的复杂系统，这些活动分布于城市网络的节点当中，通过交通和通信基础设施形成高度相互依赖的关系，因而势必对城市区域内分散化的政治地理提出挑战及整合性的需求。分散化的政治地理使得任何单一的地方政府都无法独力解决经济的外部性问题。如果将城市区域视为一个经济一体化的整体，或者说，“经济的相互依赖是一个事实，那么，协作便是一个定义中的政治挑战。一个区域对这个挑战的成功应对，是决定区域经济未来的关键”。对于大都市区、区域或者城市区域而言，由市场机制决定的经济地理的空间范围可以相对模糊，但是政治地理的划分和重新划分（rescaling）或再区域化（reterritorialization）则应该清晰，这关系到区域治理的成效，并最终影响区域经济的效率。再区域化的政治不再仅仅局限于城市区域内部，事关各级政府和利益集团（阎欣，2014）。

罗思东指出需谨慎对待城市区域理论所包含的分权、地域重划、地方政府间关系结构性调整的主张，但城市区域理论为城市群空间重构也提供了较为深刻的借鉴。

2.5.5 平衡态空间发展理论

平衡态的物理意义是系统演化（发展）的最终状态，所以了解平衡态及其性质就知道了系统的演化方向、特点和最终的结局。区域开发平衡态即区域开发经过“工业化阶段”以后，在若干年（如20年、30年）之内空间用地布局结构相对稳定，不会发生根本性变化的阶段。具体的从空间尺度上可以分为：

1）微观“平衡态”递变规律

具体包括一般的经过改造后的城市建成区（平衡态）—城市近郊区、城市待改造的建成区（准平衡态）—城市远郊区，规划区内部（大规模开发态）—市管县体制的城市辐射区（开发初始态）。

2）宏观“平衡态”递变规律

发达国家和地区的国土开发状态是平衡态、准平衡态，发展中国家和地区国土开发状态是大规模开发态、开发初始态。

引入“平衡态”空间结构概念，主体功能区划（规划）可以概括为：立足于主体功能区发展现状，考虑到未来发展环境的变化及时调整发展思路，不断接近区域发展“平衡态”过程。

2.5.6 空间差异与关联理论

区划工作的本质就是根据“特定的需要”，在一个较大的区域内，选定具体的要素，根据要素属性的区域内部的共同性、外部差异性，把区域划分为若干具有“同质性”的若干子区域的过程。所以，基于空间差异与关联、分工与协作的理论是指导区划工作的基本理论。

区域是由自然要素与人文要素组合而成的时空系统在地球表面占据的一定地域空间，这就决定了社会经济活动总是具有一定的地理边界和时序性。区域间存在着明显的地域差异，不同的地区，其人口、经济、资源、环境和发展的内涵也不同，经济发展水平不平衡，其发展阶段有别，形成具有不同特征的经济空间结构。经济空间结构在经济发展进程中表现为在一定地域上的极化与扩散，从而引导区域经济从均衡向非均衡再向更高层次的均衡发展的螺旋式上升。

区域间也存在着关联。区域经济成长的历程表明，区域经济空间结构演变的非均衡过程是空间集聚和扩散相互作用、彼此消长的结果。一般来说，发达地区对不发达地区产生的集聚和扩散效应，其强度是随时间而变化的。现阶段经济发展程度越高的国家其区域间不平衡程度越小，反过来，经济发展程度越低的国家其区域间不平衡程度越大，即经济发展水平和区域不平衡发展存在着倒“U”形关系。

主体功能区划规划其实质就是协调区际之间的关系，利用区域空间差异规律，通过空间管制和资源配置，引导各地区错位互补发展，实现区域全面持续发展。

2.5.7　“反规划”理论

反规划理论是相对于传统规划理论而言的一种新的规划理论。反规划（anti-planning）一词最初出现在《论反规划与城市生态基础设施建设》（俞孔坚和李迪华，2002）一文中，是城市规划与设计的一种新的工作方法，强调规划应先从控制城市生态基础设施入手，即城市规划和设计应该首先从规划和设计非建设用地入手，而非传统的建设用地规划。“反规划”是在我国快速城市化和城市无序扩张背景下提出的，它是相对于计划经济体制下形成的“规模-性质-空间布局”模式的传统物质空间规划编制方法而言的。“反规划”强调一种逆向的规划过程，“负”的规划成果是生态基础设施，用它来引导和框定城市的空间发展。“反规划”是一种系统的规划途径，是一种基于前人丰富成果的整合，重要的是在中国当下规划方法论面临危机的情况下提出，以应对急速的城市化进程和不确定的城市空间发展。

“反规划”对于区域规划具有较强的指导意义。以往的区域规划多是在“城市主导区域发展”的思想基础上编制的，区域规划更多地表现为建设规划。“区域发展（增长）先行，生态保护（治理）滞后”，则不可避免地破坏自然过程的连续性和完整性，从而影响自然系统运行和整体功能的发挥，在一定程度上表现为自然环境的退化和自然灾害的频繁发生。因此，在“反规划”理论指导下，主体功能区规划坚持确保生态环境安全的前提，合理引导区域开发与资源配置，为社会健康、稳定、和谐发展提供战略依据。

2.5.8　科学发展理论

科学发展观的第一要义是“发展”，核心是“以人为本”，基本要求是“全面协调可持续发展”。这三个方面相互联系、有机统一，其实质是实现经济社会又快又好发展。

“以人为本”就是要从以单纯地追求区域国内生产总值（gross domestic product，GDP）增长为主的规划体系转向以人的全面发展为主，其过程中主要考虑的问题也随之从偏重经济增长率转向更加重视扩大就业、增加人民收入、改善人居环境、健全公共服务等方面的民生问题；从仅关注经济指标转向更加关注人文的、社会的及体现人民生活质量的生态环境指标，通过实施规划，促进经济与社会、人与自然的和谐发展。

全面发展，就是要以经济建设为中心，全面推进经济、政治、文化和社会建设，实现经济发展和社会全面进步。顺应经济全球化和区域经济一体化的趋势，以开放的思维编制规划，充分把握全球和国内产业转移趋势，体现区域之间资源、人口等要素流动，扩大资源配置空间，更大限度地发挥市场对资源配置的基础性作用。

协调发展，就是要统筹城乡发展、区域发展、经济社会发展、人与自然和谐发展、国内发展和对外开放，推进生产力和生产关系、经济基础和上层建筑相协调，推进经济建设、政治建设、文化建设、社会建设的各个环节、各个方面互相协调。强化规划的空间安排，充实空间结构和空间开发秩序等内容，促进人口与经济的分布在各个区域之间的均衡与协调。

2.5.9 可持续发展理论

可持续发展理论的重要内容是可持续发展，其中发展性和持续性是核心。可持续发展是区域协调、经济增长、社会公正、生态持续的综合。判断一个区域是否处于可持续发展状态，抑或断定区域是否朝向可持续发展的总体目标逼近，理论上应涵盖该区域内资源环境的承载力、物质的生产力、经济发展的稳定力和管理的调控力等多个方面。

从可持续发展的角度出发，城市群空间重构应强调空间成员在利用有限资源方面享有公平性。首先是城市发展与资源环境永续利用的问题。当城市群人口集聚达到一定规模时，引导城市群空间重构，应从可持续发展角度出发，充分结合资源环境承载力，合理配置资源，促使城市资源环境的永续利用。其次是城市的经济发展不应以损害其他城市的经济利益和发展，特别是边缘地区的发展为代价，如何使边缘地区迅速实现经济增长，从而带动整个城市群的发展，已是可持续发展的当务之急。显而易见，只有实现某个时间段上，城市群区域空间内各个成员城市之间的公平性与和谐共处，才有可能达到时间序列上的永续发展。可持续发展的城市群空间结构是空间结构的高级阶段，追求可持续发展的时间与空间的完美耦合是其目标（王珺，2008）。

3 厦漳泉城市群空间结构特征

3.1 城市群概况

厦漳泉城市群，即厦门市、漳州市、泉州市组成的城市群范围，位于中国东南沿海福建省的南部（23°33′20″～25°56′45″N，116°53′21″E～119°01′38″E），面临台湾省，南接珠三角，北邻长三角，是福建省东南沿海经济最为发达的城镇密集区，是海峡西岸经济区核心区域（图 3-1），包括了厦门市的思明区、湖里区、集美区、海沧区、同安区、翔安区，漳州市所辖的芗城区、龙文区、龙海市、云霄县、漳浦县、诏安县、长泰县、东山县、南靖县、平和县和华安县，泉州市所辖鲤城区、丰泽区、洛江区、泉港区、石狮市、晋江市、南安市、惠安县、安溪县、永春县和德化县，共计 28 个区、县、市级单元，土地总面积达 25 195 km^2（不含金门县）。

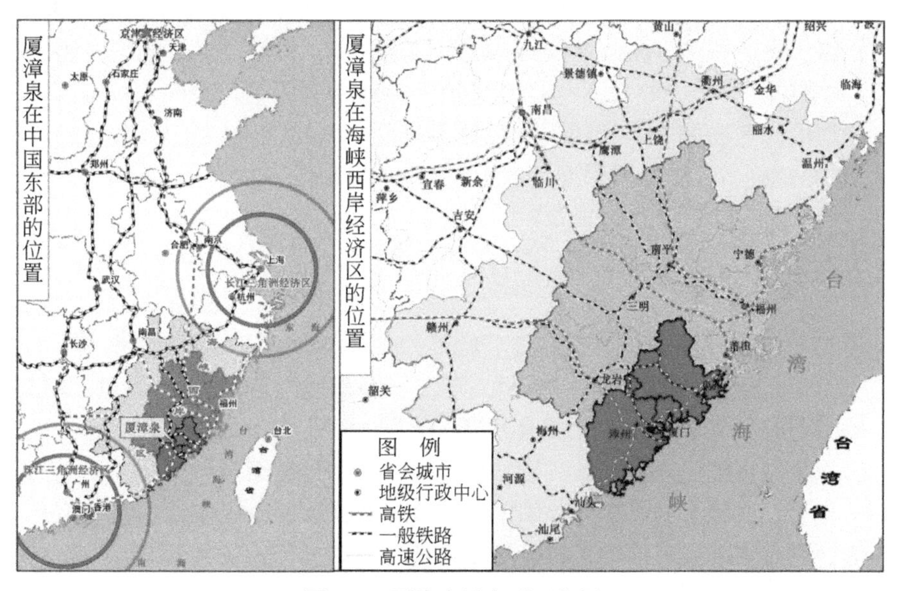

图 3-1 厦漳泉城市群区位图

3.1.1 自然地理条件

厦漳泉城市群地处戴云山脉、博平岭与台湾海峡间，地形多样，地势西高东低，由山地丘陵逐渐过渡至平原，山地主要分布在安溪、永春两县境内，丘陵主要分布在同安、南安、惠安、漳浦等县域内，台地主要分布在晋江市、东山县和惠安县东部，平原主要为九龙江三角洲平原、泉州湾冲积平原。厦漳泉城市群地处南亚热带，属于湿润亚热带季风气候，所辖海域广阔，海岸线长达 1337 km^2，约占福建省海岸线的 21.8%，且有多个深水港湾。

3.1.2 社会经济基础

2012 年年底，厦漳泉城市群常住人口为 1686 万人，占福建省常住人口的 44.98%，城镇化水平达 64.10%，人口密度为 669 人/km^2；地区生产总值为 9531.32 亿元，占福建省地区生产总值的 48.38%，人均生产总值为 56 532 元，地均生产总值为 3783.02 万元/km^2；固定资产投资额达到 4730.48 亿元，占福建省的 37.99%；社会消费品零售总额为 3249.62 亿元，占福建省的 44.78%；地方财政收入为 857.44 亿元；城镇居民人均可支配收入为 30 603 元，农民人均纯收入为 11 919 元，社会经济水平发展态势良好。目前，福厦铁路、龙厦铁路、厦深铁路、鹰厦铁路、漳泉肖铁路、沈海高速公路、厦蓉高速、泉三高速、G324 国道、G319 国道、S206 省道、S207 省道、S308 省道及厦漳跨海大桥等区域性交通干线均沿海伸展分布，形成束状的联系通道。2012 年年底，三市公路通车里程达 26 887 km，公路路网密度达 106.7 km/ 100 km^2。

3.1.3 历史文化背景

历史上，厦漳泉城市群便有着千丝万缕的紧密联系。北宋时期，为“泉”、“漳”二州所管辖；宋代、清代时期，同安（即现厦门市域、金门县域及泉州南安、漳州龙海的部分地区）隶属泉州府，并同为海上丝绸之路的起点之一。历史上，厦漳泉城市群民众便迁徙频繁，根源交错，并延续至今。

文化上，厦漳泉城市群同处闽南语的文化经济区，是国家级的闽南文化生态保护区。具有多种宗教信仰是厦漳泉城市群民间宗教信仰的共同点。

3.2 规模结构特征

3.2.1 人口规模结构分布特征

3.2.1.1 城市人口规模结构分布

按照国务院发布《关于调整城市规模划分标准的通知》，城市人口规模按照城区常住人口进行划分，并分为五个等级，分别为超大城市、特大城市、大城市、中等城市、小城市，人口规模标准界线分别为1000万人、500万人、100万人及50万人，其中300万～500万人为Ⅰ型大城市，100万～300万人为Ⅱ型大城市；20万～50万人为Ⅰ型小城市，20万人以下的城市为Ⅱ型小城市。为避免按此标准划分下小城市分级过于笼统的问题，本研究将厦漳泉城市群的人口规模等级按200万人、100万人、50万人、20万人、10万人的标准界线划分为六个等级，并设定Ⅰ级城市人口为>200万，Ⅱ级城市人口为100万～200万人，Ⅲ级城市人口为50万～100万人，Ⅳ级城市人口为20万～50万人，Ⅴ级城市人口为10万～20万人，Ⅵ级城市人口为<10万人。

鉴于统计城市人口的需要，本研究将厦漳泉三市的市辖区各自合并为一个空间单元，分别为厦门市辖区、泉州市辖区、漳州市辖区，设市城市、县分别为独立空间单元，则共计19个空间单元。根据厦漳泉城市群区域内19个空间单元的人口资料进行分析（表3-1和表3-2），对比2003～2012年的人口规模变化，可以发现，2003～2012年，厦漳泉城市群人口集聚、增长较为迅猛。其中，厦门市从Ⅱ级城市进入Ⅰ级城市，泉州市辖区也由Ⅲ级城市步入Ⅱ级城市，而晋江市增速最为明显，由2003年的Ⅳ级转变为2012年的Ⅱ级城市。2003～2012年，除长泰县、华安县仍处于Ⅵ级城市不变外，其余城市基本上升一个等级，Ⅲ级城市增加了3个，Ⅳ级城市增加了2个，Ⅴ级城市和Ⅵ级城市个数均相应减少。总体而言，厦漳泉城市群的人口集聚度有所提高，尤其是厦门市辖区、泉州市辖区和晋江市。

表3-1 2003年厦漳泉城市群人口规模结构

等级	人口规模	数量	城市名称
Ⅰ	>200万	0	
Ⅱ	100万～200万	1	厦门市辖区

续表

等级	人口规模	数量	城市名称
Ⅲ	50 万～100 万	2	泉州市辖区、漳州市辖区
Ⅳ	20 万～50 万	2	南安市、晋江市
Ⅴ	10 万～20 万	7	石狮市、惠安县、安溪县、永春县、龙海市、漳浦县、平和县
Ⅵ	<10 万	7	德化县、云霄县、诏安县、长泰县、东山县、南靖县、华安县

资料来源：《福建统计年鉴 2004》、《厦门经济特区年鉴 2004》、《泉州统计年鉴 2004》、《漳州统计年鉴 2004》

表 3-2 2012 年厦漳泉城市群人口规模结构

等级	人口规模	数量	城市名称
Ⅰ	>200 万	1	厦门市辖区
Ⅱ	100 万～200 万	2	泉州市辖区、晋江市
Ⅲ	50 万～100 万	4	漳州市辖区、南安市、石狮市、惠安县
Ⅳ	20 万～50 万	5	安溪县、永春县、龙海市、漳浦县、诏安县
Ⅴ	10 万～20 万	5	德化县、云霄县、平和县、南靖县、东山县
Ⅵ	<10 万	2	长泰县、华安县

资料来源：《福建统计年鉴 2013》、《厦门经济特区年鉴 2013》、《泉州统计年鉴 2013》、《漳州统计年鉴 2013》

为更深入地分析厦漳泉城市群的人口规模结构分布及其变化特征，本研究采用城市首位律、城市位序-规模法则等方法进行进一步的解析。

1）城市首位律分析

城市首位律（law of the primate city）是马克杰斐逊基于对一个国家的“首位城市”要比这个国家的第二位城市大这个普遍现象的观察而得出的，是对国家城市规模分布规律的一种概括（许学强等，1997），而由此得出的首位度的概念，即一国或区域范围内最大规模城市与第二位规模城市人口的比值，用以衡量城市规模分布状况。首位度往往用二城市指数表示，但二城市指数过于简单化，因此有学者提出四城市指数和十一城市指数。二城市指数、四城市指数、十一城市指数计算方法如下。

二城市指数：

$$S_2 = P_1 / P_2 \tag{3-1}$$

四城市指数：

$$S_4 = P_1 / (P_2 + P_3 + P_4) \tag{3-2}$$

十一城市指数：

$$S_{11} = 2P_1/(P_2 + P_3 + P_4 + \cdots + P_{11}) \tag{3-3}$$

式（3-1）~式（3-3）中，S_2、S_4、S_{11}分别为二城市指数、四城市指数、十一城市指数；P_1、P_2、…、P_{11}分别为城市按人口规模从大到小排序后，某位序城市的人口数。

计算得出2003~2012年厦漳泉城市群的二城市指数、四城市指数、十一城市指数见表3-3。

表3-3 厦漳泉城市群二城市指数、四城市指数、十一城市指数

年份	二城市指数	四城市指数	十一城市指数
2003	1.44	0.73	0.85
2012	2.21	0.92	0.96

从2003~2012年，厦漳泉城市群二城市指数、四城市指数、十一城市指数指标的变化可以看出，厦漳泉城市群的二城市指数从2003年的1.44上升至2.21，四城市指数、十一城市指数则分别从2003年的0.73、0.85上升至0.92、0.96，表明厦门市作为首位城市在不断集聚，集中指数上升；同时，按照位序–规模的原理，二城市指数应该是2，四城市指数和十一城市指数都应该是1，而2012年厦漳泉城市群的二城市指数为2.21，显著大于2，单从二城市指数可以简单地认为厦漳泉城市群逐步呈现出典型的首位分布型人口规模结构，但厦漳泉城市群的四城市指数为0.92，十一城市指数为0.96，均小于1，因此二城市指数的首位分布规律并不完全适合厦漳泉城市群。厦漳泉城市群中，泉州市等城市均发育良好，集聚一定的人口规模，厦门市并未充分发挥其首位城市的作用，集聚能力有待提升。

2）城市位序–规模法则分析

城市位序–规模法则（rank–size rule）是从城市人口和城市规模位序的关联来分析一个城市体系的规模分布，是1913年F. Auerbach根据五个欧洲国家及美国的城市人口发现的人口、位序关系，其认为人口、位序关系可用式（3-4）表示：

$$P_i R_i = K \tag{3-4}$$

式中，P_i为城市按照人口规模从大到小排序后第i位城市的人口数；R_i为第i位城市的位序；K为常数。

1925年，A. J. Lotka认为位序变量允许有一个指数，指出美国符合式（3-5）：

$$P_i R_i^{0.93} = 5\ 000\ 000 \tag{3-5}$$

1949年，G. K. Zipf提出发达国家的城市规模分布可以用式（3-6）表达，并认为这样的位序–规模分布的图解点，在双对数坐标图上时是一条斜率为–1的直线，即城市 Zipf 规则。

$$P_r = P_1/R \tag{3-6}$$

式中，P_r为第 r 位城市的人口数；P_1为最大城市的人口数；R 为 P_r城市的位序。

现广泛使用的是罗特卡模式的一般化，即

$$\ln(P_i) = \ln(P_1) - q \cdot \ln(R_i) \tag{3-7}$$

式中，P_i为第 i 位城市的人口数；P_1为最大城市的人口数；R_i为第 i 位城市的位序；q 为常数，即 Zipf 维数。捷夫模式实际是 Zipf 维数 = 1 时的特例，是一种理想化的均衡状态，城市体系按等级规模分布；当 Zipf 维数 = 0 或趋向无穷大时，表示所有城市一样大或只有一个城市；当 Zipf 维数<1，城市体系呈序列式分布，中间序列的城市比较发达，且 Zipf 维数值越小特征越明显；当 Zipf 维数>1 时，城市体系呈首位型分布，且 Zipf 维数值越大，首位城市特征越突出。

按照此规则，本研究以 2003 年、2012 年厦漳泉城市群的 19 个空间单元的城市人口数据按位序、规模绘制对数图（图 3-2 和图 3-3）。

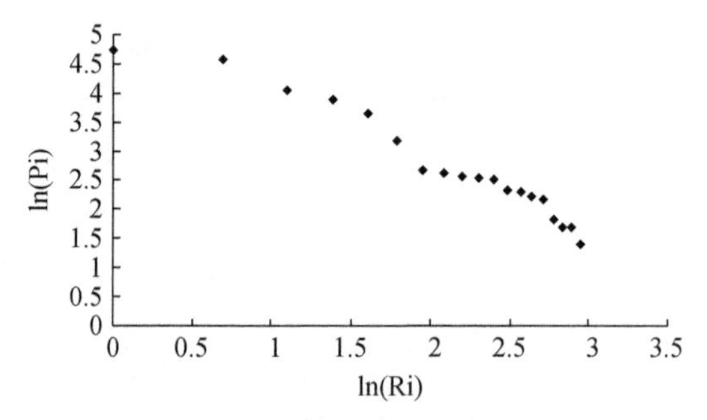

图 3-2 2003 年厦漳泉城市群位序–规模对数图

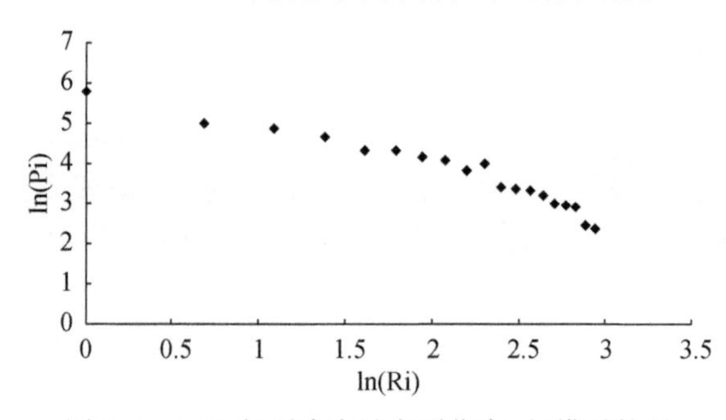

图 3-3 2012 年厦漳泉城市群位序–规模对数图

图 3-2 和图 3-3 均表明了厦漳泉城市群基本按照位序–规模法则分布，为更加准确地表述，本研究对其进行线性回归（表 3-4）。

表 3-4 厦漳泉城市群位序–规模拟合

年份	等级规模分布模型	Zipf 维数值	R^2
2003	$\ln P_i = 5.2266-1.1806 \ln R_i$	1.1806	0.9532
2012	$\ln P_i = 6.0509-1.0881 \ln R_i$	1.0881	0.9259

表 3-4 表明，2003 年、2012 年的 R^2 均在 0.9 以上，方程拟合效果较好，可作为厦漳泉城市群位序–规模的一般表达方程。2003 年，厦漳泉城市群 Zipf 维数值为 1.1806>1，说明了厦漳泉城市规模分布集聚力大于扩散，首位城市规模相对突出，是典型的首位型分布。2012 年，厦漳泉城市群的 Zipf 维数值下降至 1.0881，虽接近 1，近似于捷夫法则，呈现出位序–规模分布规律，但 2003 ~ 2012 年 Zipf 维数值的下降则表明了厦漳泉城市群的首位城市集聚能力不够，城市规模不够突出，中小城市发展迅猛，这也说明了厦漳泉城市群的中心城市地位不够突出。

3.2.1.2 城市人口规模结构特征

通过 3.2.1.1 节的分析，厦漳泉城市群人口规模等级结构具有以下特征：一是从城市首位律可以看出，厦门市作为厦漳泉城市群的首位城市，二城市指数有所上升，但城市规模集聚度偏低，中心地位不够明显，而城市群中的中小城市发展迅猛，这在一定程度上削弱了首位城市在城市群中的凝聚力和辐射作用。二是根据厦漳泉城市群的 Zipf 维数值可以得出，厦漳泉城市群以中小城市的发展为主体，城市群在重构中，不但应强化中心城市的地位，更应注重中小城市的突出作用。

3.2.2 人口密度空间分布特征

2012 年年底，厦漳泉城市群人口密度达到 669 人/km²，是福建省平均人口密度的 2.22 倍（福建省 2012 年年底人口密度为 302 人/km²），但同珠三角的 1541 人/km² 及长三角的 1680 人/km² 相比，仍有较大差距，人口集聚能力提升空间较大。从城市群内部来看，各空间单元的人口密度分布亦较为不均匀，差异亦较大。其中，厦门市人口密度达到了 10 325 人/km²，泉州市辖区为 9107 人/km²，石狮市为 4098 人/km²，晋江市也达到了 3162 人/km²，漳州市辖区和惠安县的人口密度也达到了 1500 人/km² 以上，而人口密度最小的华安县仅为 122 人/km²。本研究按照 5000 人/km²、1000 人/km²、400 人/km²、200 人/km² 对厦漳泉城市群各空间单元人口密度进行分级，见表 3-5。

表 3-5 厦漳泉城市群人口密度分级

级别	人口密度（人/km^2）	城市
1	>5000	厦门市辖区、泉州市辖区
2	1000～5000	石狮市、晋江市、漳州市辖区、惠安县
3	400～1000	东山县、龙海市、南安市、诏安县、漳浦县
4	200～400	云霄县、安溪县、永春县、长泰县、平和县
5	<200	南靖县、德化县、华安县

将人口密度分级反映到空间上，则呈现出较为显著的地域差异，并主要表现为东部沿海地区高于西部地区，厦漳泉三市的中心城区密集，而外围县市较疏，如图 3-4 所示。

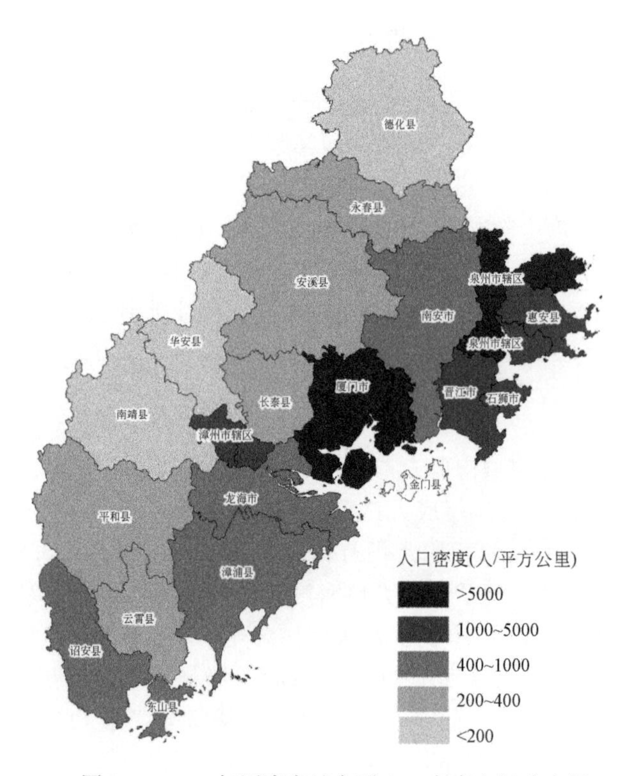

图 3-4 2012 年厦漳泉城市群人口密度空间分布图

3.3 经济空间结构特征

3.3.1 产业结构发展变化

1）产业结构协调指数

产业结构协调指数是衡量产业结构优化效果的指标之一（龚唯平等，2010），指相互联系的经济体间产出对比的相对数，具有相对性和动态性。同时，龚唯平等（2010）指出产业结构协调指数>1，产业结构趋于优化；协调指数<1，则需要进一步调整。因此，本研究拟采用产业结构协调指数分析厦漳泉城市群产业结构发展演变。

产业协调指数的推导首先要引入经济增长模型，即

$$\log(Y_t) = \beta_1 \cdot \log X_1 + \beta_2 \cdot \log X_2 + \beta_3 \cdot \log X_3 + \varepsilon \tag{3-8}$$

式中，Y_t为t年份的GDP；X_1、X_2、X_3分别为t年份的第一、第二、第三产业产值；β_1、β_2、β_3分别为三次产业的产业产出弹性；ε为随机扰动项。模型中假定短期内某个生产领域技术进步为常数，因此生产函数不会随技术进步而发生变化，简化了模型的分析，并排除技术变化对产业结构的影响（龚唯平等，2010）。同时，模型中假设总投入及三次产业的总产值不发生变化，以排除其他要素对总产出的影响，促使研究更具针对性。

此外，进行协调指数的计算。协调指数构建时，通常将本经济体称为A，将参照经济体，即比较对象称为B。首先对经济体B进行分析，得到能够代表经济体B目前的产业结构的实际的经济增长模型。其次，将经济体A的三次产业产值代入该经济增长模型中，可计算得出结构优化后的总产值Y^*值，其与本经济体A的实际总产值Y不同。最后，将Y^*值与本经济体A的实际总产值Y进行对比，得到协调指数E，如式（3-9）：

$$E = Y^* / Y \tag{3-9}$$

对于本经济体A而言，若协调指数$E > 1$，表示产业协调程度有所提高，产业结构趋于优化；若$E < 1$，则表示产业协调程度降低，应调整优化产业结构；若$E = 1$，则表示产业结构未发生改变。

2）厦漳泉城市群产业协调指数变化

本研究选取厦漳泉城市群19个空间单元2003～2012年历年的GDP、三次产

业产值进行产业协调指数变化测算，数据主要来源于 2004～2013 年《福建统计年鉴》、《厦门经济特区年鉴》、《泉州统计年鉴》、《漳州统计年鉴》。

假定厦漳泉城市群同城化后的参照经济体称为 XZQ 城市，2003～2012 年的 GDP 以及三次产业产值是厦门市、泉州市、漳州市的历年 GDP、三次产业产值的水平加和。根据经济增长模型，借用 SPSS 软件对 XZQ 城市进行回归分析，得到厦漳泉城市群的经济增长模型函数，如式（3-10）：

$$\log(Y)=0.064\cdot\log X_1+0.489\cdot\log X_2+0.473\cdot\log X_3+0.796\,l \quad (3\text{-}10)$$

其中，$R^2=0.998$，S. E=0.0043，表示表示因变量 log（Y）与自变量存在极为显著的线性相关关系；杜宾-瓦特森检验值 D. W. =2.102，表明模型变量无序列相关。因此，各种指标均通过检验，模型的拟合度较好。根据以上提出的新的产业结构表示方法，XZQ 城市的产业结构系数为 0.064：0.489：0.473，因此，XZQ 城市主要以第二产业、第三产业为主，第二产业的贡献率将近 50%，而第一产业的贡献率仅 6.4%。

其次，分别将厦漳泉城市群 19 个空间单元的三次产业产值代入该模型中，得出新的产出 Y^*，进而计算其各自的产业协调指数 E，分析厦漳泉城市群同城化对其产业结构的影响，结果见表 3-6。

表 3-6　厦漳泉城市群产业协调指数 *E* 表

地区	2003 年	2004 年	2005 年	2006 年	2007 年	2008 年	2009 年	2010 年	2011 年	2012 年
厦门市	1.0335	1.0345	1.0354	1.0307	1.0451	0.9909	1.0066	1.0297	1.0275	1.0252
漳州市	0.9694	0.9798	0.9355	0.9476	0.9675	0.9734	1.0057	1.0152	1.0280	1.0365
泉州市	1.0709	1.0765	1.0616	1.0629	1.0658	1.0688	1.0770	1.0701	1.0609	1.0691
漳州市辖区	1.0053	1.0127	1.0164	1.0182	1.0211	1.0256	1.0212	1.0229	1.0274	1.0293
龙海市	0.9471	0.9377	0.8771	0.8840	0.9073	0.9097	0.9780	0.9811	0.9897	1.0059
云霄县	0.8198	0.8115	0.6454	0.6758	0.7248	0.7403	0.8063	0.8472	0.9020	0.9168
漳浦县	0.8755	0.8319	0.7204	0.7612	0.7810	0.7911	0.8409	0.8627	0.8851	0.9089
诏安县	0.8219	0.8246	0.7014	0.7323	0.7589	0.7721	0.8225	0.8374	0.8889	0.8842
长泰县	0.9019	0.9055	0.8168	0.8292	0.8519	0.8392	0.9063	0.9189	0.9243	0.9479
东山县	0.8257	0.8261	0.7359	0.7607	0.7893	0.7924	0.8370	0.8727	0.8742	0.8908
南靖县	0.8307	0.8416	0.7408	0.7418	0.7629	0.7730	0.8314	0.8428	0.8704	0.8734
平和县	0.7240	0.7202	0.5943	0.6024	0.6398	0.6604	0.6807	0.6923	0.7331	0.7685
华安县	0.7324	0.7242	0.6857	0.6894	0.7364	0.7617	0.8045	0.8221	0.8489	0.8494
泉州市辖区	1.0245	1.0282	1.0259	1.0238	1.0213	1.0190	1.0189	1.0170	1.0097	1.0142
石狮市	1.0030	1.0119	1.0185	1.0214	1.0252	1.0289	1.0280	1.0255	1.0249	1.0230
晋江市	1.0203	1.0189	0.9742	0.9684	0.9722	0.9833	0.9840	0.9812	0.9666	0.9690
南安市	1.0171	1.0164	0.9899	0.9965	0.9983	0.9984	1.0026	0.9950	0.9858	1.0035

续表

地区	2003 年	2004 年	2005 年	2006 年	2007 年	2008 年	2009 年	2010 年	2011 年	2012 年
惠安县	0.9922	1.0023	0.9956	1.0052	1.0159	1.0095	1.0156	1.0126	0.9910	0.9954
安溪县	0.9884	1.0051	0.9778	0.9948	0.9994	0.9942	1.0165	0.9971	0.9925	1.0187
永春县	0.9832	0.9906	0.9833	0.9934	1.0008	1.0062	1.0131	1.0148	1.0124	1.0093
德化县	0.9615	0.9624	0.9439	0.9562	0.9686	0.9681	0.9926	0.9928	0.9763	0.9895

为更清晰明了地分析厦漳泉城市群同城化后对厦门市、漳州市、泉州市各个空间单元的影响，本研究分别对三个地级市及漳州市、泉州市内部单元进行分析，如图 3-5 ~ 图 3-7 所示。

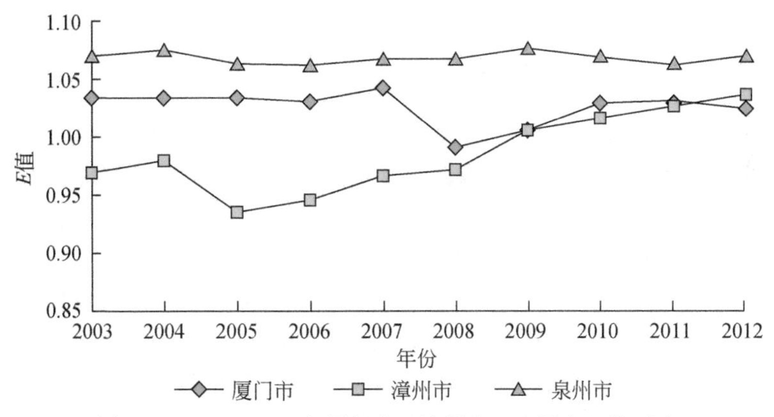

图 3-5　2003 ~ 2012 年厦门市、漳州市、泉州市 E 值对比

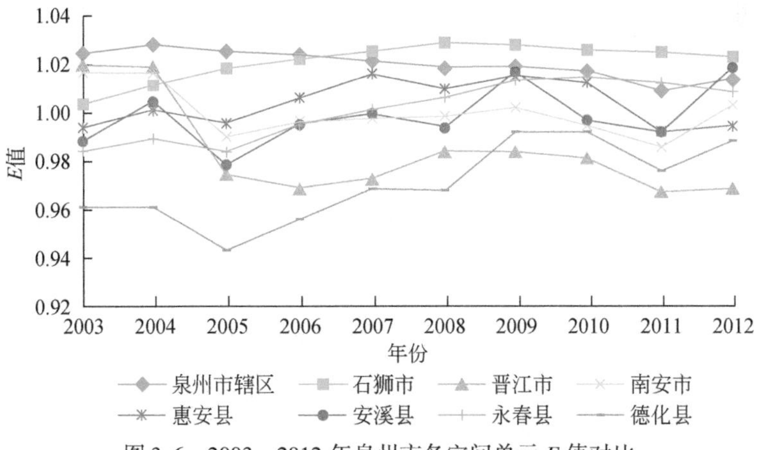

图 3-6　2003 ~ 2012 年泉州市各空间单元 E 值对比

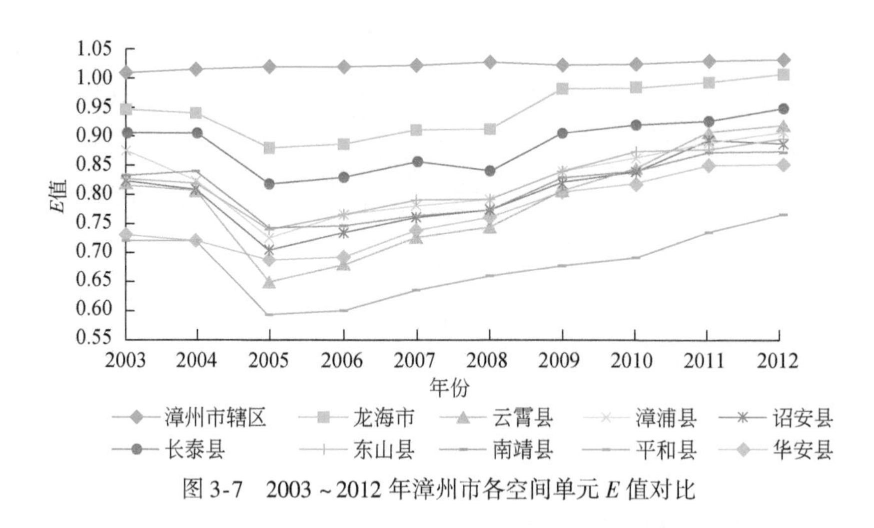

图 3-7 2003～2012 年漳州市各空间单元 E 值对比

从图 3-5 可以看出，从 2003～2012 年，厦门市的 E 值大部分年份大于 1，说明 XZQ 城市对于厦门市的产业结构具有互补性协调的意义，能够促使厦门市产业结构协调程度上升，产业结构日趋优化，这主要与其 XZQ 城市可拓展厦门市空间腹地有关，从而集聚经济要素，补充协调相对薄弱的产业，壮大优势产业。泉州市的 E 值同样一直大于 1，且 E 值处于 1.05～1.10，波动幅度较小，整体平稳，表明了 XZQ 城市对于泉州市产业结构同样具有协调作用，向着 XZQ 城市的三次产业结构系数发展可促使泉州市产业结构更加优化，这可能与泉州市目前整体上生产性服务业相对薄弱，而 XZQ 城市则可以弥补这一不足。而对于漳州市而言，其 E 值波动幅度则相对较大。2003～2009 年，漳州市 E 值一直小于 1，甚至在 2004～2005 年出现了 E 值大幅下降的情况，但整体上，2003～2009 年漳州市的 E 值还是呈现出上升的趋势。至 2009 年后，其 E 值则开始大于 1。这可以说明 2003～2009 年是漳州市对于适应同城化的一种自我调整，而致使 E 值小于 1 但不断上升，表明了 XZQ 城市对于漳州市产业结构同样具有协调作用，且加强趋势突出，2009 年后 E 值大于 1 且上升幅度较大，则验证了这一结论，因此，XZQ 城市对于漳州市未来产业结构调整及优化具有促进作用。同时，图 3-5 也说明了厦漳泉城市群同城化以来，即 2010 年以来，厦门市、漳州市、泉州市产业结构协调程度上升，产业结构向着 XZQ 城市产业系数发展，整体上，三市的产业结构逐步合理化。

分析泉州市内部空间单元产业协调指数可以看出，虽然从整体上来看，泉州市的 E 值一直大于 1，但内部单元并未全部呈现出该趋势。如图 3-6 所示，仅泉州市辖区以及石狮市的 E 值大于 1，并在 1.00～1.02 波动；南安市、惠安县、安溪县的 E 值均在 1 上下波动。南安市的 E 值在 2003 年和 2004 年大于 1，而 2005～2008 年小于 1，2009 年又大于 1，2010～2011 年小于 1，2012 年则又上升至

1.0035，约等于1。惠安县的 E 值从2003年的小于1上升至2004年的大于1，但在2005年出现轻微下降，随后，在2006～2010年一直保持在1以上，但2011年、2012年的 E 值则又出现小于1的情况，但非常接近1。安溪县跟惠安县一样，E 值同样是从2003年的小于1上升至2004年的大于1，2005年 E 值下降幅度大于惠安县，随后逐步上升，至2009年，E 值再次大于1，但2010年、2011年 E 值稍微下降至0.99左右，而2012年又上升至大于1。这表明对于南安市、惠安县、安溪县而言，向着XZQ城市的产业结构发展，对于其产业发展虽有所优化，但力度并不大；同时，在厦漳泉城市群同城化后，其 E 值也较为不稳定，说明其为适应同城化，在对产业结构做出一定的调整，但产业结构调整效果尚未全部显现。对于永春县、德化县而言，2003～2012年，E 值整体上是处于一种波动上升的状态。永春县从2003年起，E 值便稳步上升，至2007年，E 值大于1，2010年后 E 值显著大于1。而德化县2003～2012年 E 值虽是上升趋势，但却一直小于1，并在2010年 E 值达到该阶段的最大值，最为接近1，说明了德化县产业结构有待进一步调整。相对于其他县市，晋江市产业结构协调指数 E 变化最为显著。在2003年、2004年，晋江市 E 值大于1，而2005～2012年，E 值则小于1，虽然2006～2010年，E 值有所上升，但仍是小于1，2010年后 E 值又开始出现下降趋势，说明向着XZQ城市的产业结构系数调整，晋江市的产业发展不能如期达到优化的效果，同城化对晋江市产业结构调整、优化的作用并不显著，甚至是负面影响，因此，对于晋江市而言，仍需制定产业结构调整计划，以更好地融入厦漳泉城市群同城化。

从图3-7可以看出，与泉州市内部各个空间单元相比，漳州市内部各个空间单元的变化相对较为一致，且与漳州市的变化也较为相似。从2003～2012年，漳州市辖区产业协调指数一直略大于1，且基本未发现波动，整条曲线相对平整，说明漳州市辖区2003～2012年产业结构不断优化，协调程度相对较高，厦漳泉城市群同城化对其起到促进作用。而龙海市、云霄县、漳浦县、诏安县、长泰县、东山县、南靖县、平和县以及华安县的产业协调指数 E 值均在2003～2005年有一定下降趋势，但2006～2012年，E 值不断上升，至2012年，E 值已上升至该时间段的最高值，其中龙海市在2012年大于1值。这些表明厦漳泉城市群同城化对于漳州市内部各个空间单元产业结构同样具有互补协调作用，且加强趋势突出，对于漳州市未来产业结构调整及优化具有促进作用。

综上所述，从整体上而言，厦漳泉城市群产业结构协调程度日益上升，产业结构趋于优化，特别是2010年，厦漳泉城市群同城化以后，产业结构得到进一步的强化优化。但从厦漳泉城市群三市的各个县市来看，部分地区产业协调指数较为不稳定，在 E 值=1处波动，特别是泉州市，在厦漳泉城市群同城化后，该现象虽有所缓和，但产业结构优化效果仍不十分显著，说明在同城化进程中，泉州市各个县市，特别是晋江市完全融入还面临着诸多挑战，其产业结构与其他两市的同构性可能是其最大阻碍。

3.3.2 经济重心轨迹变化

1）重心模型

重心指在空间上存在某一点，在该点前后左右各方向上的力量对比保持相对均衡（冯宗宪和黄建山，2005）。在经济发展过程中，总有些特定空间区域上的经济活动相对周围地区处于较重要地位，构成了所考察空间范围内的经济重心（黄建山和冯宗宪，2005），即在区域经济空间里的某一点，在该点各个方向上的经济力量能够维持均衡（周民良，2000）。在城市群经济空间结构研究中，鉴于其实际是经济均衡在空间维度下的集中体现，空间重心则表示了这种均衡现象（王伟，2008），如图3-8所示。

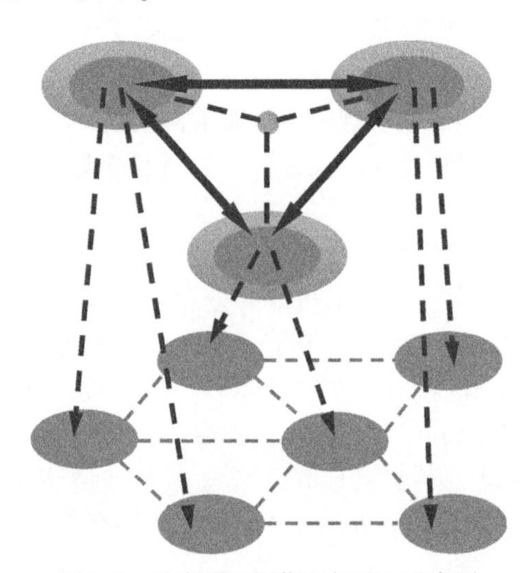

图3-8 城市群空间作用与重心示意图

借鉴力学原理，区域某经济重心的概念为区域A有若干个子区，其中第 i 个小区的经济属性值为 M_i，中心坐标为（X_i，Y_i），则该属性意义下的区域经济重心坐标（X，Y）为

$$X = \sum (X_i \cdot M_i) / \sum M_i \tag{3-11}$$

$$Y = \sum (X_i \cdot M_i) / \sum M_i \tag{3-12}$$

式中，X 为区域 A 经济重心横坐标；Y 为区域 A 经济重心纵坐标；X_i为区域 A 中第 i 个小区单元的中心横坐标；Y_i为区域 A 中第 i 个小区单元的中心纵坐标；M_i为区域 A 中第 i 个小区单元的经济属性值（周民良，2000）。显然，若属性取为次子区域面积，重心坐标就是区域的几何中心位置。

从计算方法来看，各地的地理位置和属性变化是决定重心的因素，而子区域的坐标是相对不变的，属性值的变化才会引起区域重心的变化，因此，重心的变化就反映了所代表的属性的变化，动态表达了不同区域的作用力大小，并出现为向作用力大的方向移动的情景。

此外，本研究求取了某经济属性重心的偏心距离 D_j，重心移动距离 D_m，重心移动方向，各相关指标的具体含义如图 3-9 所示。

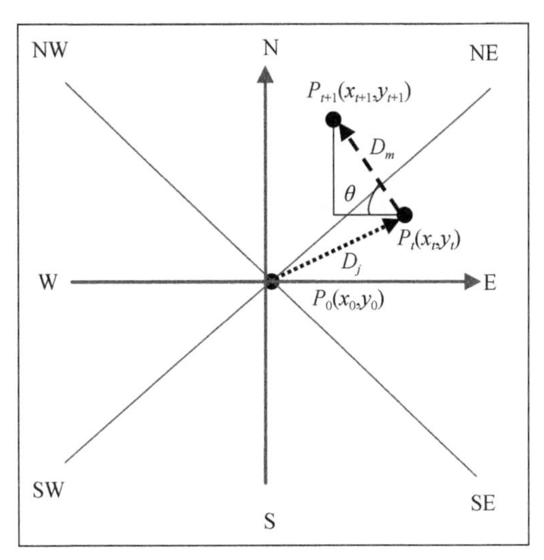

图 3-9　重心模型各指标示意图

图 3-9 中，E、NE、N、NW、W、SW、S、SE 代表方位；P_0、P_t、P_{t+1}分别表示区域的几何重心、某属性 t 年份的重心、邻近年份该属性的重心，(x_0, y_0)、(x_t, y_t)、(x_{t+1}, y_{t+1}) 则表示重心的坐标点；D_j表示偏心距离，反映了空间结构均衡程度，可预测区域不同空间板块空间主体的规模实力（王伟，2008），计算方法见式（3-13）；D_m则表示重心移动距离，反映了空间结构均衡的变化幅度，计算方法见式（3-14）；而 θ 为相邻年份间该属性重心的夹角，是移动方向的反映，指明了空间结构演变过程中此消彼长的方向（王伟，2008），移动方向即图 3-9 中 P_t和 P_{t+1}连线与正东方向的夹角，以正东向为 0°，结合方位标识，根据起

止重心点的位置判断重心移动方向，计算方法见式（3-15）。若将起点、终点位置互换，则角度发生改变。

$$D_j = \sqrt{(x_t - x_0)^2 + (y_t - y_0)^2} (0 \leqslant D_j \leqslant \infty) \tag{3-13}$$

$$D_m = \sqrt{(x_{t+1} - x_t)^2 + (y_{t+1} - y_t)^2} \tag{3-14}$$

$$\theta = \arctan \left| \frac{(y_{t+1} - y_t)}{(x_{t+1} - x_t)} \right| \tag{3-15}$$

式中，x_0、y_0、x_t、y_t、x_{t+1}、y_{t+1}均可通过式（3-12）求得。

本研究以厦漳泉城市群 19 个空间单元 2003 ~ 2012 年历年的 GDP、三次产业产值占 GDP 的比重为指标，对厦漳泉城市群经济重心进行分析，并利用 ArcGIS10.1 求取各项经济指标的空间重心分布位置以及移动轨迹，并进行可视化。在对各项经济指标空间重心进行可视化表达中，首先需将经济指标输入至 ArcGIS10.1 底图文件中，即厦漳泉城市群基本属性数据库中，并作为其主要属性，建立经济指标空间分布数据库；其次，利用 ArcGIS10.1 软件自带的数据计算功能计算出厦漳泉城市群几何重心坐标、不同年份不同经济指标的重心坐标，并绘制重心的空间迁移轨迹图以实现可视化；同时，为更充分反映重心移动情况，本研究通过计算，经过比例放大，绘制各经济指标的重心空间轨迹星座图。

2）经济重心轨迹演变分析

根据所研究年份的《福建统计年鉴》、《厦门经济特区年鉴》、《泉州统计年鉴》、《漳州统计年鉴》，获取厦漳泉城市群各个空间单元的统计数据，输入 ArcGIS10.1 软件中进行测算，首先求得厦漳泉城市群的几何重心坐标（281 304.55，2 740 379.93），继而求算厦漳泉城市群不同年份各个经济指标的重心坐标位置（表 3-7、图 3-10）。

表 3-7　2003 ~ 2012 年厦漳泉城市群各相关属性重心坐标　（单位：m）

时间	GDP 重心		第一产业比重		第二产业比重		第三产业比重	
	X 坐标	Y 坐标	X 坐标	Y 坐标	X 坐标	Y 坐标	X 坐标	Y 坐标
2003 年	316 003.02	2 736 344.12	263 251.39	2 712 537.57	298 959.25	2 734 644.53	293 352.97	2 728 602.76
2004 年	315 905.27	2 736 383.14	262 158.01	2 711 465.73	299 777.74	2 735 312.02	293 376.82	2 728 502.40
2005 年	317 579.55	2 736 751.01	257 529.02	2 707 064.28	300 546.12	2 735 170.33	294 047.92	2 728 754.22
2006 年	317 680.63	2 736 950.42	254 969.59	2 705 826.07	300 630.51	2 735 232.46	294 550.62	2 729 179.60
2007 年	317 865.88	2 737 159.80	253 371.71	2 705 350.45	300 446.81	2 735 502.91	295 205.63	2 728 874.69
2008 年	318 255.65	2 737 094.87	252 926.87	2 705 339.95	300 783.06	2 735 860.08	295 578.65	2 728 338.99
2009 年	318 170.00	2 737 535.73	253 477.52	2 704 663.44	301 321.13	2 737 366.84	294 737.13	2 728 642.57
2010 年	318 427.21	2 737 606.54	252 883.32	2 703 768.37	302 162.12	2 737 122.38	294 426.37	2 728 483.96

续表

时间	GDP 重心		第一产业比重		第二产业比重		第三产业比重	
	X 坐标	*Y* 坐标	*X* 坐标	*Y* 坐标	*X* 坐标	*Y* 坐标	*X* 坐标	*Y* 坐标
2011 年	318 687.96	2 737 956.98	252 280.04	2 703 772.75	302 764.64	2 737 501.69	293 785.02	2 728 260.85
2012 年	318 916.17	2 737 798.64	252 091.41	2 704 412.96	303 554.47	2 738 088.95	293 050.39	2 727 590.31

注：采用 Gauss Kruger 投影，Xian 1980 3 Degree GK CM 120E 投影坐标系统

图 3-10　厦漳泉城市群各经济指标空间重心分布图

从图 3-10 可以看出，厦漳泉城市群的 GDP 重心、第二产业比重、第三产业比重等经济指标重心主要分布在几何重心的东南象限内，即厦门市与泉州市的交接地带，偏离几何重心程度较高，说明了厦漳泉城市群经济空间呈现出东南强而西北弱的不均衡态势，同时也表明了厦漳泉城市群东南部的空间单元对重心的影响更大，东南部的空间单元经济发展整体水平领先于西北部的各个空间单元。与此相比，厦漳泉城市群的第一产业比重则主要分布在西南象限，反映了漳州市的第一产

业相对发达。从整体上来看，厦漳泉城市群的各个经济指标均表现出一定的离心趋势，表明厦漳泉城市群经济发展处于不均衡状态，主要表现为东南部工业化程度高，而西南等外围地区农业比重仍较高的特征，东西、南北向空间差异显著。

为反映不同年份厦漳泉城市群经济空间的均衡性变化并衡量各个指标重心情况，按照式（3-13）~式(3-15）求取不同年份厦漳泉城市群的偏心距离、重心移动距离及重心移动方向，结果见表3-8、图3-11~图3-14。

表3-8 2003~2012年厦漳泉城市群各经济指标重心变化表

指标	GDP			第一产业比重			第二产业比重			第三产业比重		
重心指标	偏心距离/m	移动距离/m	偏移角度/（°）	偏心距离/m	移动距离/m	偏移角度/（°）	偏心距离/m	移动距离/m	偏移角度/（°）	偏心距离/m	移动距离/m	偏移角度/（°）
2003年	34 932.38			33 183.04			18 562.95			16 848.34		
2004年	34 830.79	105.25	-21.76	34 678.83	1 531.12	-44.43	19 155.74	1 056.15	39.20	16 935.63	103.15	76.64
2005年	36 456.07	1 714.23	12.39	40 929.32	6 387.51	-43.56	19 934.34	781.33	10.45	17 249.66	716.79	20.57
2006年	36 537.39	223.56	63.12	43 445.37	2 843.21	-25.82	19 999.73	104.80	36.36	17 346.64	658.54	40.24
2007年	36 702.86	279.56	48.50	44 803.00	1 667.17	-16.58	19 753.77	326.94	-55.82	18 044.68	722.50	24.96
2008年	37 096.84	395.15	9.46	45 089.83	444.96	-1.35	19 996.04	490.55	46.73	18 674.43	652.78	55.15
2009年	36 975.00	449.10	-79.01	45 277.06	872.28	50.86	20 242.09	1 599.94	70.35	17 838.16	894.61	-19.84
2010年	37 226.11	266.78	15.39	46 348.39	1 074.34	-56.42	21 110.42	875.80	16.21	17 711.47	348.90	-27.04
2011年	37 461.85	436.80	53.35	46 717.33	603.29	-0.42	21 652.25	711.98	32.19	17 396.39	679.05	-19.18
2012年	37 700.09	277.76	34.76	46 336.07	667.43	-73.58	22 367.55	984.23	36.63	17 364.89	994.63	-42.39

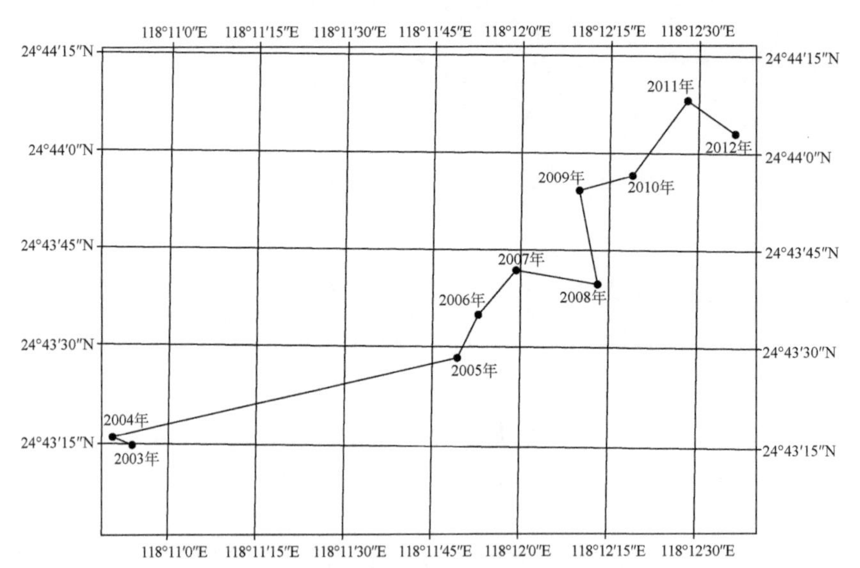

图3-11 2003~2012年厦漳泉城市群GDP重心移动轨迹星座图

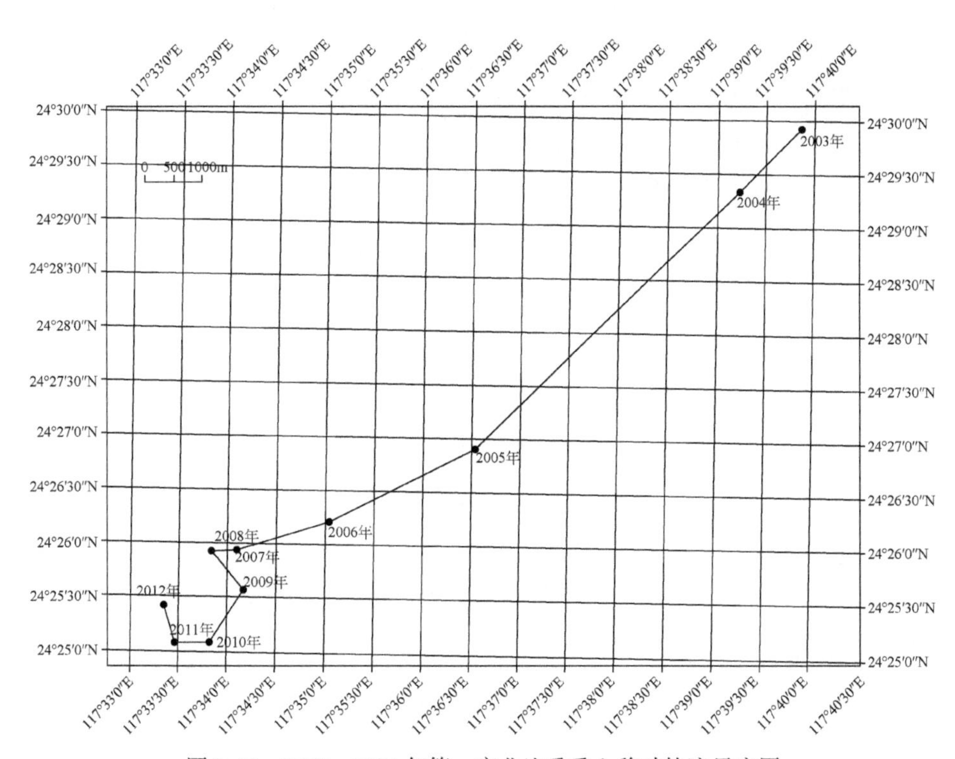

图 3-12 2003～2012 年第一产业比重重心移动轨迹星座图

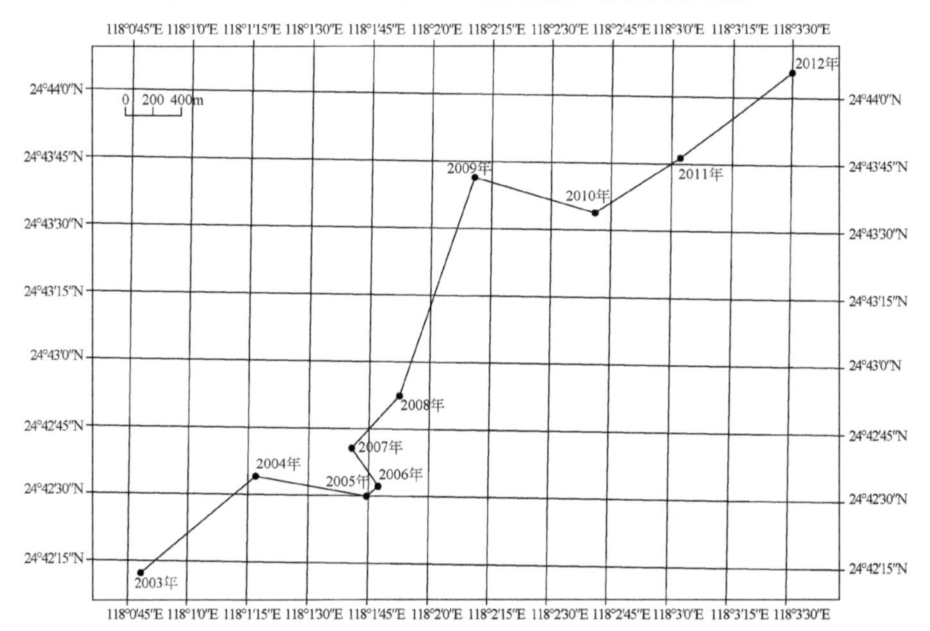

图 3-13 2003～2012 年第二产业比重重心移动轨迹星座图

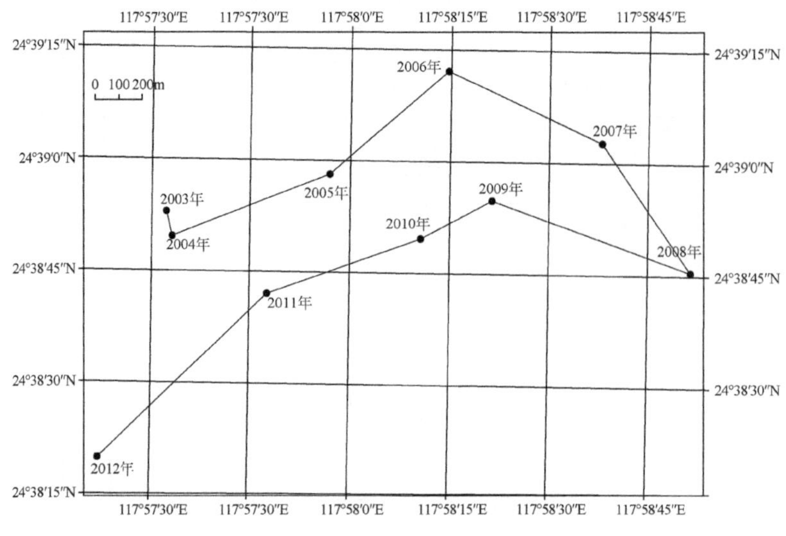

图 3-14 2003～2012 年第三产业比重重心移动轨迹星座图

与 2003 年相比，GDP、第一产业比重、第二产业比重、第三产业比重等经济指标偏心距离均在逐年增大，表明了 2003 年以来，其空间非均衡性也在增大。虽然从整体上看，各个经济指标均呈现出偏心距离增大、非均衡性加强，但不同年份仍有不同的波动情况。GDP 重心的偏心距离在 2004 年有所降低，但在随后的几年内直线上升，2008～2009 年停止上升，并出现一定的下降趋势，非均衡性变小，2010 年起再次呈现直线上升趋势，整体上所指示的空间非均衡性特征可概况为“变小—变大—变小—变大”。2003～2012 年，第一产业比重、第二产业比重偏心距离均呈增大趋势，其空间非均衡性特征为“变大”，但变化幅度有所差别，第一产业比重偏心距离在 2003～2007 年变化幅度相对较大，斜率显著大于第二产业相应时期，而 2007 年以后，变化幅度较小，相对较为平缓。而第三产业比重偏心距离则是在 2003～2008 年增大，2008～2012 年又出现降低的情况，即第三产业空间均衡性为“变大—变小”。从上述分析可以看出，各经济指标重心偏心距离均在不断变化，则其所指示的空间均衡性也是显示出动态特征，代表了厦漳泉城市群内不同时段不同空间单元经济空间作用的均衡特征。

在重心移动距离中，第一产业比重的重心移动距离是最大的，说明了厦漳泉城市群整体工业化进程相对较快；其次是第二产业比重和第三产业比重的重心移动距离，两者的移动距离相对较小，而 GDP 重心移动距离最小，仅有较小范围的位移变化，城市群均衡特征变化不大。各经济指标重心移动距离反映出厦漳泉城市群这 10 年间经济空间格局发生较为激烈的博弈重组，城市群内均衡格局产生一定变化。

从重心移动方向来看，2003～2012年，厦漳泉城市群GDP重心位于厦门市同安区，在2004年出现微小幅度的偏西移动，2004～2005年转向东移动，之后在摆动中缓慢向东偏北方向移动（图3-11），从纬度上看，即南北向上看，GDP重心的摆动幅度相对较小，GDP重心的摆动主要表现在东西向，这很好地反映出厦漳泉城市群中泉州市、厦门市此消彼长的竞争态势；同时也说明了厦漳泉城市群东南部空间单元与内部腹地差距逐步拉大。第一产业比重的重心2003年位于漳州市辖区，至2004年起第一产业比重重心则一直位于龙海市；2004～2010年向西南方位偏移，并保持自东向西并不断南偏，2011～2012年有所北偏但继续西移（图3-12），很好地表征了目前城市群内主要的农业经济分布地区。2003～2004年，第二产业比重重心位于厦门市集美区，2005～2012年则位于厦门市同安区；从2003年起一直是向东北向移动的态势，仅在2004～2005年、2009～2010年有过两次轻微的向东南移动（图3-13），即第二产业比重整体上是由西南向东北移动，说明了城市发展中第二产业发展的比重与地位变化。而第三产业比重位于厦门市集美区，在2003～2006年由西南向东北移动，2006～2008年则由西北转向东南移动，而2008～2012年又转向西南移动，整体是一种西南—东北向的钟摆式移动（图3-14），说明西南—东北向城市的竞争关系，但又因为其重心位于厦门市集美区，因此西南向空间单元的第三产业发展又胜于东北向的空间单元。三次产业产值比重重心的分布及迁移，诠释了厦漳泉城市群三次产业的总体分布，其第一产业主要分布在漳州市，泉州市的第二产业发展迅猛，厦门市主要提供第三产业的服务。

总体上看，各经济指标重心轨迹在厦漳泉城市群中西南—东北向移动居多，但向内部腹地横向拓展尚未有显著变化，表明泉州市经济发展迅速，厦门市的中心城市作用有一定减弱，而漳州市发展仍需加强，城市群内整体未能得到有效均衡发展，若持续该结构，则可能会对厦漳泉城市群发展态势、空间格局产生一定程度的制约。

3）经济空间均衡类型

按照王伟提出的核心城市、指标重心、几何重心的不同组合类型（王伟，2008），结合中心地的内涵，如图3-15所示，即一级中心地位于几何中心位置、核心城市承担区域服务的最高职能，以及群体重心是区域整体均衡性的最优点，综合前面对经济重心的判定，本研究对厦漳泉城市群的经济空间均衡类型进行归纳。

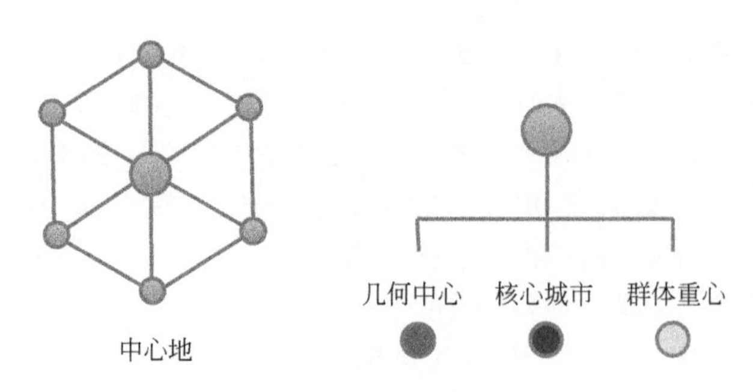

图 3-15 中心地的解读

厦门市作为厦漳泉城市群的核心城市，其简称为“核”，而各经济指标重心则简称为“心”，则厦漳泉城市群经济空间均衡类型可归纳为“核-心错位偏离型”，即厦门市与各经济指标重心相互错位，但同时由于厦门市分布于几何重心南侧，并且厦门市对厦漳泉城市群的拉动作用显著，对经济空间结构表现出较强的控制力，促使各经济指标重心偏于其一侧，表现出核-心错位偏离，如图 3-16 所示。

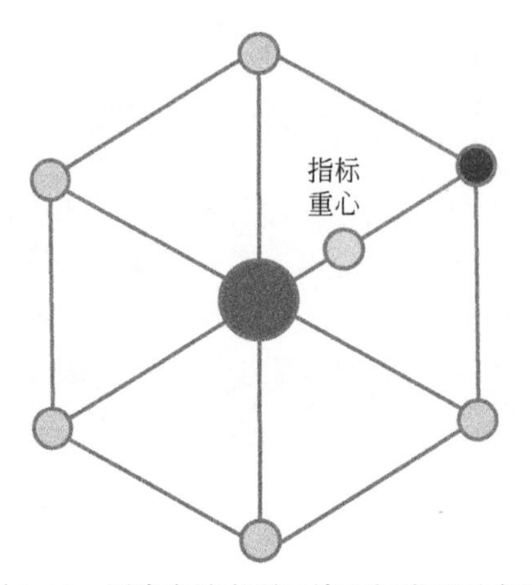

图 3-16 厦漳泉城市群经济空间类型示意图

3.4 城镇空间结构特征

3.4.1 城镇化水平分布特征

2012 年，厦漳泉城市群城镇化水平（64.10%）高于福建省平均水平（59.6%），但城市群内空间差异亦较大（表 3-9），厦门市辖区的城镇化水平最高，达 88.6%，而平和县最低，仅为 38.3%；厦漳泉三市中心城区城镇化水平高于外围地区，呈现出中心-外围圈层现象。

表 3-9 厦漳泉城市群城镇化水平

地区	厦门市辖区	石狮	晋江	南安	惠安	安溪	永春	德化	华安	泉州市辖区
城镇化率/%	88.6	75.9	61.5	52.6	51.3	36.7	54.8	71.3	41.9	81.2
地区	漳州市辖区	龙海	云霄	漳浦	诏安	长泰	东山	南靖	平和	福建省平均
城镇化率/%	87.7	51.8	43.9	45.9	39.1	49.7	52.2	45.3	38.3	59.6

资料来源：《福建统计年鉴 2013》、《厦门经济特区年鉴 2013》、《泉州统计年鉴 2013》、《漳州统计年鉴 2013》

3.4.2 城镇空间分布特征

2012 年，厦漳泉城市群城镇总数为 299 个，占福建省的 34.79%，其中地级市 3 个，县级市 4 个，县城 25 个，一般建制镇 270 个，城镇密度为 92.87 个/万 km^2，高于福建省城镇密度（70.01 个/万 km^2），但低于长三角城市群城镇密度（110.72 个/万 km^2），厦漳泉城市群整体水平有待提高。同时，城市群内部差异同样突出，厦门城镇密度为 117.72 个/万 km^2，漳州为 78.42 个/万 km^2，泉州为 105.44 个/万 km^2，三市差异较大，亟须通过空间重构提升城市群整体水平，缩短内部空间差异。

目前厦漳泉城市群主要形成“T”字形交通走廊（图 3-17）。厦漳泉城市群超过 75% 以上城镇在该交通走廊内，城镇分布呈显著的交通轴线特征。

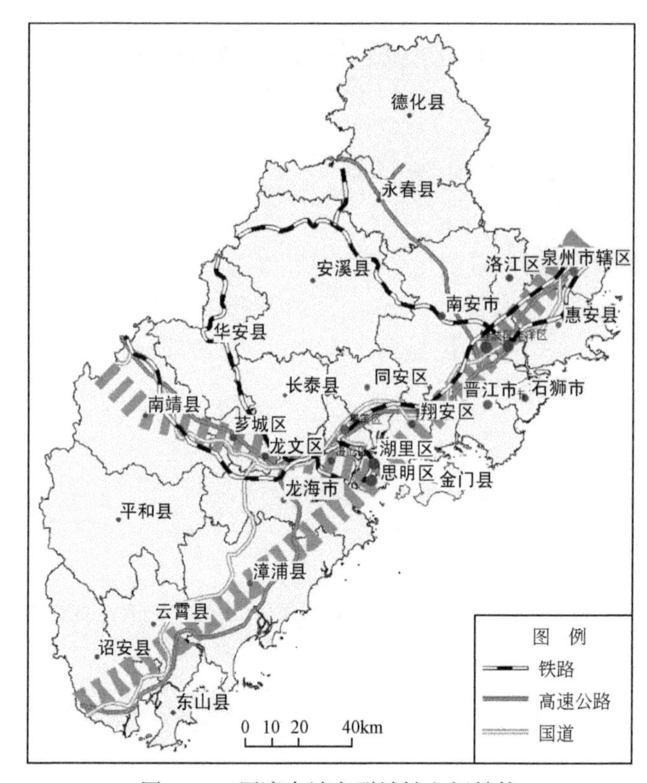

图 3-17 厦漳泉城市群城镇空间结构

3.5 城市群联系特征

3.5.1 城市综合实力值测度

3.5.1.1 突变级数模型

目前，城市综合实力值的测度方法众多，主要有主成分分析法、因子分析法、模糊评价法等，这些方法虽各有优点，但它们都没有考虑城市系统的突变特征。因此，本研究拟采用可能反映系统演变过程中的突变特性的突变级数模型来测度厦漳泉城市群的城市综合实力值。

突变级数模型（catastrophe progression method）的理论基础是突变理论（catastrophe theory）。突变理论是法国数学家雷内-托姆（Rene-Thom）于1972年

创立的一门研究突变的新兴数学，它建立于拓扑动力学、微积分、奇点理论及结构稳定性理论之上（罗小明，2009），利用动态系统的拓扑理论来构造数学模型，用来描述一系列连续性的量变如何演变成跳跃式的质变的方法，是目前唯一研究由渐变引起突变的理论（陈云峰等，2006）。突变理论的出现引起各方面的重视，被称为“牛顿和莱布尼茨发明微积分300年以来数学上最大的革命”（李绍飞等，2007）。突变理论的研究对象是系统的势函数，其形式主要有两种：突变级数模型和突变判别模型，本研究主要探讨突变级数模型。

目前，突变级数模型已在多个学科方面取得了应用性成果（Polo et al.，2008），在地理学中的应用也逐渐增多，如自然灾害评价（冯平等，2008）、生态系统评价（魏婷等，2008）、效率评价（周强和张勇，2008）、产业竞争力评价（兰正文和郑少智，2007；翁钢民和鲁超年，2009）及城市空间发展决策（张鲜化和陈金泉，2005）等方面。

突变级数模型的基本特点是根据系统的势函数分类临界点并研究其附近状态变化的特征，是一种利用突变理论与模糊数学相结合产生突变模糊隶属函数，由归一公式进行综合量化，最后归一为总的隶属函数值，从而得出综合评价结果。其运用范围比层次分析法更广，且易于操作，结论更为准确（兰正文和郑少智，2007）。

城市由多个复杂系统构成，城市综合实力值更是一个模糊概念，而突变级数模型是利用突变理论与模糊数学相结合产生突变的模糊隶属函数，因而，突变级数模型适用于测算城市综合实力值。突变级数模型的基本原理和主要步骤如下。

1）突变评价指标体系构建

按照系统性、结构性、可行性原则，即评价指标体系可全面、客观地反映评价对象状态选取指标，根据评价目的及其内在机理，对指标进行多层次分解，并形成树状目标层次结构，即由评价总目标细分至下层目标，经子目标逐渐分解到最下层指标。一般情况下，上层指标较为抽象，难以直接量化，对其进行分解是以得到其更为具体的指标，以便进行量化，分解到一般可以计量的子指标时，分解即停止。鉴于一般突变系统某状态变量的控制变量不超过4个，因此，相应的各层指标分解也不超过4个。

2）评价指标相对重要性排序

在评价指标确定后，评价者可以依据评价目的，按照定性或者定量方法确定各指标的重要性，对其进行相对重要性的排列。在同一属性、同一层次的指标中，应将重要性相对较高的指标放在前面，相对次要的指标依次排列。

3）突变系统类型确定

雷内-托姆根据控制参数在其空间上的形态命名了突变系统类型。常见的突变系统类型有折叠突变系统、尖点突变系统、燕尾突变系统和蝴蝶突变系统4种类型，其数学模型见表3-10。

表3-10 突变模型相关公式

突变模型	控制变量	势函数	分叉集	归一公式
折叠突变	a	$V(x)=x^3+ax$	$a=-3x^2$	$X_a=a^{\frac{1}{2}}$
尖点突变	a、b	$V(x)=\frac{1}{4}x^4+\frac{1}{2}ax^2+bx$	$a=-6x^2$，$b=8x^3$	$X_a=a^{\frac{1}{2}}$，$X_b=b^{\frac{1}{3}}$
燕尾突变	a、b、c	$V(x)=\frac{1}{5}x^5+\frac{1}{3}ax^3+\frac{1}{2}bx^2+cx$	$a=-6x^2$，$b=8x^3$，$c=-3x^4$	$X_a=a^{\frac{1}{2}}$，$X_b=b^{\frac{1}{3}}$，$X_c=c^{\frac{1}{4}}$
蝴蝶突变	a、b、c、d	$V(x)=\frac{1}{6}x^6+\frac{1}{4}ax^4+\frac{1}{3}bx^3+\frac{1}{2}cx^2+\mathrm{d}x$	$a=-10x^2$，$b=20x^3$，$c=-15x^4$，$d=4x^5$	$X_a=a^{\frac{1}{2}}$，$X_b=b^{\frac{1}{3}}$，$X_c=c^{\frac{1}{4}}$，$x_d=d^{\frac{1}{5}}$

注：$V(x)$ 表示一个系统的一个状态变量 X 的势函数，状态变量 X 的系数 a、b、c、d 表示该状态变量的控制变量

若一个指标仅分解为一个子指标，该系统可视为折叠突变系统；若一个指标仅分解为两个子指标，该系统可视为尖点突变系统；若一个指标可分解为三个子指标，该系统可视为燕尾突变系统，若一个指标能分解为四个子指标，该系统可视为蝴蝶突变系统。根据此步骤逐一确定各级指标的突变系统类型。

4）归一公式导出

通过分解形式的分叉集方程可导出归一公式（表3-10），如对尖点突变模型而言，其示意图如图3-18所示。由归一公式将系统内诸控制变量不同的质态化为同一质态，即化为状态变量表示的质态。它是利用突变理论进行综合分析评判的基本运算式。在归一公式中，X 及各控制变量皆取0～1范围的数值，称为突变级数；同时，初始突变级数的绝对值必须按照“越大越好”的原则，投入准则模型方可用归一公式计算。

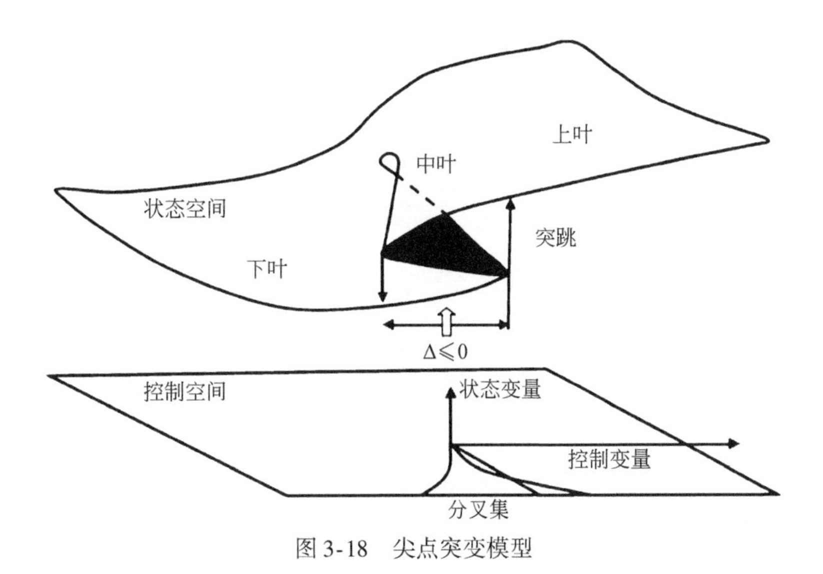

图 3-18 尖点突变模型

5）突变隶属函数值求取

根据初始模糊隶属函数值，利用归一公式求取各控制变量的突变级数值，即其相应的中间值，并对系统逐步向上递归运算，可求出表征系统状态特征的系统总突变隶属函数值。期间，必须考虑“非互补”、“互补”原则。所谓非互补原则是指各指标间不可相互替代，其应从各控制变量相对应的 X 值选取最小的一个作为总突变隶属函数值；而互补原则是指各指标间可相互弥补其不足，那么其应选取各控制变量 X 值的平均值作为总突变隶属函数值。

3.5.1.2 城市综合实力值分析

参考前人研究结果，结合研究区实际情况，设置经济、社会、环境三个控制变量，经济实力、经济结构、经济效率、生活质量、基础设施、社会福利、资源总量、环境质量、工业污染质量及生活环境治理 10 个子目标，按照数据可获得性、代表性原则，选取了厦门市、漳州市、泉州市三市的 29 个指标作为最下层指标，构成厦漳泉城市群各城市的城市综合实力评价指标体系，具体如表 3-11 所示。在对指标各层次控制变量按照相对重要性排序时，为避免定性方法排序的主观性，本研究采用熵权法先计算出各指标权重，继而以其权重值作为相对重要性的依据进行排序。由于熵权法已经较为成熟，已广泛应用在各学科的权重确定方面（韩玉刚等，2010），因此，本研究不再对熵权法的具体算法进行阐述。按照熵权法计算得出的各指标权重见表 3-11。按照各指标权重，构建了一个四层的突变评价指标体系，如图 3-19 所示。

表 3-11 城市综合实力指标体系及其权重

目标层	子目标	指标	权重
经济子系统（0.4098）	经济实力（0.1819）	人均 GDP	0.0528
		GDP 平均年增长率	0.0423
		人均财政收入	0.0456
		人均社会消费品零售总额	0.0412
	经济结构（0.0905）	第三产业产值占 GDP 比重	0.0467
		固定资产投资占 GDP 比重	0.0438
	经济效率（0.1374）	经济密度	0.0511
		城镇居民人均可支配收入	0.0428
		农民年人均纯收入	0.0435
社会子系统（0.3574）	生活质量（0.1601）	城镇恩格尔系数	0.0418
		农村恩格尔系数	0.0397
		城市人均住房建筑面积	0.0394
		农村居民人均居住面积	0.0392
	基础设施（0.0771）	万人拥有公交车辆	0.0407
		邮电业务总量	0.0364
		参加基本医疗保险人数比例	0.0407
		每千人口卫生技术人员	0.0403
	社会福利（0.1202）	千人拥有医院床位数	0.0392
环境子系统（0.2328）	资源总量（0.0375）	人均耕地面积	0.0375
	环境质量（0.0691）	环境投资占 GDP 比重	0.0367
		人均公共绿地面积	0.0324
	工业污染治理（0.0683）	工业废水达标排放率	0.0223
		工业二氧化硫达标排放率	0.0240
		工业固废综合利用率	0.0220
	生活环境治理（0.0579）	生活污水处理率	0.0298
		生活垃圾无害化处理率	0.0281

如图 3-19 所示，第三层指标分为 10 组，根据突变模型的特征，从左到右依次为蝴蝶突变模型、燕尾突变模型、尖点突变模型、蝴蝶突变模型、燕尾突变模型、尖点突变模型、尖点突变模型、燕尾突变模型、尖点突变模型、折叠突变模

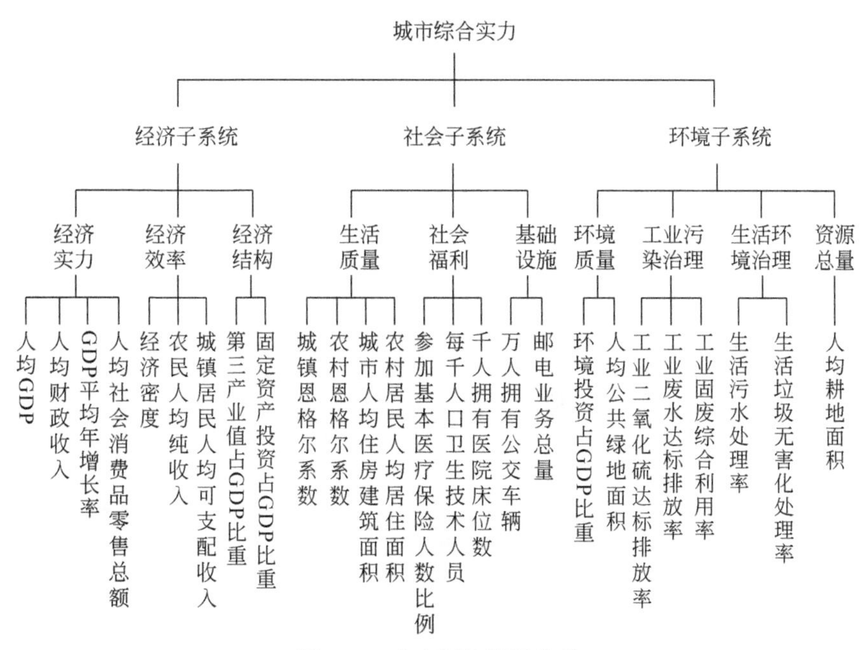

图 3-19 突变评价指标体系

型；第二层指标，即子目标分为三组，根据突变模型的特征，从左到右依次为燕尾突变模型、燕尾突变模型、蝴蝶突变模型；第一层指标，即目标层组成一个燕尾突变模型。

利用指标数据的无量纲化的初始相对隶属度，按照突变模型相对应的归一公式，计算出对应的多个状态变量值（x_a、x_b、x_c、x_d）。由于本研究各控制变量的选取具有相互独立性及互补性，因此取各状态变量值的平均值作为最终状态值，并逐步向上求得总突变隶属函数值，即厦漳泉城市群城市综合实力值，结果如表 3-12 和图 3-20 所示，而各子系统的突变隶属函数值变化如图 3-21 ~ 图 3-23 所示。

表 3-12 2003 ~ 2012 年厦漳泉城市群城市综合实力值

地区	2003 年	2004 年	2005 年	2006 年	2007 年	2008 年	2009 年	2010 年	2011 年	2012 年
厦门市	0.9398	0.9573	0.9603	0.9636	0.9483	0.9727	0.9721	0.9802	0.9785	0.9811
漳州市	0.7862	0.9026	0.9181	0.9274	0.9319	0.9433	0.9515	0.9569	0.9558	0.9628
泉州市	0.9172	0.9307	0.9402	0.9440	0.9473	0.9522	0.9571	0.9577	0.9609	0.9636

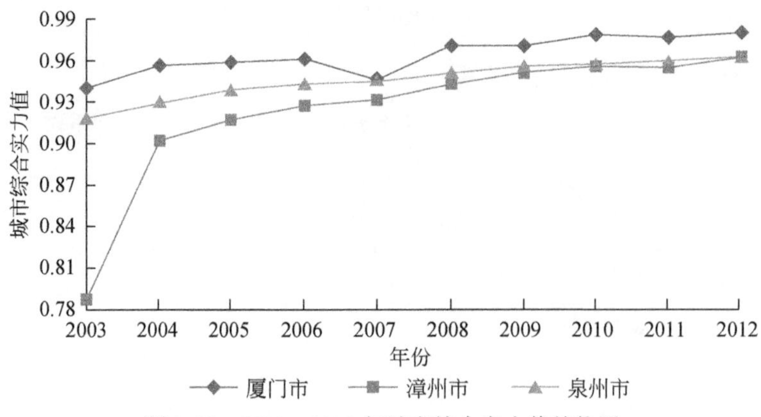

图 3-20 2003～2012 年城市综合实力值趋势图

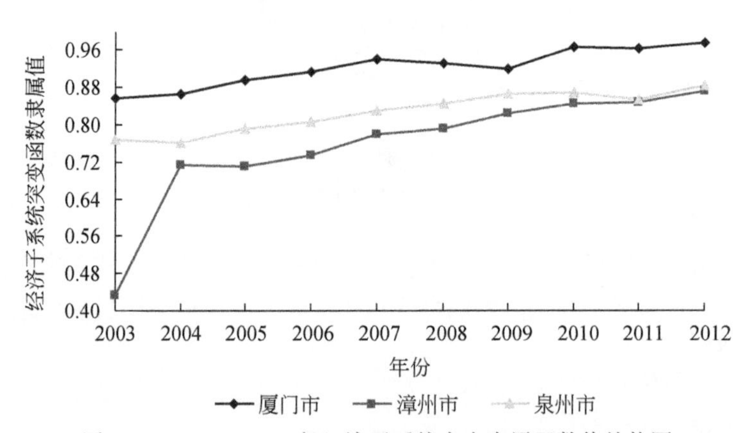

图 3-21 2003～2012 年经济子系统突变隶属函数值趋势图

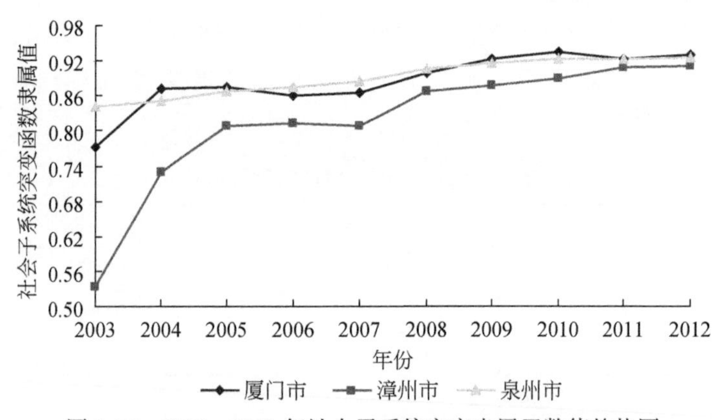

图 3-22 2003～2012 年社会子系统突变隶属函数值趋势图

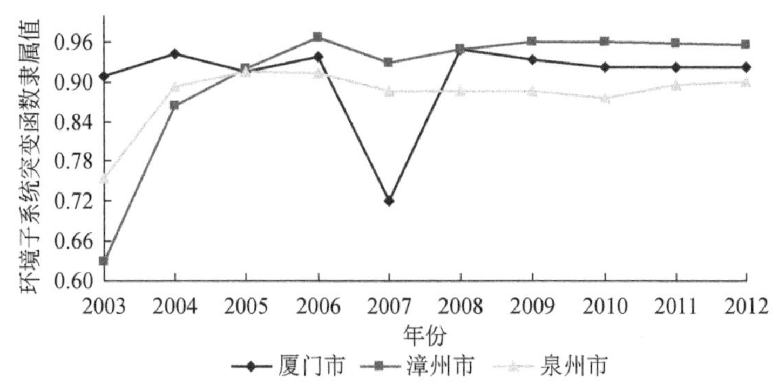

图 3-23 2003～2012 年环境子系统突变隶属函数值趋势图

从表 3-12 和图 3-20 可以看出，2003～2012 年，厦门市的城市实力综合值一直在三市中处领先地位；除 2007 年有所下降外，呈现出缓慢增长的态势。厦门市的城市实力综合值呈现的趋势与其经济、社会、环境子系统密切相关。从图 3-20～图 3-23 可以看出，厦门市的经济子系统突变隶属函数值远高于漳州市、泉州市，同样出现增长态势；虽然社会子系统的突变隶属函数值处递增状态，且在 2004 年呈现较大幅度的增长，远高于漳州市，但与泉州市不相上下，在 2006～2009 年甚至低于泉州市，其他年份仅略超过泉州市；而从环境子系统来看，厦门市则呈现较大幅度的波动，2003～2004 两年的环境子系统突变隶属函数值仍高于漳州市、泉州市，但在 2007 年则跌至最低值，虽在 2008 年有所上升，但仍低于漳州市，与其经济、社会子系统形成较大的反差；同时，2007 年最低值主要与其人均公共绿地面积指标大幅降低有关，这也解释了 2007 年厦门市城市综合实力值出现下降趋势的缘由。

2003～2012 年，泉州市的城市实力综合值一直处在第二位，整体上相对平缓的上升，其与经济、社会子系统的平缓增长密不可分。由于指标均采取人均、地均指标，泉州市的经济子系统屈居于厦门市，领先于漳州市，但近年的领先地位并不显著；在社会子系统方面，有部分年限超过厦门；但在环境子系统方面，除 2003～2004 年有一个大的增幅外，其余年份较为平稳，甚至有下降趋势，且自 2005 年以来（除 2007 年高于厦门市），在三市的环境子系统中，从整体上来看，泉州市的环境子系统突变隶属函数值最低，也说明了泉州市的环境是制约泉州市城市综合实力值提升的重要因素。

对于漳州市而言，城市综合实力在 2003～2004 年有一个质的提升，这与其经济、社会进入新的发展期相关，而 2005～2007 年上升较为平稳，2008～2009 年又有一个快速上升时期，2010 年后，其城市综合实力甚至接近泉州市水平，这主要得益于环境子系统。2003～2004年，漳州市的环境子系统突变隶属函数值虽在三市中处于最低值，但其上升速度迅猛，至2005年，超过厦门市、泉州市，一跃成为厦漳泉城市群环境子系统突变隶属函数值的最高值，并一直保持着领先地位，2009年后，远高于泉州市。而对于经济子系统、社会子系统，则出现了“快速—平稳—缓慢”发展的阶段，与城市综合实力值所表现出的趋势较为一致。这种趋势，一方面是漳州市经济社会新发展时期的成果；另一方面，也是主要方面，则是2010年以来，厦漳泉城市群同城化的原因，促使其城市综合实力的提升。

总体上，厦漳泉城市群的城市综合实力不断上升，并表现为厦门市>泉州市>漳州市；在经济子系统上，厦门市处于领先地位，泉州市第二，而漳州市最弱；在社会子系统上，厦门市、泉州市不相上下，漳州市相对较低；在环境子系统上，漳州市表现出相对优势，而泉州市则处于最后一位，且与漳州市、厦门市有一定差距。

3.5.2 城市影响范围分析

1）场强及其占比分析

空间相互作用常用于区域联系方面的研究，如宋小冬和廖雄赴（2003）采用空间相互作用模型对上海松江区城镇发展潜力进行分析，其常用模型包括一般引力模型和一般潜能模型。一般潜能模型又称为场模型，其借用物理学概念，将中心城镇的吸引范围称为城镇影响力的“力场”，影响力的大小称为“场强”（吴茵等，2006）。场模型常用于空间影响范围的界定，如吴扬和汪珠（2009）划分了城市腹地；同时，学者常用场模型研究城市影响范围的发展趋势，如张莉和陆玉麒（2011）研究了城市影响范围的发展趋势，王丽等（2011）则借用改进场模型分析中国中部地区城市影响范围的动态演变。本研究拟选取3.5.1.2节中测算的城市综合实力值，运用潜能模型，分析厦漳泉城市群各城市的影响范围。

首先计算出厦漳泉城市群的场强，模型的计算公式表示如下：

$$S_{ik} = T_i/(d_{ik}^2) \qquad (i=1,\ 2) \tag{3-16}$$

式中，S_{ik}为i城市作用于k点的场强；T_i为i城市的城市综合实力；d_{ik}为i城市到k点的距离。

为消除量纲影响，本研究拟采用的潜能模型对一般潜能模型加以改进，其计算的是比例结果，即场强占比，并表示如下：

$$P_{ik} = S_{ik} / \sum_{i=1}^{n} S_{ik} \tag{3-17}$$

式中，P_{ik}为 i 城市作用于 k 点的场强占比；n 为城市数，本研究取 3；S_{ik}量纲同上。

同时，借助 GIS 空间分析手段，利用 ArcGIS 10.1 软件进行空间建模和分析计算，将划分对象潜能数值的矢量分布转变为栅格分布，计算其潜能比例，并依比例组合划分影响范围以及扩散范围，即紧密腹地和竞争腹地。本研究将紧密腹地设定为场强占比 P_{ik}大于 0.75，非紧密腹地即为竞争腹地。

通过 ArcGIS 10.1 平台，根据式（3-16）和式（3-17），分别计算得出厦门市、漳州市、泉州市城市综合实力值的场强 S_{ik}值及场强占比 P_{ik}值，如图 3-24 所示。

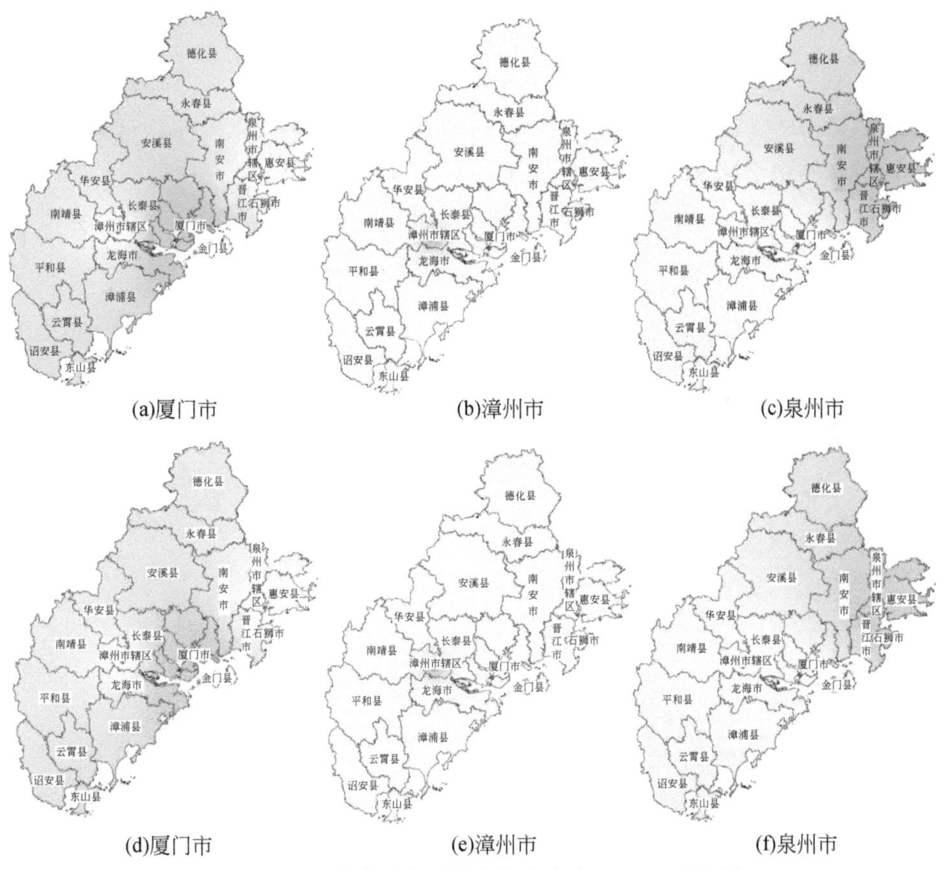

(a)厦门市 (b)漳州市 (c)泉州市

(d)厦门市 (e)漳州市 (f)泉州市

图 3-24 厦漳泉城市群城市综合实力 S_{ik}、P_{ik}示意图

图 3-24 中，区域颜色越深则表示场强 S_{ik}值越大，同时，P_{ik}值越大则其区域

颜色越深。则由图 3-24 可知，场强 S_{ik}值及其占比 P_{ik}值均是分布在厦漳泉三市的中心城区。其中，最为明显的是，较大场强范围出现在厦门市、泉州市中心城区及其周边地区，远大于其他非中心的场强，远离各中心的地区明显呈现出弱场强的边缘化态势。厦门市的城市综合实力场强 S_{ik}值最大，且其占比值较大，涉及较大范围，几乎覆盖整个厦漳泉城市群，其中心地位的集聚-扩散作用显著。相比之下，漳州市的城市综合实力场强 S_{ik}值最小，其范围仅局限在漳州市内，且占比强度亦较小。而泉州市的城市综合实力场强 S_{ik}值及其占比 P_{ik}值虽不及厦门市，但远超过漳州市，场强范围较大。

场强反映了城市间的联系程度（王桂圆和陈眉舞，2004），同时也可借鉴城市综合实力场强及其占比，合理安排城市功能区，促使城市功能区发挥最大效益，深化城市发展，促进厦漳泉城市群同城化的进程。

2）紧密-竞争腹地分析

本研究借鉴吴扬和汪珠（2009）的研究，利用紧密腹地、竞争腹地来分析厦漳泉城市群的城市综合实力的影响范围。

2012 年，厦漳泉城市群的紧密腹地、竞争腹地分别如图 3-25 和图 3-26 所示，并统计其面积。

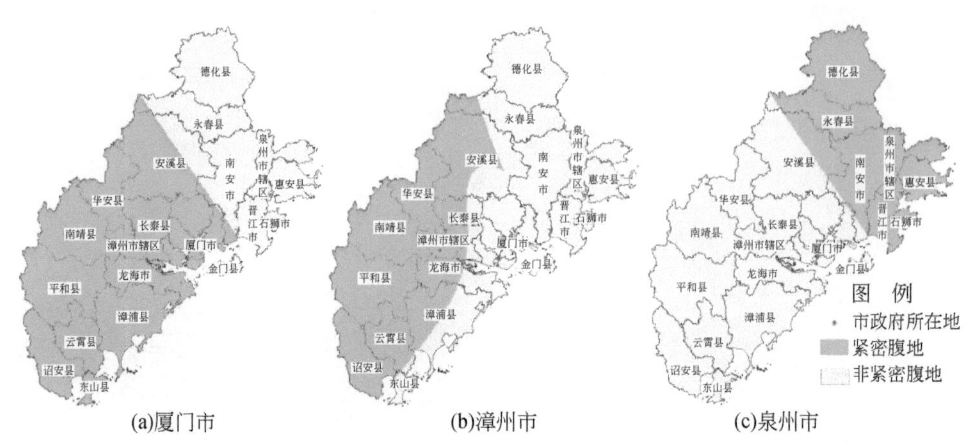

图 3-25 2012 年厦漳泉城市群各城市的紧密腹地

潜能模型的计算结果表明，三市的紧密腹地以厦门市最大，面积达到 16 632 km²，除覆盖全市域外，尚涉及漳州市全市、泉州市安溪县、南安市的部分地区；其次为漳州市，面积为 11 630 km²，尚未覆盖全市域；再次为泉州市，面积为 8549 km²。从紧密腹地的面积上看，虽然漳州市紧密腹地面积大于泉州市，但漳州市整个市域

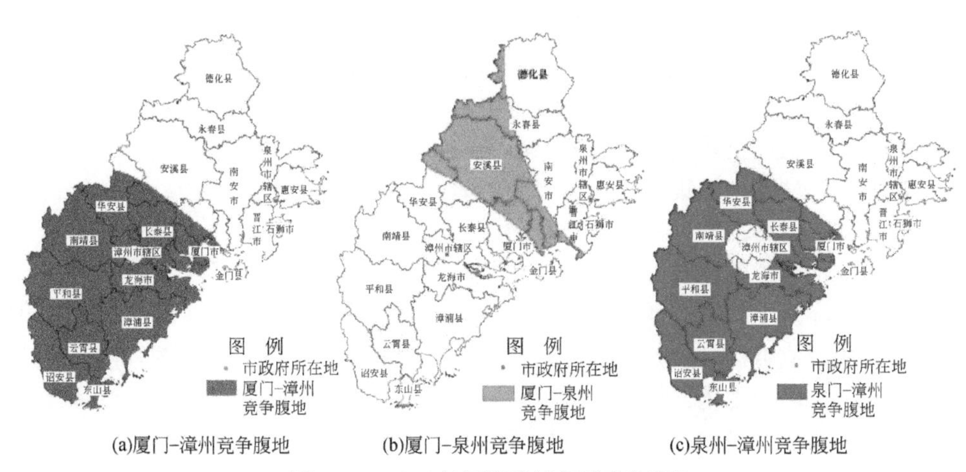

(a)厦门–漳州竞争腹地　(b)厦门–泉州竞争腹地　(c)泉州–漳州竞争腹地

图 3-26　2012 年厦漳泉城市群竞争腹地

范围却是厦门市的紧密腹地，同时由前面的分析结果已得出漳州的场强是三市中最弱的，对于厦漳两市而言，漳州市以厦门市为中心地，其更多的是二级中心。

从竞争腹地来看，厦漳泉三市形成了两两竞争腹地，竞争空间格局复杂而明确。其中，厦门市与漳州市形成了范围较广的竞争腹地，主要是漳州市的市域空间，面积达 13 488km^2；厦门市与泉州市的竞争腹地面积相对较小，为 5061km^2，主要集中在厦漳泉三市交界县市的部分地区，包括了厦门市的同安区、翔安区，漳州市的华安县、长泰县以及泉州市的安溪县、南安市；而泉州市与漳州市的竞争腹地同样集中在漳州市域，但与厦漳竞争腹地不同的是，泉漳竞争腹地范围尚未覆盖至漳州市中心区域，主要是漳州市的县市。

从紧密–竞争腹地来看，厦门市紧密腹地最大，但与漳州市、泉州市的竞争腹地范围也相对较大，因此可以看出厦门市在厦漳泉城市群中的中心性，其城市影响范围较大；泉州市的紧密–竞争腹地范围显著不及厦门市，但仍在厦漳泉城市群中占据一定地位；而对于漳州市而言，既是厦门市的紧密腹地，同时又跟厦门市、泉州市存在竞争关系，这主要与其城市综合实力相对薄弱，城镇空间发展广阔相关。因此，厦门市、泉州市包括漳州市中心城区均将漳州市域作为空间拓展腹地，存在着较大的竞争关系。同时，厦漳泉城市群的紧密–竞争腹地，即城市影响范围也说明了厦漳泉三市的城镇空间格局，为厦漳泉城市群同城化、重构均提供了可能。

3.6 本章小结

本章从人口规模空间、经济空间及其城镇空间特征等几个角度解析了厦漳泉城市群空间结构现状，通过一系列的定量分析与空间模拟，可以清晰地认识到厦漳泉城市群自2003年以来的快速发展时期内，其内部有形空间及无形联系的特征及其规律。通过本章的分析，主要得出以下结论：

第一，从人口空间分布来看，区域人口集聚不够。厦门市作为厦漳泉城市群的首位城市，城市规模集聚度偏低，中心地位不够明显；城市群人口趋于分散，中小城市发展迅猛；人口密度分布不均，区域差异大，呈现出城市群东部沿海地区高于西部地区，厦漳泉三市的中心城区密集，而外围县市较稀疏的特征。

第二，经济空间特征则主要从各城市的产业结构协调以及经济重心轨迹变化来分析。从产业结构协调方面看，厦漳泉城市群产业结构整体上协调程度日益上升，产业结构趋于优化，特别是2010年，厦漳泉城市群同城化以后，产业结构得到进一步的强化优化，但从厦漳泉城市群三市的各个县市来看，部分地区产业协调指数较为不稳定，产业结构优化效果仍不十分显著，说明在同城化进程中，各地区的完全融入还面临着诸多挑战，其产业结构调整是其最大挑战。从经济重心来看，各经济指标重心偏离几何重心程度较高，说明了厦漳泉城市群经济空间呈现出东南强而西北弱的不均衡态势。GDP重心的在东西向摆动反映了厦漳泉城市群东南部空间单元与内部腹地的经济空间差距；第一产业比重重心自东向西移动并不断南偏，说明了漳州市各个空间单元的第一产业相对发达；第二产业比重重心整体上是由西南向东北移动，说明西南—东北向城市发展中第二产业发展的比重与地位变化；第三产业比重整体是一种西南—东北向的钟摆式移动，说明西南—东北向城市的竞争关系，但又因为其重心位于厦门市集美区，因此西南向空间单元的第三产业发展又胜于东北向的空间单元。总体上看，各经济指标重心轨迹在厦漳泉城市群中以西南—东北向移动居多，但向内部腹地横向拓展尚未有显著变化，表明泉州市经济发展迅速，厦门市的中心城市作用有一定减弱，而漳州市发展仍需加强，核心-外围差距有拉大趋势。根据经济重心轨迹，可认定厦漳泉城市群经济空间属于“核-心错位偏离型”，核心城市与各经济指标重心、几何重心相互错位，并且厦门市对厦漳泉城市群的拉动作用显著，对经济空间结构表现出较强的控制力，促使各经济指标重心偏于其一侧，表现出核-心错位偏离。

第三，厦漳泉城市群城镇化水平、城镇密度整体有待提升，内部空间差异较大，亟须通过空间重构提升城市群整体水平，缩短内部空间差异。城镇分布呈显著的交通轴线特征，目前形成“T”字形城镇空间结构。

第四，从城市综合实力来看，厦漳泉城市群的城市综合实力不断上升，并表现为厦门市>泉州市>漳州市；在经济子系统上，厦门市处于领先地位，泉州市处于第二位，而漳州市最弱；在社会子系统上，厦门市、泉州市不相上下，漳州市相对较低；在环境子系统上，漳州市表现出相对优势，而泉州市则处于最后一位。根据城市综合实力而划分出的城市影响范围，即紧密-竞争腹地来看，厦门市紧密腹地最大，但与漳州市、泉州市的竞争腹地范围也相对较大；泉州市的紧密-竞争腹地范围相对较小；而漳州市既是厦门市的紧密腹地，同时又跟厦门市、泉州市存在竞争关系，城市影响范围较为有限。

总体上，本研究认为厦漳泉城市群空间结构已形成以下几个总体特征：空间发展呈现集聚与扩散共存，但首位城市厦门市集聚作用仍不够，人口流动、传统产业活动已向次一级中心、中小城市扩散；区域总体发展水平不高，差异显著，厦漳泉城市群与较发达城市群相比仍有一定差距，而内部的人口、经济、城镇空间分布同样存在差距，主要表现为东南部强于西北部、核心区域强于外围区域，且东南部地区同城化现象凸显，城市群向同城化的空间结构演变，但按照目前的空间结构特征自由发展，会导致缺乏区域整体协调，影响城市群竞争力，难以从“点-轴”阶段演变至网络化阶段，同城化实施进程、效果必将大打折扣，且与主体功能区建设实施的要求会有所背离，因此须探讨影响厦漳泉城市群同城化、主体功能区的主导因子，并对其空间结构进行重构。

4 厦漳泉城市群同城化分析

4.1 同城化发展阶段

4.1.1 萌芽兴起阶段

20 世纪 80 年代初，国家科学技术委员会在厦门召开科技政策研究会，在会上讨论了“闽南（厦门、漳州州、泉州）金三角”的经济发展问题，是“闽南金三角”概念的首次提出。1985 年，中共中央、国务院批转的《长江、珠江三角洲和闽南厦漳泉三角地区座谈会纪要》提出将闽南金三角地区列为沿海经济开放区域，实行沿海经济开放城市的特殊政策。1988 年 1 月，国务院又批准扩大厦漳泉金三角地区的开放范围，使整个厦漳泉地区实现全方位的对外开放以及相互联合。1992 年，党的十四大报告中提出“将闽东南地区和长江三角洲、珠江三角洲、环渤海湾地区一起并列为中国加快开放开发的重点区域”，随之，中国共产党福建省第六次代表大会将建设以厦门经济特区为龙头、闽东南开放与开发的海峡西岸繁荣带作为战略布局。国家、福建省对于厦漳泉的推动及政策支持，形成厦漳泉城市群同城化的萌芽阶段。

4.1.2 过渡起飞阶段

2002 年中国共产党福建省第七次代表大会上，厦漳泉城市群发展被列入第一层面的发展战略；2004 年 6 月，厦门、漳州、泉州三个设区市启动城市联盟试点工作；同年 7 月，厦漳泉城市群在厦门召开第一次联席会议，并发表《厦泉漳城市联盟宣言》，其以三市的规划衔接作为开始，要求统一规划、整体布局，并建立城市联盟市长联席会议制度；11 月，厦漳泉城市联盟第二次市长联席会议讨论了城市联盟市长联席会议制度，并确定了城市联盟的重点工作，推进城市联盟向纵深方向延伸。

厦漳泉城市联盟对厦漳泉城市群进行了统一规划，有效地整合了资源和要素，并初步确定了各个城市的发展方向，在一定程度上避免了资源浪费、重复建设，加快了厦漳泉城市群的发展，对厦漳泉城市群同城化有较大的推进作用；厦漳泉城市联盟可谓是厦漳泉城市群同城化的雏形。

4.1.3 快速推进阶段

2010 年 6 月，《全国主体功能区规划》提出“推进厦漳泉一体化，实现组团式发展”；同年 7 月，提出推动城市联盟，构建厦漳泉大都市区。2011 年年初，福建省“十二五”规划提出构建厦漳泉大都市区，并加快同城化步伐；同年 5 月，在福建省各部门大力支持、推动下，厦漳泉三市政府全面启动厦漳泉城市群同城化工作，至此，厦漳泉城市群同城化的序幕正式拉开。

2011 年 7 月，厦漳泉城市群同城化第一次党政联席会议讨论通过了福建省发展和改革委员会提出的《关于加快推进厦漳泉大都市区同城化的工作方案》和《厦漳泉大都市区同城化党政联席会议制度》两份制度性文件，启动首批同城化项目，标志厦漳泉城市群同城化正式启动。福建省政府出台《加快推进厦漳泉大都市区同城化工作方案》，厦漳泉编制《厦漳泉大都市区同城化规划纲要》；签署《厦漳泉大都市区同城化合作框架协议》，明确同城化目标、发展定位、发展时序，认可首批同城化项目取得的实质性进展，并启动第二批同城化项目，厦漳泉城市群同城化进入快速推进的发展阶段。

4.1.4 深化发展阶段

随着《同城化合作框架协议》的签订，厦漳泉城市群同城化逐步进入同城化的深化发展阶段，并表现在各个方面，如海洋联合执法、产权交易、医疗卫生、文化创意产业、人才合作、公共服务信息平台、综合交通网络、农业合作、无障碍旅游区、体育文艺及科技合作等，各个方面均是在厦漳泉三市政府的共同推动下，由各个部门带头签订。2012 年 10 月，厦漳泉城市群同城化第二次党政联席会审议通过了《厦漳泉大都市区同城化第一次党政联席会议以来的工作回顾》和《厦漳泉大都市区同城化下阶段工作安排》，并指出未来深化发展产业融合，推动科技创新、海洋经济、旅游产业和现代服务业产业合作，推进个人医保卡互通互用等惠民工程。至此，厦漳泉城市群同城化取得实质性的成果，并进入深化发展阶段。

4.2 同城化影响因子

4.2.1 相关影响因子分析

1）地理环境

地理位置、地形、气候、水文、资源等自然地理要素相互交叉组合在一起，构成了城市群发展的物质基础。一般而言，在一定的时空尺度内，自然地理环境是不变的，与相应发展阶段的社会经济需求相结合，决定了城市群空间的重构过程（王颖，2012）。

厦漳泉城市群处戴云山脉、博平岭与台湾海峡间，地势西高东低，由山地丘陵逐渐过渡至平原，具有多种自然地理单元要素。自然地理环境的差异性是影响厦漳泉城市群同城化的因素之一，城市群内人口空间分布呈现出显著的“近水远山”的态势，主要表现为城市群内东部沿海地区的人口密度显著高于西部的山地区域；经济空间特征同样与自然地理环境差异有着密切关系（伍世代和王强，2008），如漳州市所处的漳州平原，是福建省第一大平原，地势平坦、土地肥沃、气候适宜，是厦漳泉城市群农业发展最为发达地区，本书第3章中的经济空间特征则充分证实了这一判断。从土地资源利用来看，厦门市人均土地资源有限，后备土地资源不足，制约了城市的空间拓展，而漳州市、泉州市土地资源较为充足，但增长力不够，同样制约城市群空间发展。从水资源来看，厦漳泉城市群均沿江（九龙江、晋江）、沿海分布，上下游区域、近海海域对于城市的空间发展影响较大，特别是厦门市，鉴于九龙江是其城市的主要水源地，对水资源的依赖性更突出。自然资源差异性问题也是厦漳泉城市群同城化发展的影响因素之一。

2）经济发展

经济发展，包括经济发展的周期性、经济要素集聚与扩散及产业发展状况，都是同城化的影响因子之一。经济发展的周期性决定了城市空间的用地布局、空间演变速度及演变的方向（郭永昌，2004）。当经济高速增长时，城市群迅速扩展，同城化现象凸显。城市群内资源、人口、产业、信息等经济要素的集聚与扩散过程实际上就是城市群同城化的一个过程。经济要素的空间集聚与扩散强度的不断增加，城市群空间结构不断地向高级化演变，并呈现出由增长极发展、点-轴发展到网络发展的动态过程，形成多心、多轴、多层的城市发展格局（王颖，

2012)。产业是经济发展的主要内容，产业结构互补会导致城市用地区位选择发生变化，促使城市产业地域转移，进而改变城市群的职能结构（伍世代和李婷婷，2011)，从而影响城市群同城化。因此，可以说，产业互补是城市群同城化的重要因素。此外，产业结构的空间整合也在一定程度上促进了城市群同城化：产业结构的空间整合实质是相邻城市根据要素、产业等的互补性与差异性（王颖，2012)，进行整合发展，促使城市群同城化发展。

城市空间上，厦漳泉三市连片分布，城市群内城镇密布，城市间边界日渐模糊，城市发展呈现连绵态势。目前，漳州市龙海市已与厦门市的海沧区等连为一片，并融入了厦门市的发展之中，泉州市南安部分地区也与厦门市同安区融为一体，邻接空间大，为城市扩展、功能外溢提供了地域载体。厦漳泉城市群资源各具特色，主要经济社会资源存在成本落差，产业发展也不尽相同，具有一定的互补性。2012 年，厦门市三次产业结构为 1.1：50：48.9，泉州市三次产业结构为 3.7：60.2：36.1，漳州市三次产业结构为 18.2：44.4：37.4，对比该组数据，我们可以明显发现，厦门市的第三产业比重远高于泉州及漳州市，泉州市的第二产业比重高于厦门、漳州市，而漳州市的第一产业比重远高于厦门及泉州市，产业结构存在着较强的互补关系。产业结构的差异性与互补性为三市的产业分工协作提供了条件，也为厦漳泉城市群同城化建设奠定了产业基础。

3）交通网络

任何一个时期，交通网络的改善对城市群的规模、空间扩展方向及空间形态的影响都是十分显著的。城市作为区域中心，主要是依靠交通来实现与区际的物质联系，因此，交通的便捷性直接影响城市群的可达性，进而影响城市集聚效益，从而对城市群是否可以同城化具有导向作用。交通运输速度的提高也较大程度地影响了城市群同城化，在高速公路、快速交通系统出现后，使城市群成为有机整体（伍世代和王强，2008)，城市空间则呈现出多方向的辐射扩张，为城市群同城化提供了可能。

目前，厦漳泉城市群境内的沈海、厦蓉、泉三高速公路及福厦、厦深、龙厦铁路等重要交通干线将厦漳泉城市群串联在一起，厦门、泉州的大型基础设施（如厦门高崎国际机场等）直接辐射和服务漳州市域，建成了厦门港、泉州港等海上交通，福厦、厦深、龙厦铁路等陆上交通以及厦门机场、晋江机场等综合立体交通系统，构成了三市之间及其对外的相互依托的便捷交通网络，为厦泉漳城市群同城化提供了良好的条件。

4）思想文化

从思想文化来看，其对城市空间结构的影响是间接的，且相比于其他因子而言较为缓慢（郭永昌，2004）。思想文化主要是通过影响特定社会文化的大众生活习惯、文化认同感，进而影响其对同城化的认知，从而对城市群同城化产生影响。从社会心理因素来看，对城市环境的要求逐渐提高，环境质量成为居住空间的重要选择因素，从而在通勤方面促使同城化发展。此外，随着教育产业的不断发展，使其在经济活动方式和地域上具有明显的特征，影响城市群同城化进程。

厦漳泉城市群属闽南语的文化经济区，在思想文化上较为相近，社会价值观念较为一致，因此，对于同城化有一定的推动作用。从教育、社会心理因素方面上看，厦漳泉城市群呈现出向城市群内各城市的边缘地区扩展的态势，并逐步有跨行政区发展趋势，显现出同城化的空间结构特征。

5）政策规划

政府以行政力量干预城市群发展，对城市发展进行宏观调控，是城市群同城化的重要影响因素之一。政府主要通过制定产业发展政策引导产业空间布局并协调城市间产业布局的均衡性，以其引导城市群同城化方向；编制相关同城化规划，设定城市群发展规模目标、引导空间布局、协调城市群内各城市发展与布局，从而直接影响城市群同城化。因此，规划调控对于城市群同城化具有较高的导向性，但在转折时期，政府政策的调整会促使规划迅速变更，城市群空间发展随之迅速发展改变，因而具有一定程度的突变性。

在2010年以前，由于城市群整合发展的协调机制缺乏，厦漳泉城市群各城市间基础设施重复建设、产业结构趋于雷同，分工协作现象不明显。但在2010年，厦漳泉城市群同城化战略实施以来，该现象得以明显改善，城市群空间结构得到一定优化，政策规划因素在其过程中扮演重要角色。

综上，厦漳泉城市群同城化受地理环境、经济发展、交通网络、思想文化、政策规划等因素共同影响的，这些因素相辅相成，共同影响着厦漳泉城市群同城化发展。虽然厦漳泉城市群同城化受众多因子影响，但在同城化过程中哪个因子占据主导作用，影响城市群空间重构？同城化实施的背景下，城市群空间应考虑这个主导因子的哪些方面进行重构？因此，本章下面将对此进行探讨。

4.2.2 同城化主导影响因子识别

1）识别方法

本研究以学者认知、政府人员感知等专家意见，即德尔菲法为主要依据来识别主导因子。德尔菲法因简便、直观性强、计算方法简单而广泛应用于各大领域。

本研究选取城市群领域并熟悉厦漳泉的国内外专家学者20位，包括了福建师范大学、集美大学、厦门大学、中国科学院城市环境研究所、华侨大学等院校的学者及福建省人民政府发展研究中心、福建省发展和改革委员会、福建省城乡规划设计研究院、福建省交通厅、厦门市发展和改革委员会、泉州市发展和改革委员会、漳州市发展和改革委员会等政府部门，通过电子邮件、电话及面谈等方式咨询其对于厦漳泉城市群同城化影响因子的意见，并对相关影响因子进行打分。打分是根据评价材料、有关说明在互不协商的情况下进行的。

专家意见表设计见表4-1。

表4-1 同城化主要影响因子专家意见表

指标	同等重要	稍微重要	明显重要	强烈重要	极端重要	介于两者间
标度	1	3	5	7	9	2，4，6，8
地理环境						
经济发展						
交通网络						
思想文化						
政策规划						

通过对指标的重要性进行专家打分，并按式（4-1）计算重要性得分：

$$W_i = \frac{\sum_{j=1}^{n} E_{ij}}{n} \tag{4-1}$$

式中，W_i 为第 i 指标的重要性得分；E_{ij} 为专家 j 对于第 i 指标的重要性打分；n 为专家总数。

2）主导因子

20位专家中有9位认为交通网络是最重要的影响因子，有7位认为政策规划是最重要的影响因子，而仅有4位专家认为经济发展是最重要的影响因子。提出交通网络是最重要影响因子的专家学者认为，交通网络决定了同城化发展的规模，也主导了同城化发展方向，对城市群同城化起到了制约、引导作用，更引导最先实现同城化的热点区域，促进产业、人口重新分布。整体而言，交通网络决定了厦漳泉城市群同城化的深度与广度，同时也是实现同城化的重要保障，因此，交通网络是影响厦漳泉城市群同城化的主导因子。提出政策规划是最重要影响因子的专家学者认为，政策规划从宏观上对城市群同城化进行引导，政府行为、规划计划在很大程度上决定了城市群的发展方向，而同城化也是政府推动的，因此，政策规划是主导因子。而提出经济发展是最重要影响因子的专家学者则认为，没有经济发展到一定程度，城市只能各自为政，难以形成城市群，更不能形成同城化，纵使政策又如何能催动。20位专家学者各自考虑出发点略有不同，但根据20位专家学者的打分，计算得出各影响因子的重要性得分，交通网络因子以7.7分位居第一位，政策规划因子、经济发展因子分别以6.95和6.45的得分居第二位和第三位，而地理环境、思想文化因子则相对靠后。按照专家意见，各相关影响因子的重要性排序如下：交通网络>政策规划>经济发展>地理环境>思想文化。

因此，交通网络是促使厦漳泉城市群同城化的最重要因素，起到了主导作用。随着交通发展，城市群空间结构已开始发生演变，并向同城化演变，若无相应的政策规划，城市群空间结构仍会按照该规律演变，只是时间、速度有所差异。由此，对于政策规划而言，在城市群同城化过程中，其更多的是类似于催化剂，起到的是加速作用，而非主导作用。而经济发展、地理环境及思想文化因子则是城市群同城化的基础，奠定了城市群同城化的方向及速度的基石。

4.3 同城化主导影响因子分析

4.3.1 民众出行方式分析

1）问卷调查

本研究所用问卷主要包括民众出行方式、人口统计特征等内容。问卷的人口统计特征主要包括性别、年龄、文化水平、职业、月收入、现居住地及家庭所在地。在正式调查之前，调查组先对泉州市惠安县进行了小样本试调查，发放问卷80份，回收77份，有效率达96%，进而对量表的信度和效度进行初步检验，剔除了部分较不可靠指标，形成本研究的最终问卷。

调查的对象为厦门、漳州、泉州常住人口，预期设想样本为2000份，研究采取分层随机概率抽样，将厦门、漳州、泉州按县级单位分层，并从中随机抽取个体样本。调查小组于2012年6～10月在厦门、漳州、泉州各个县（市、区）展开调查及访谈，共发放问卷2050份，回收整理有效问卷2010份，有效率达98.05%，其中，男性样本1029份，女性样本981份，以中青年为主(62.84%)。调查样本中，现居住地为厦门、漳州、泉州的样本分别为41.94%、28.36%和29.70%；其家庭所在地为厦门、漳州、泉州的样本分别为32.69%、33.73%和33.58%，其中，离开家庭所在地而至其他地方居住或工作的样本比例为16.12%。

2）问卷信度与效度分析

信度即可靠性，指采用同样的方法对同一对象重复测量时所得结果的一致性程度（汤放华等，2010），并以信度系数表示，其分析的方法主要有重测信度法、复本信度法、折半信度法、Cronbach α 信度法，其中 Cronbach α 信度系数是目前最常用的信度系数（顾朝林，2011）。一般认为，量表的信度系数0.65～0.70为最小可接受值，在0.8以上则该量表的信度相当好（诸大建和王世营，2011）。利用 SPSS 17.0 中 Scale 模块的可靠性分析功能考察意愿项，量表的总体 Cronbach α 系数为0.910，经济社会期待、资源环境认知及风俗文化认可三个维度分量表的 Cronbach α 系数分别为0.873、0.831、0.862，均在0.8以上，因而量表具有较好的信度。

效度指是指人们希望测定的东西与实际测定之间的相关性（汤放华等，2010），主要考察问卷的结构效度（诸大建和王世营，2011），量表的结构效度可通过因子分析进行测量，经检验，量表的总体 KMO 统计量为0.931，三个维度分量表 KMO 统计量分别为0.885、0.901、0.824，球形 Bartlett 检验发现变量间在0.01显著性水平下显著相关，因而量表具有较好的结构效度。

3）出行方式

本研究用来测量民众出行方式的问题如“正常情况下，您到火车站/汽车站的交通工具”，答案包括私家车、公交车、出租车、摩托车或电动车、人力三轮车、步行；“正常情况下，您外出到厦/漳/泉的交通工具”、“五年前，您外出到厦/漳/泉的交通工具”，答案包括私家车、客运汽车、动车、火车、公交车、摩托车。

厦漳泉城市群民众外出时选择的交通工具倾向见表4-2。厦门市受访民众到火车站/汽车站的交通工具均优先考虑公交车，其比例均超过60%，远高于其他交通工具的选择比例；其次是私家车，选择出租车出行的民众相对较少。漳州市民众到火车站与到汽车站的交通工具差异较大，在选择到火车站的交通工具中，61.3%的受访民众选择出租车，选择私家车、公交车作为交通工具的比例几乎持平，在19%左右；而选择到汽车站的交通工具中，仅30.1%的受访民众选择出租车，选择摩托车或电动车作为首选交通工具的民众达37.7%。在泉州市的受访民众中，该比例高达41.9%，其次是选择公交车作为到汽车站的交通工具，其比例为32.8%；而作为到火车站的交通工具，泉州市受访民众更倾向于私家车出行，比例高达45.3%，公交车仅32.2%。

表4-2 厦漳泉城市群民众出行交通方式及其比例 （单位:%）

问题（选项）		厦门	漳州	泉州
到火车站的交通工具	私家车	20.1	19.4	45.3
	公交车	61.3	19.3	32.2
	出租车	18.6	61.3	19.2
	摩托车或电动车	0	0	3.3
	人力三轮车	0	0	0
到汽车站的交通工具	私家车	19.6	21.4	14.4
	公交车	63.3	10.3	32.8
	出租车	17.1	30.1	9.7
	摩托车或电动车	0	37.7	41.9
	人力三轮车	0	0.5	1.2
外出到厦/漳/泉的交通工具	私家车	26.1	25.1	14
	客运汽车	34.5	61.1	44.7
	动车	39.4	13.8	41.3
五年前，外出到厦/漳/泉的交通工具	私家车	16.9	17.9	13.4
	客运汽车	83.1	82.1	86.6

研究表明，厦漳泉城市群三市民众在选择到火车站/汽车站的交通工具差异较大，造成该差异主要与其城市内交通网络有关。厦门市汽车站、火车站均位于市区，且公交系统较为发达，特别是快速公交系统，造就厦门市民众出行以公交车为主。而漳州市、泉州市受访民众选择公交车作为首选交通工具的比例较低，甚至是最后考虑的交通工具，则说明了漳州市、泉州市的城内公交系统尚未能满足民众出行需要，其系统有待完善。值得注意的是，漳州市、泉州市受访民众选

择摩托车或电动车作为到汽车站的首选交通工具所占比例均高于其他几种交通工具，并有部分受访民众则是选择人力三轮车，其比例虽小，但不容忽视。分析其原因，一方面是因为汽车站位于市区，民众出行较为方便，因此而选择最为灵活的交通工具；另一方面则说明漳、泉两市的城内交通与大城市相比有待进一步提高，其不仅需要在公交系统进行完善，更需要在摩托车或电动车等交通方式的整治、交通通道方面进行改进，以完善城市交通网络。

4.3.2 小时交流圈

4.3.2.1 划分方法

小时交流圈或称为等时交流圈，由一日交流圈（daily communication area）概念（王德和郭玖玖，2008）演化而来，以城市市区为中心，以公路（包括高速公路、城市快速路、国道、省道、县、乡道）、铁路（包括普通铁路、高速铁路、城际铁路）、航运等为网络，以 1h 为边界的等时缓冲区组成的区域（陆敏和张述林，2008；黄翌等，2013）。小时交流圈是伴随着城市交通系统的快速发展及人员出行的需求而产生的，并逐渐成为区域经济发展和城市集聚的重要方式（Miller and Wu，2000）。小时交流圈缩短了城市内部以及城际间的时空距离，是城市经济区形成等研究的重要依据（Wang et al.，2014），同时促使企业交流、人员通勤愈加便利，从而获得经济社会效益。此外，小时交流圈也是 1h 都市圈、1h 经济圈、1h 生活圈等概念的交通基础（Radke and Mu，2000），有学者提出，只有在具备 1h 通勤的情况下，圈内的生产、生活、经济交往才能成为可能（Li and Shum，2001）。因此，随着日益增长的交通需求，小时交流圈成为研究聚焦点（尚正永，白永平，2007；王伟和方朝阳，2012），并集中在小时交流圈的内部特征研究以及圈层划定的研究中。例如，陆敏等从小时交流圈概念出发，研究了重庆市 1h 交流圈特征并研究其旅游发展战略（陆敏和张述林，2008）；而在小时交流圈划定研究中，中国学者多以经济距离（尚正永，白永平，2007；吴新文和罗阳辉，2012）及通勤距离（解利剑，2009；李平，2010）进行划定。

尽管学者已经探讨了小时交流圈的各种划定方法，但其均以城市为一整体，并未考虑到人员出行时在城市内的交通辅助时间，如 Benenson 等（2011）认为城市旅行要有详细的交通时间说明，并提出充足的交通时间是非常必要的。虽然有相关文献分析了影响人员的出行时间，如 Mogridge（1986）对巴黎和伦敦交通的研究表明，交通时间受人口分布、日常生活行为、职业结构、收入、汽车所有权、公共交通系统、道路网络、出行特征及出行方式影响；Dijst 和 Vidakovic

(2000) 则引入交通时间比的概念来诠释交通时间和延迟时间的关系；Olaru 和 Smith (2005) 提出交通延迟或提前会改变行程，并用模糊逻辑法则来解释交通时间可变性的影响；Feng 等 (2013) 从不同的个人因素方面论述了影响交通时间的特征。但这些研究主要围绕交通延迟、换乘、公共交通网络等的某一个方面进行考量，考虑因素较少，没有综合考虑出行实际需要等待时间，即我们所提到的交通辅助时间。本研究中的交通辅助时间指人员出行时需要提前准备的时间，包括了交通延迟、换乘时间及其他准备时间等，直接反映了城市内部交通系统的有效性。由于交通辅助时间包含的要素较多，且受多种因素影响，不但受出行人员的职业 (Cao et al., 2009)、经济条件 (Wei and Kong, 2013)、选择交通方式 (Tyrinopoulos and Antoniou, 2013) 的偏好等因素的影响，更受一些不可抗拒因素的影响，如交通拥堵 (Ye et al., 2013)、交通延迟 (Kang and Sun, 2013)、公共交通工具的便利性、天气等因素的影响，致使交通辅助时间难以定量确定。然而，鉴于城际快速交通系统的发展，人们对于时效性的理解更加透彻，对于交通诉求愈加强烈，对于在实际的 1 小时内能够出行的范围愈加强调，致使交通辅助时间成为小时交流圈研究极为关键的组成部分。鉴于此，本研究拟应用凸壳理论划定理论小时交流圈，进而根据交通辅助时间修正理论小时交流圈，从而生成实际小时交流圈，以此分析交通网络因子对厦漳泉城市群同城化的影响。

1) 1h 边界点集确定

以 2012 年为基准年，将研究区域内各城市的主要站点（含铁路、汽车站点）抽象为空间节点并假定这些地域单元不随时间而变化，民众在厦漳泉城市群范围内的出行以节点为起点，共得到节点 7 个。按照《中华人民共和国行业标准：公路路线设计规范 (JTG D 20—2006)》，结合不同时期厦漳泉城市群实际情况，设定了各时间断面各类道路平均行驶速度；根据厦漳泉城市群境内铁路的设计时速和实际运行情况，确定了每条铁路的行驶速度（表 4-3）。

表 4-3 厦漳泉城市群陆路交通网的构成与速度 （单位：km/h）

时间断面	福厦铁路	龙厦铁路	鹰厦铁路	漳泉肖铁路	高速公路	国道	省道	县道	默认
1991 年	—	—	80	—	—	80	60	40	20
2013 年	200	200	80	70	120	100	80	60	20

资料来源：《中华人民共和国行业标准：公路路线设计规范》(JTG D 20—2006)

本研究选择铁路、高速公路、国道、省道及普通公路作为交通方式，而排除水运与航空交通，主要原因如下：与公路、铁路相比，水运速度慢、客流量低，在城际客运量中占极低的比例（黄翌等，2013）；而机场一般距离市区较远，且需办理登机手续，消耗时间一般大于2h（赵桂红等，2008）。

按照黄翌等（2013）提出的公路网络等时圈扩散算法，即从一个或多个起点开始，分别按照不同道路类型以不同的速度进行蔓延，如遇交点，则从交点处沿着各条道路方向以不同的速度继续蔓延，直至蔓延时间为1h为止。而对于高铁等轨道交通，考虑到其仅在停靠站才可进行换乘，因此我们以中国铁路客户服务中心网站提供的旅客列车时刻表为准，分别获取从各个节点出发，1h内能够到达的节点作为铁路1h交流圈边界点。

按照上述方面，我们以各节点为出发点，按照设定的交通网时速分别确定各城市的理论1h交流圈边界点集，形成厦漳泉城市群的1h点集。

2）理论小时交流圈划定

以往研究表明，以点构面较为常用的有插值法、格网法及凸壳法。插值法利用已知样本点的时间属性推断出未知点的值，进而生成等时圈，是研究空间分级统计数据的较好工具，但有可能造成回路湮灭等拓扑错误（祝诗蓓和程琳，2011）。而格网法则需对每个格网进行赋值，格网的大小直接影响其精度，致使以点构面出现问题（蒋海兵等，2010）。因此，我们采用凸壳法构建厦漳泉城市群理论小时交流圈。

凸壳（convex hull）也称最小凸包，是包含集合中所有对象的最小凸集，是构造其他几何形体的有效工具（章孝灿和戴企成，2002；陈志强等，2011）。其中，点集凸壳是最基础的问题，面集和线集的凸壳问题都可以转换为点集的凸壳问题（樊广佺等，2008；程三友和李英杰，2009）。对点集P而言，其凸壳P_C是包含P的最小凸多边形（刘纪远等，2003），因此，可认为点集凸壳是表达空间目标分布特征的好工具（毋河海，1997）。同时，刘纪远等（2003）认为在实际中可以理解凸壳是城市区域或城市潜在的控制区域，因此，本研究在理论小时交流点集的基础上，结合凸壳理论，识别小时交流圈扩展类型，探讨厦漳泉城市群小时交流圈的潜在影响区域。

以各节点为出发点，按照设定的交通网时速分别确定各城市不同时间断面的理论1h点集，形成厦漳泉城市群的1h点集，进而基于ArcGIS10.1平台，按照凸壳的算法及程序，构建厦漳泉城市群不同时间断面的凸壳。

3）实际小时交流圈划定

鉴于交通辅助时间包括了交通延迟、换乘等待及其他准备时间等，所受的影响因素较多，对比于交通网时速，其较为主观，且不易量化，因此，本研究以民众需要提前准备到火车站/汽车站的平均时间作为民众交通辅助时间，并以问卷调查、访谈形式获取该数据。本研究用来测量民众对于交通辅助时间的问题（如“正常情况下，您外出时，需要提前多久到火车站/汽车站?）答案采用开放式方式进行设置，让民众分别填写到火车站/汽车站时间；同时为准确反映民众出行交通方式，问卷调查中设置如下问题：“正常情况下，您到火车站/汽车站的交通工具”，答案包括私家车、公交车、出租车、摩托车或电动车、人力三轮车、步行；“正常情况下，您外出到厦/漳/泉的交通工具”，答案包括私家车、客运汽车、动车、火车、公交车、摩托车。

在问卷的基础上，我们分类统计出民众利用不同类型交通工具到火车站/汽车站的时间，计算其平均值，并取其平均值作为各市民众选择动车/汽车的交通辅助时间；同时，统计民众出行的交通方式的比例，并作为1h交流圈的修正权重；继而利用交通辅助时间、修正权重对理论1h交流圈进行修正，即在包含了交通辅助时间内的1h内得出民众出行的实际距离，得出实际小时交流圈。

4.3.2.2 理论小时交流圈

1）厦漳泉城市群现状理论小时交流圈分析

按照前面所述的划分方法，本研究首先确定了厦漳泉城市群理论小时交流圈边界点集（图4-1）。

厦漳泉城市群理论1h交流圈范围如图4-2所示。厦门、漳州、泉州理论1h交流圈可达面积分别为15 473.3 km^2、16 356.7 km^2、19 276.9 km^2，均超过本市域范围，同时处于厦漳泉城市群理论1h交流圈覆盖范围的区域包括了厦门市域，漳州的长泰、龙文、芗城及龙海的部分区域，泉州市的南安、晋江、鲤城及丰泽部分区域，面积为5273.4 km^2。厦漳泉城市群理论1h交流圈均借助于福厦铁路、龙厦铁路、厦深铁路延伸。厦漳泉城市群各中心城市成为交通轴线交汇点，各交通线路成为路网的轴线。

2）厦漳泉理论小时交流圈演变分析

1991年，厦漳泉城市群尚未建成高速公路，国道、省道是其交通主要干线，根据

1991 年交通网及其速度划分出如图 4-3 所示的小时交流圈。1991 年，厦门、漳州、泉州三市的理论小时交流圈面积分别为 1580. 1 km^2、2179. 5 km^2、2654. 7 km^2，仅为 2012 年的 10. 2%、13. 3%、13. 8%。在形态上，与 2012 年相比，理论 1h 交流圈均沿高等级公路延伸，形态较为相似；而理论 0. 5h 交流圈仅厦门及漳州因鹰厦铁路而存在部分交集，证明三市交流较少。

1991 ~ 2012 年，厦漳泉城市群理论小时交流圈东北边缘延伸幅度远高于其他边缘，这主要得益于福厦铁路，说明福厦铁路在厦漳泉城市群同城化中扮演着重要角色；同时，西北边缘延伸幅度较大，厦漳泉城市群交流由市辖区扩大至县、市，同城化区域范围逐渐明朗。但由于受海域及历史因素阻隔，1991 ~ 2012 年，厦漳泉城市群理论小时交流圈向东南向延伸缓慢，金门县尽管隶属泉州市，濒临厦门市，但厦漳泉城市群理论小时交流圈未能覆盖。

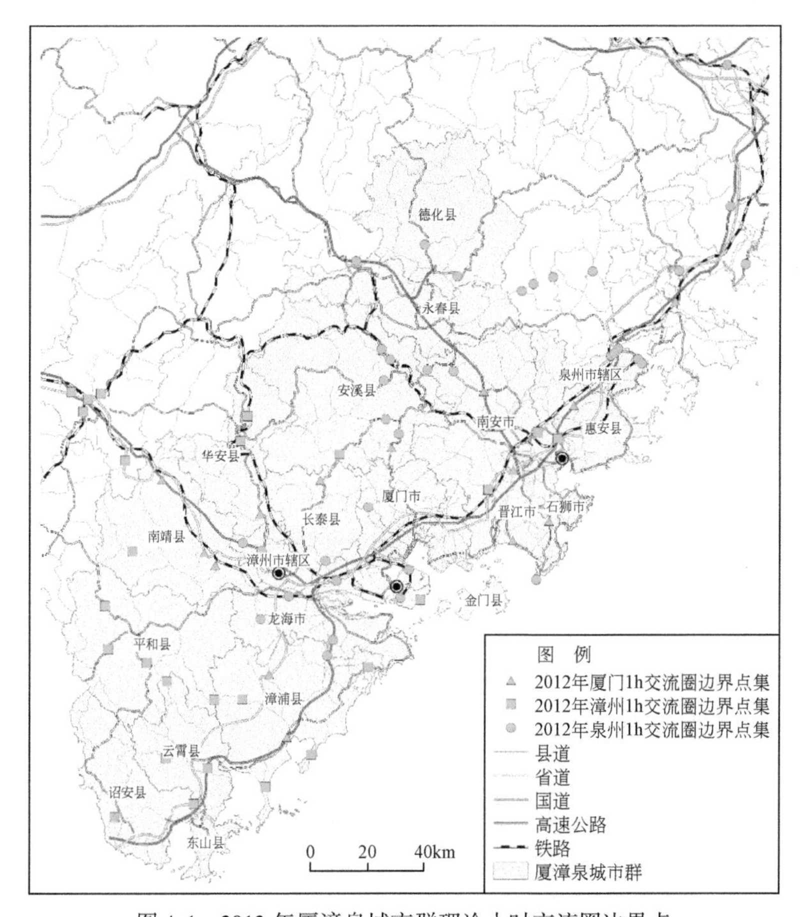

图 4-1 2012 年厦漳泉城市群理论小时交流圈边界点

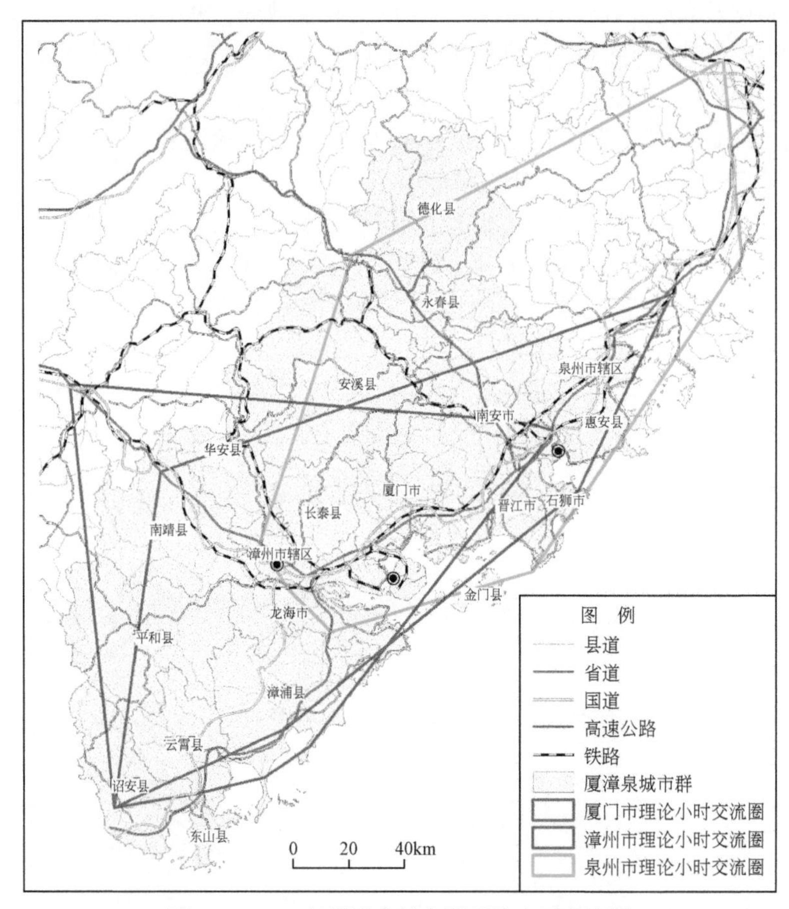

图 4-2 2012 年厦漳泉城市群理论小时交流圈

3）厦漳泉理论小时交流圈扩展类型分析

刘纪远等（2003）认为扩展用地位于城市用地轮廓凸壳的内部则属于填充型，反之属于外延型。借用其概念，我们认为，填充类型的小时交流圈主要位于小时交流圈轮廓凸壳内部，而如果位于凸壳外部则属于外延类型。从图 4-2 和图 4-3 可以看出，厦漳泉城市群理论小时交流圈以外延类型为主，且主要沿高等级交通网外延，说明厦漳泉城市群城际交通发达，沿着交通干线交流频繁，同城现象得以加强。随着交通网的不断完善，理论小时交流圈不断的沿交通线往外围延伸，城际间的交流则愈加便利，同城范围愈会随之扩大，此时凸壳内范围地区则首先成为同城的潜在区域。如，1991 年 1h 凸壳是现今厦漳泉城市群同城化的主

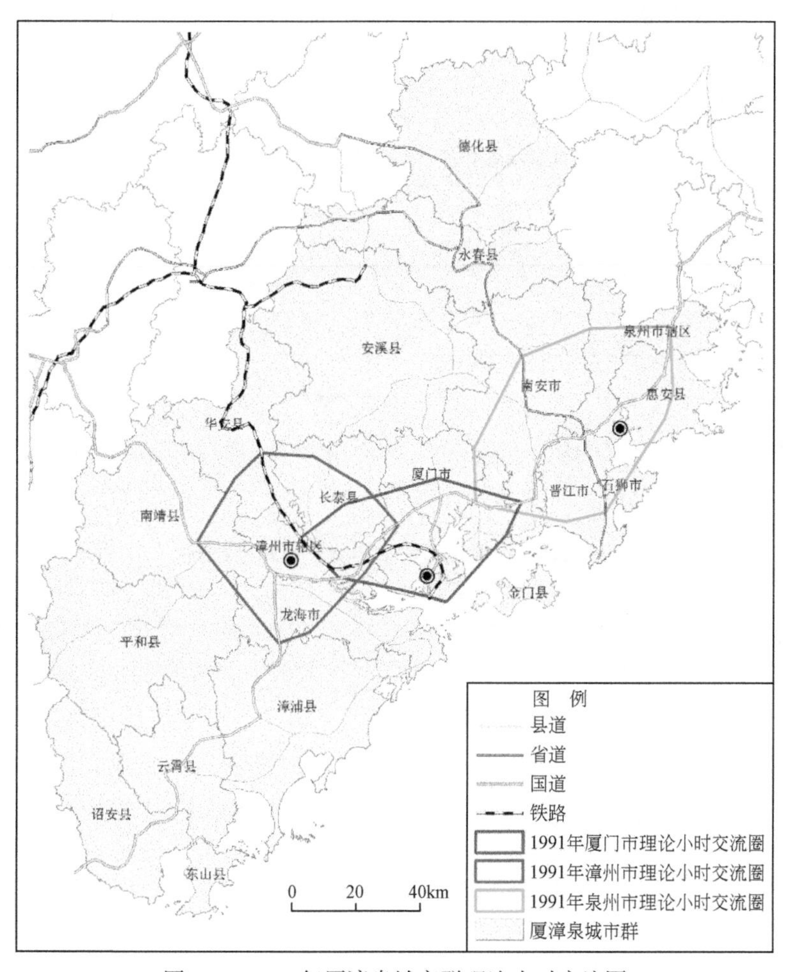

图 4-3　1991 年厦漳泉城市群理论小时交流圈

体部分，而 2012 年 1h 凸壳不仅覆盖了厦漳泉城市群三市市域，符合其同城化规划（Yang et al.，2014），同时涵盖了龙岩市，其与经福建省人民政府批复的《龙岩市城市总体规划（2011—2030）》提出的“争取融入厦漳泉大都市区发展”相一致，并诠释了厦漳泉城市群空间结构演进方向。

4.3.2.3　实际小时交流圈

1）交通辅助时间

针对“正常情况下，您外出时，需要提前多久到火车站/汽车站?”这一问题，本研究根据受访者所做的回答，统计出厦漳泉城市群民众利用不同交通工具提前到火车站/汽车站的平均时间，作为厦漳泉城市群民众不同出行方式的等待时间（表4-4）。

表4-4 厦漳泉城市群民众不同出行方式的等待时间 （单位：分钟）

城市	到火车站的等待时间				到汽车站的等待时间				
	私家车	公交车	出租车	摩托车	私家车	公交车	出租车	摩托车	人力三轮车
厦门	40	100	45	0	40	60	45	0	0
漳州	50	95	55	0	35	65	40	35	45
泉州	40	90	55	50	25	65	30	30	40

依据出行方式选择的比例及不同出行方式的等待时间，我们进行加权平均，计算出厦漳泉城市群民众的交通辅助时间（表4-5）。

表4-5 厦漳泉城市群民众交通辅助时间 （单位：分钟）

交通方式	厦门	漳州	泉州
到汽车站的交通辅助时间	31.4	39.1	37.6
到火车站的交通辅助时间	53.2	60.8	57.7

从整体上看，因铁路服务的特殊性（开车前5分钟停止检票）及火车站距离中心城区较远的缘故，民众到火车站的交通辅助时间均在60分钟左右，比到汽车站的交通辅助时间多20分钟左右。因此，虽然铁路可以提供更远距离、更舒适的出行服务，但其交通辅助时间已达到1h，致使三市民众在外出到漳/泉时并不是以动车为主，选择比例均低于客运汽车（表4-2）；在漳州，该比例差距最为突出。从地域上看，厦门民众的交通辅助时间最短，其中，到汽车站的交通辅助时间仅为31.4分钟，其次为泉州市，漳州市的交通辅助时间均最长，其到火车站的交通辅助时间更是大于60分钟；同时我们也注意到，漳州超过60%的民众在外出到厦/泉时选择通过客运汽车出行，这主要是与其交通辅助时间相关，民众出行往往选择最佳的出行方式。三市间交通辅助时间差异的存在主要与其城市内交通网络如公共交通体系、道路交通系统有关。

2）厦漳泉实际小时交流圈分析

根据厦漳泉城市群民众的交通辅助时间的相关问卷调查，本研究利用各交通方式的交通辅助时间及修正权重修正理论1h交流圈（图4-4）。

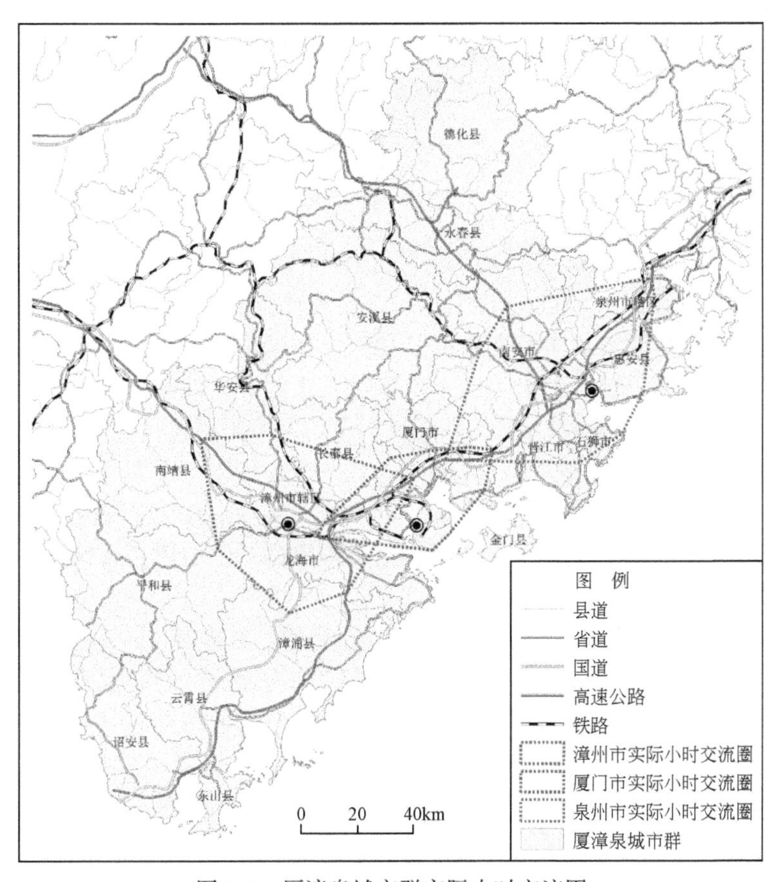

图 4-4 厦漳泉城市群实际小时交流圈

受九龙江和海域的阻隔，厦门市实际 1h 交流圈主要借助于沈海高速、夏蓉高速分别向东北和西南两个方向延伸，覆盖了思明区、湖里区全境以及翔安区、同安区、集美区、海沧区的部分地区，总面积为 1284. 4 km^2。其中北端最远到同安区，西端最远接近漳州龙文区，东段最远到翔安区；主体部分仍局限在厦门岛内。漳州实际小时交流圈覆盖了漳州市的芗城、龙文、龙海、南靖、长泰及厦门市的集美区、海沧区部分区域，总面积为 2786. 5 km^2。与厦门市的沿海区位略微不同，漳州市中心城区较为靠近内陆，实际小时交流圈可以沿各个方向扩展，从形状上看，呈现不规则多边形；从延伸范围看，主要是沿高速公路展开，东段最远接近厦门市集美区，但未到达厦门市中心城区。泉州市实际小时交流圈面积为 3094. 3 km^2，覆盖了丰泽、鲤城全部以及晋江、石狮、南安、洛江、泉港、惠安的大部分地区，仅有小部分覆盖至厦门市的翔安区。泉州市的实际小时交流圈集中于其市域范围内，较少涵盖至其他市域范围。

此外，值得注意的是，厦漳泉城市群实际1h交流圈并未呈现出交叉重叠区域，仅相邻的两市间有所交集，且集中于高等级道路交通线附近区域。因此，高等级道路交通线沿线区域的时空收敛效果最为显著，往往是城市交流、合作的先行区域。

4.3.2.4 理论与实际小时交流圈对比分析

图4-4中显示，厦漳泉城市群实际1h交流圈形状与理论1h交流圈具显著差异，实际1h交流圈虽同样沿交通线延伸，但并未呈“轴-辐”式结构扩散，其以各市交通站点为原点形成团状结构，而在三市的交界处则较为细长，沿交通干线特点延伸显著。与理论1h交流圈相比，厦门、漳州、泉州实际1h交流圈面积大幅度的缩小，缩小幅度分别为91.7%、82.9%、83.9%，覆盖区域主要为各自市域范围。同时，与理论小时交流圈不同的是，实际小时交流圈并未出现被三个圈层同时覆盖的区域，两两间的大范围重叠现象也并未出现，其仅在高等级道路交通线处呈现出向外推移现象。

实际1h交流圈以各自城市内为主要覆盖区域，与理论1h交流圈的跨市域覆盖区域的差异，虽在一定程度上受地理障碍，如海域的影响而阻碍了高等级交通网络的延伸，但主要是受厦漳泉城市群民众出发至交通站点的所需时间影响，即交通辅助时间影响，不管其选择何种交通工具，在城市内均需花费31～61分钟的交通辅助时间，而致使1h交流圈范围大幅度缩小。这种差异说明厦漳泉城市群城际交通较为发达，基本可满足民众出行需求，但其城市内交通系统则有待改善，扩大小时交流圈的关键在于厦漳泉城市群三市完善自身城市内交通系统。

4.3.2.5 小时交流圈与同城化

自1997年厦漳泉城市群第一条高速公路通车以来，厦漳泉城市群高速铁路建设迅速，公路通车里程由1997年的14 328 km增加到2012年的26 887 km，公路路网密度由56.8 km/100 km^{2}增加到106.7 km/100 km^2。理论小时交流圈随之不断扩大，并覆盖至厦漳泉城市群整个范围，因此，政府认为其已经达到同城化的交通基础条件，并开始自上而下的进行同城化。

在我们的问卷调查中，大部分受访民众对这一观点并不支持。我们以“您是否认为厦漳泉交通条件已经达到同城化的基本要求”为基本问题进行访谈，同时也访问其支持与否的原因。表4-6显示了受访民众对于厦漳泉交通条件是否达到同城化的基本要求的感知情况，约有60%的受访民众不支持目前厦漳泉交通条件已经达到同城化的基本要求的观点；访问中，我们也了解到民众不支持的主要原因是认为在市内的交通时间已花费将近 1h，要实现 1h 内进行厦漳泉交流的可能性较低，因此尚未达到同城的交通条件，虽然他们承认城际交通已达到同城化的交通条件（67.73%受访者赞同该观点，表 4-6），但却并不认为城内交通已经达到条件（约 69%），使其足以形成同城化。

表 4-6 厦漳泉同城化民众感知情况 （单位:%）

支持度	交通条件已达到同城化的交通基础	城际交通达到条件	城内交通达到条件
非常支持	8.66	20.50	2.54
支持	20.12	47.23	8.96
一般	12.26	27.06	19.40
不支持	36.57	4.37	35.37
非常不支持	22.39	0.84	33.73

然而，厦漳泉政府为了推进同城化发展，大力建设城际高速交通来支持人员、货流，促使理论小时交流圈不断扩大，但对实际小时交流圈尚未真正认识，对于城市内部公共交通系统发展关注度较低，致使民众交通辅助时间过长，在 1h 内实际所能进行交流的区域范围有限。对此，政府应该更注重城内交通系统发展，缩减民众的时间距离，强化民众关于同城化交通方面的认知。

综上所述，一方面，小时交流圈，特别是实际小时交流圈的扩大，不仅能够促使同城化自上而下地进行，更能缩小民众时间、心理距离，促使同城化可以自下而上地进行反馈，加快厦漳泉城市群同城化进程。另一方面，同城化的实施，亦可促使厦漳泉政府从同城化角度出发，建设城内公交系统，减少民众换乘等交通时间，从而扩大实际小时交流圈，形成正反馈系统，不断促进人员交流、经济发展。

4.3.3 城市群可达性

可达性概念首次于 1959 年在城市规划领域提出，用于研究交互作用潜力，并强调社会公平问题，如城市设施的分布（Hansen，1959；Yang et al.，2014）。可达性包含多个方面，如时间、社会、经济等方面的内涵，而不仅仅涉及空间概念，因而并无单一的、明确的定义（Salze et al.，2011）。可达性与众多概念有关，如活动或供应的接近度、邻近度、空间交互度、交互机会潜力、接触度。这些不同的可达性概念与对交通系统类型和质量的理解，以及某地通过交通系统到达目的地的潜在有效性有关（Lee K and Lee H Y，1998）。可达性测定是评估居住质量（Ibem，2013）、居民健康和福利（Hu et al.，2013）、超市位置（Apparicio et al.，2007）、生活质量（Soleimani et al.，2014）、土地利用格局和交通系统性质（Khisty and Ayvalik，2003），以及服务和设施公平分布的重要工具（Zhang et al.，2011）。对公众政策、城市规划及城市空间结果而言，鉴于可达性揭示了在居住环境中能使用资源及概率结构的信息，因此测定可达性是其关键的问题（Apparicio et al.，2008）。提高居民基础资源可达性如安全饮用水、电力、卫生及社会基础设施的可达性，已被认为是改善人类居住条件、良好卫生条件、优良与体面生活条件的最重要方式之一（Ibem，2013）。因此，全世界不同国家对可达性的认识和研究越来越多（Ibem，2013）。然而，许多关于可达性的研究均是较为关注交通系统的提升，而非交通使用者的感受。目前，越来越多的研究者认识到，仅研究交通系统是不够的，交通使用者的感觉在决定如何提升可达性方面极为重要。

在可达性的确定方法中，多数是基于到资源的距离或交通时间（Apparicio et al.，2008）。世界卫生组织建议采用交通时间而非距离来评估可达性（Munoz and Kallestal，2012）。交通时间，可理解为反映交通系统有效性的一种方法，是一种评估公众交通所花时间的有效的概念，包括从起点到站点的步行时间、等待时间、车辆的行驶时间、旅途延时和转乘时间等。交通时间难以定量化，因其不仅受个人职业（Cao et al.，2009）、经济条件（Wei and Kong，2013）和交通方式偏好（Tyrinopoulos and Antoniou，2013）等影响，而且受不可抗因素，如道路交通堵塞（Ye et al.，2013）、交通延误（Kang and Sun.，2013）及公交系统的便捷性等因素的影响。交通时间满意度，是指交通使用者对交通时间的态度，反映了城内或城际交通系统的有效性，可为相关研究提供新的思路，以解决城市发展的最关键问题。本研究定义可达性为在一定地点采用某种交通系统可到达目的地的活动行为。

1）可达性计算方法

本研究通过问卷调查得到城内和城际交通时间满意度的时间阈值。用于获得信息的问题为“通常情况下，从长途汽车站/火车站出发进行厦漳泉城际交通的非常满意、满意、一般、不满意和非常不满意的时间阈值各是多少”，“通常情况下，坐公交车到长途汽车站/火车站进行厦漳泉城内交通的非常满意、满意、一般、不满意和非常不满意的时间阈值各是多少”，“通常情况下，您坐公交车到长途汽车站/火车站进行厦漳泉城内交通需多长时间”。此外，我们设定了问题如“您认为交通对厦漳泉同城化重要吗”，“您对厦漳泉城际可达性满意吗”，“您对厦漳泉城内可达性满意吗”，来测定对可达性及交通对同城化影响的认知。

我们将问卷所得的城内和城际交通时间阀值，城内交通时间进行平均和整数化后，得到最终厦漳泉城内和城际交通时间满意度的时间阀值（表4-7和表4-8），以及平均城内交通时间（表4-9）。

表4-7 厦漳泉城际交通时间满意度的时间阀值 （单位：分钟）

城市	很满意	满意	一般	不满意	很不满意
厦门市	<30	30～60	60～120	120～150	>150
漳州市中心城区	<45	45～60	60～120	120～150	>150
泉州市中心城区	<45	45～60	60～120	120～150	>150

表4-8 厦漳泉城内交通时间满意度的时间阀值 （单位：分钟）

城市	到汽车站					到火车站				
	很满意	满意	一般	不满意	很不满意	很满意	满意	一般	不满意	很不满意
厦门市	<20	20～30	30～40	40～55	>55	<20	20～30	30～60	60～75	>75
漳州市中心城区	<20	20～30	30～40	40～65	>65	<20	20～30	30～60	60～75	>75
泉州市中心城区	<20	20～30	30～40	40～60	>60	<20	20～30	30～60	60～75	>75

表4-9 厦漳泉平均城内交通时间 （单位：分钟）

城市	到汽车站	到火车站
厦门市	60	100
漳州市中心城区	65	95
泉州市中心城区	65	90

根据上述方法，确定厦漳泉城市群不同城际交通时间满意度时间阀值的点集，进而采用凸壳方法，划分基于交通时间满意度的城际可达性圈层。同时，采用百度地图确定厦漳泉城市群三市内交通时间，市内交通方式仅考虑公共汽车。在百度地图中，选择公交选项，以长途汽车/火车站为终点，任意一点为起点，可以确定乘坐公共交通工具从起点到终点的交通时间。百度地图中交通时间包括步行时间和乘车时间。我们共选择了8795个点，其均匀分布在厦门市、漳州市中心城区及泉州市中心城区。根据城内交通时间满意度时间阀值，划分出基于交通时间满意度的城内可达性圈层。

2）基于交通时间满意度的厦漳泉城际可达性

厦漳泉城市群的很满意城际可达性的面积为19 467.37km^2，以沈海高速、福厦高速铁路、龙厦高速铁路和厦深高速铁路为支撑。厦门市的很满意城际可达性面积为6021.03km²，呈纺锤形延伸至北东和南西，覆盖了厦门市中心城区、长泰及漳州市中心城区、南靖、华安、泉州市中心城区、南安、安溪的部分范围。漳州市的很满意城际可达性面积为6896.11km²，呈不规则多边形沿高速公路延伸，覆盖了漳州市中心城区、长泰、厦门市及漳浦、平和、南靖、华安、泉州中心城区、南安的部分范围。与厦门市和漳州市相比，泉州市的城际很满意可达性面积6550.23 km²，覆盖了泉州市中心城区、石狮大部分范围、南安、泉港、惠安、安溪、厦门市、漳州市中心城区及长泰的部分范围。厦漳泉城市群的满意城际可达性的面积为48 107.32km²，以沈海高速、厦蓉高速及福厦高速铁路为支撑，铁路和其他路网分别构成交通的主干和支干，呈现树枝状扩展。厦漳泉三市的满意城际可达性面积分别为15 473.31km²（厦）、16 417.19km²（漳）和16 216.829km²（泉），均远超出各自区域范围。厦门市的满意城际可达性范围北至洛江，南至诏安，西至平和，东至惠安。漳州市的满意城际可达性范围包括了漳州市的中心城区、长泰、华安、南靖、平和、诏安、云霄、漳浦及厦门市中心城区、泉州市中心城区部分范围。泉州市的满意城际可达性包括了泉州市中心城区、石狮、南安、惠安、泉港和德化、永春、安溪的大部分，以及厦门市和漳州市中心城区（图4-5）。从图中我们可以看出厦漳泉城市群的满意城际可达性范围与理论小时交流圈范围较为一致。

3）基于交通时间满意度的厦漳泉城内可达性

厦门市受访者平均花费60分钟到达汽车站，100分钟到达火车站；漳州市受访者分别花费65分钟和95分钟；在泉州时间分别是65分钟和90分钟(表4-9)。受访者到长途汽车站/火车站花费的时间都落在了不满意,甚至很不满意的时间阈值里面（表4-8）。厦漳泉城内可达性中，很满意、满意、一般、不满意和很不满意的面积分别为17.91 km²、45.58 km²、112.76 km²、212.20 km²和4179.46 km²，面积比例分别为0.39%、1.00%、2.47%、4.65%和91.50%。厦漳泉城内可达性都沿城内主干道呈类同心圆状扩展。厦漳泉三市很满意和满意城内可达性面积分别为24.9 km²、14.4km²、24.2km²，仅分别占1.6%、0.9%和1.7%，主要分布在长途汽车站/火车站附近；一般满意城内可达性面积分别占5.1%、2.3%、4.3%，主要是交通网络较为密集的区域，环绕在满意城内可达性外围；不满意城内可达性面积分别占6%、5.6%、1.9%；很不满意城内可达性范围远大于其他可达性范围，均达到87%以上，广泛分布在郊区，覆盖了厦漳泉城市群大部分区域。厦漳泉城市群均表现出满意及非常满意城内可达性的范围小，很不满意城内可达性占据主导地位，但三市仍有所区别。三个市中，厦门

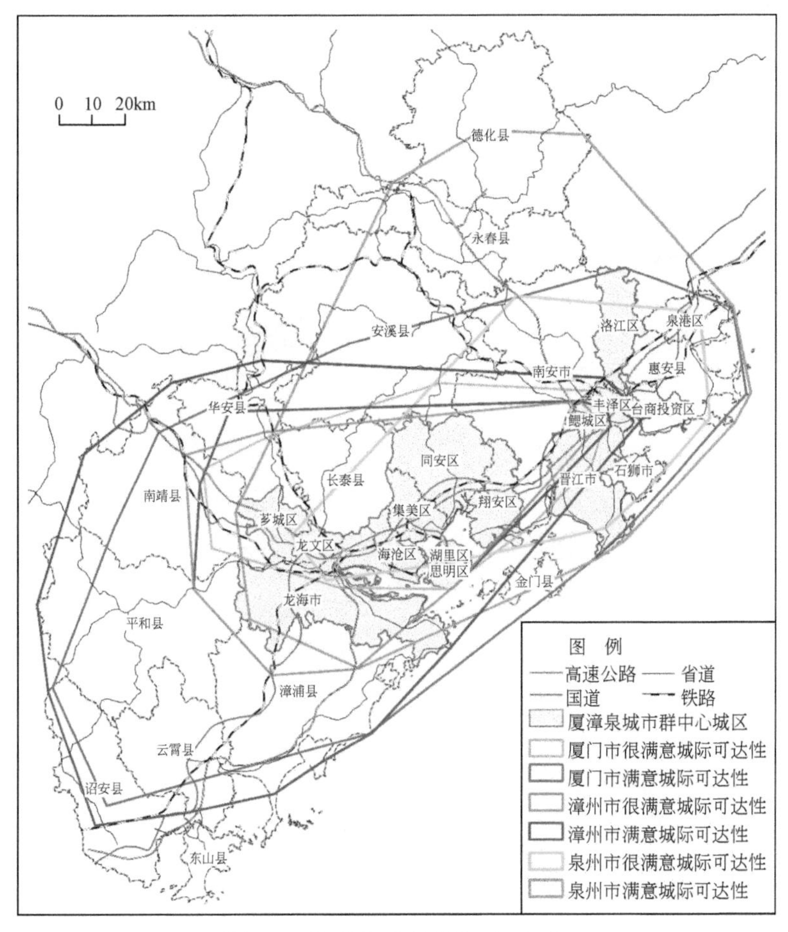

图 4-5 厦漳泉城市群城际可达性

市的一般满意城内可达性范围最大，很不满意城内可达性的范围最小；漳州市满意城内可达性范围最小；由于受山体阻碍，泉州市城内可达性沿主干道扩展的情形更加明显，导致与其他两个城市相比，一般满意与不满意城内可达性范较小，满意、很不满意城内可达性较大（图 4-6）。

4）民众对厦漳泉同城化可达性的满意度

在关于民众对厦漳泉城市群同城化交通条件的认知调查时，本研究发现，50% 以上受访者认为交通对同城化很重要，35. 62% 的民众认为交通对同城化重要（表 4-10），这说明厦漳泉城市群同城化的关键在于交通。针对“您对厦漳泉目前城际可达性满意吗”这一问题，68. 88% 受访者对城际可达性表示满意或很

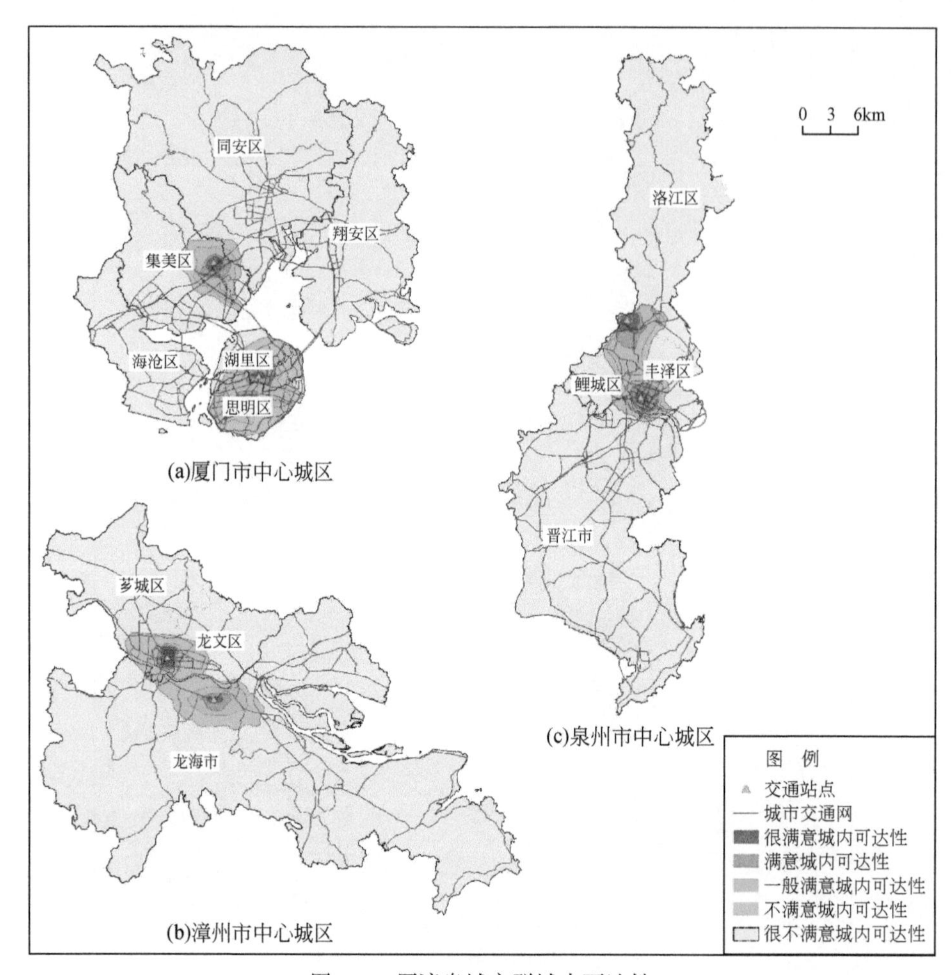

图 4-6 厦漳泉城市群城内可达性

满意，仅约 6% 的受访者对城际可达性不满意，表明城际可达性达到了民众交通满意范畴。相比于城际可达性，城内可达性满意度有很大不同：69.51% 的受访者对城内可达性很不满意或不满意，一般满意的占 18.54%，而满意的仅为 11.95%，说明城内交通不能满足多数人的需求，这与前面得出的很满意和满意城内可达性范围较小的结果相一致（表 4-11）。对其原因进行调查，我们发现，受访者认为他们在城内花费的时间远超出他们的满意时间。

表 4-10 对交通在厦漳泉同城化重要性的认识 （单位：%）

最重要	重要	一般	不重要	非常不重要
51.29	35.62	12.79	0.30	0

表 4-11 对厦漳泉城际可达性和城内可达性的满意度 （单位：%）

满意度	城际可达性	城内可达性
很满意	19.76	2.19
满意	49.12	9.76
一般	25.09	18.54
不满意	5.27	38.26
很不满意	0.76	31.25

综上，交通网络因子不仅从厦漳泉城市群的范围、扩展方向影响着城市群同城化，也从民众交通时间满意度的感知，特别是对城市内部的感知等方面影响着城市群同城化。

4.4 厦漳泉城市群同城化民众意愿

4.4.1 量表设计

本研究所用问卷主要包括同城化意愿测量量表、人口统计特征等内容。从本研究文献回顾部分可以看出，国内外没有关于同城化、城市一体化意愿测量的量表，因此，我们从国内外有关归属感、满意度等成熟量表中挑选出符合测量同城化意愿的题项，结合研究区实际情况及研究需要，设计了同城化意愿模型（图4-7），进而征求专家的修改意见，形成本研究的初始量表。同城化意愿测量量表采用5分制的李克特量表，以“1”表示“强烈反对”，“2”表示“反对”，“3”表示“中立”，“4”表示“同意”，“5”表示“完全同意”。问卷的人口统计特征主要包括：性别、年龄、文化水平、职业、月收入、现居住地以及家庭所在地。在正式调查之前，本研究先对泉州市惠安县进行了小样本试调查，发放问卷80份，回收77份，有效率达96%，进而对量表的信度和效度进行初步检验，剔除了部分较不可靠指标，形成本研究的最终问卷。

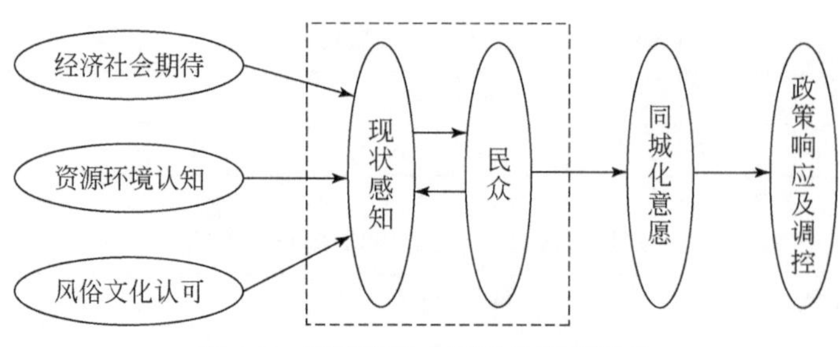

图 4-7 厦漳泉民众同城化意愿模型

4.4.2 同城化意愿分析

1）整体分布情况

本研究中用来测量民众对于同城化意愿的问题是“您是否支持厦漳泉同城化”，答案按照5分制的李克特量表进行设置，分为“非常支持”、“支持”、“无所谓”、“不支持”、“非常不支持”五个选项。一般而言，刻度为1~5的李克特量表得分均值在1~2.4表示反对，2.5~3.4表示中立，3.5~5表示赞同，量表的均值为3.73，总体上民众比较支持厦漳泉同城化，而表4-12显示了厦漳泉民众同城化意愿的具体分布情况，可以发现尽管超过60%的调查样本选择“支持”或“非常支持”，仍然有相当部分的调查样本持无所谓甚至反对态度。可见从总体上看，当前厦漳泉民众在对于同城化意愿上存在多样化的选择，他们对于同城化有所支持，但意愿并不十分强烈。

表 4-12 厦漳泉同城化意愿情况

支持度	频数	百分比/%
非常支持	576	28.66
支持	651	32.38
无所谓	498	24.78
不支持	237	11.79
非常不支持	48	2.39

2）不同社会群体对同城化意愿的描述性分析

样本的整体特性从宏观层面反映了社会对于某一现象的意愿，但并不能反映不同社会群体的不同需求。民众因年龄、居住地及职业等自身生活经历的不同，对某一现象的意愿往往表现出较大的不同。

表4-13展示了不同社会群体与同城化意愿间的相互关系。从表4-13中可以发现，除了性别sig值大于0.05外，其他因素是sig值均小于0.01，通过显著性检验。这表明，在不同年龄、职业类型、月均收入、现居住地以及家庭所在地的民众间，其同城化意愿存在显著的差异。

表4-13 不同社会群体同城化意愿的差异 （单位:%）

项目		非常不支持	不支持	无所谓	支持	非常支持	卡方值	sig值
性别	男	0.90	5.07	12.54	17.91	14.78	4.80	0.3083
	女	1.49	6.72	12.24	14.47	13.88		
年龄	<18岁	0.15	0.45	4.03	2.54	4.03	56.34	0.0000
	18~34岁	1.79	6.12	14.93	22.98	17.02		
	35~60岁	0.45	3.88	5.22	6.87	7.16		
	>60岁	0.00	1.34	0.60	0.00	0.45		
职业	学生	0.75	1.49	6.12	5.52	5.67	105.17	0.0000
	工人	0.45	2.84	3.73	3.13	1.79		
	商人	0.15	0.30	2.24	2.24	1.94		
	农民	0.15	0.60	1.19	1.19	1.49		
	公务员	0.14	1.19	1.04	1.79	1.50		
	企业人员	0.30	2.09	8.51	15.07	11.49		
	服务性人员	0.30	1.34	0.30	0.45	2.24		
	自由职业	0.15	0.75	0.75	2.99	2.24		
	退休人员	0.00	1.19	0.90	0.00	0.30		
月收入	< 2000元	0.60	1.04	3.73	4.78	3.28	48.67	0.0003
	2000~4000元	0.74	3.74	11.35	15.37	13.28		
	4000~6000元	0.00	3.43	2.09	5.22	3.89		
	>6000元	0.30	2.09	1.49	1.49	2.54		
	无收入	0.75	1.49	6.12	5.52	5.67		
现居住地	厦门	1.79	8.81	9.40	10.45	11.49	59.80	0.0000
	漳州	0.15	0.89	8.07	9.39	9.86		
	泉州	0.45	2.09	7.31	12.54	7.31		

续表

项目		非常不支持	不支持	无所谓	支持	非常支持	卡方值	sig 值
家庭所在地	厦门	1.49	8.66	8.06	7.16	7.31	92.70	0.0000
	漳州	0.15	1.04	9.40	10.90	12.24		
	泉州	0.75	2.09	7.31	14.33	9.11		

由于性别跟同城化意愿不具显著性相关，因此我们将除性别外的各个因素进行了交叉分析（表4-14），以探寻不同社会群体内部对于同城化意愿的差异。不同年龄的人群对于同城化的感受不同，随着年龄的增加，民众对于地方感愈加强烈，对于年龄大于60岁的被调查者而言，其受一定的地方保护主义影响，认为同城化会削弱甚至剥夺其所在地应有的资源或福利，存在较强的地方保护主义，不支持率（为方便统计，将非常不支持及不支持全部纳为不支持，支持率则为非常支持与支持的总计）达56.25%，支持率仅为18.75%，而18～34岁群体的支持率则达到63.66%，在同城化意愿、区域认同及归属感上呈现出显著的年轻化。

表4-14　不同社会群体内部同城化意愿的差异　　（单位:%）

项目		非常不支持	不支持	无所谓	支持	非常支持
年龄	<18岁	1.33	4.00	36.00	22.67	36.00
	18～34岁	2.85	9.74	23.75	36.58	27.08
	35～60岁	1.90	16.46	22.15	29.11	30.38
	>60岁	0.00	56.25	25.00	0.00	18.75
职业	学生	3.82	7.63	31.30	28.24	29.01
	工人	3.75	23.75	31.25	26.25	15.00
	商人	2.17	4.35	32.61	32.61	28.26
	农民	3.22	12.90	25.81	25.81	32.26
	公务员	2.63	21.05	18.42	31.58	26.32
	企业人员	0.79	5.58	22.71	40.24	30.68
	服务性人员	6.45	29.03	6.45	9.68	48.39
	自由职业	2.17	10.87	10.87	43.48	32.61
	退休	0.00	50.00	37.50	0.00	12.50

续表

项目		非常不支持	不支持	无所谓	支持	非常支持
月收入	< 2000 元	4.44	7.78	27.78	35.56	24.44
	2000 ~ 4000 元	1.68	8.39	25.50	34.56	29.87
	4000 ~ 6000 元	0.00	23.47	14.29	35.71	26.53
	>6000 元	3.77	26.42	18.87	18.87	32.07
	无收入	3.82	7.63	31.30	28.24	29.01
现居住地	厦门	4.27	21.00	22.42	24.91	27.40
	漳州	0.53	3.16	28.42	33.16	34.73
	泉州	1.51	7.04	24.62	42.21	24.62
家庭所在地	厦门	4.57	26.48	24.66	21.92	22.37
	漳州	0.44	3.10	27.88	32.30	36.28
	泉州	2.22	6.22	21.78	42.67	27.11

从事不同行业的民众在同城化意愿同样有所差异。退休人员的支持率仅为12.5%，检验了年龄越大越存在较强的地方感的结论；其余各个行业均以支持同城化的民众为主体，并以自由职业及企业人员为典型，通常其由于工作缘故，活动空间较大，对于城市的认识更加全面，追求生活方式的便捷，对当今世界发展趋势及政府行为的适应能力和处理能力都较高，因此也更容易接受同城，产生区域认同及较强的归属感，展示出白领化。

收入与同城化支持率呈抛物线相关，为倒“U”形形态，以中等收入民众为主要的支持群体，而高收入者表现出明显的不支持。

部分调查样本由于工作或其他原因而离开原家庭所在地前往另一地区，因此现居住地数据并不能准确地反映厦、漳、泉三地民众的同城化意愿，而家庭所在地数据更精确地反映了厦、漳、泉三地民众的反映，故本研究采用此数据进行分析。由表4-14可以清楚的得出，厦门民众对于同城化的支持率仅为44.29%，不支持率高达31.05%，而泉州、漳州的不支持率均低于10%，具有显著的差异。厦门民众如此高的不支持率是担忧资源外泄抑或是经济社会的期待不高，这值得进一步探讨。

4.4.3 影响民众意愿的因子分析

如上述分析，不同社会群体对于同城化意愿的差异较大，那么，是何种因素引起民众对于同城化存在较大差别的意愿？本研究从经济社会期待、资源环境认知以及风俗文化认可等同城化重点领域进行调查和分析。

1）整体分析

经济社会期待维度从收入、购物、旅游、社会保障等方面设置了包括“是否认为同城化可以促进地区发展”等问题；资源环境认知维度从基础设施环境、资源利用以及环境污染治理等方面设置了包括“是否认为同城化可以改善河流污染”等问题；风俗文化认可维度从风俗、文化教育设置了包括“是否认为同城化可以促进闽南风俗的保存”等问题。由于三个维度分量表 KMO 接近 1 且通过 Bartlett 检验，因此可对其进行因子分析从而计算出各个维度的综合值，以分析其与同城化意愿的相关性。结果显示（表 4-15），各维度与同城化意愿存在较为显著的相关系数。

表 4-15 同城化意愿与各个维度的相关性

维度	经济社会期待	资源环境认知	风俗文化认可
相关系数	0.905 * *	0.814 * *	0.700 * *
熵权	0.42	0.32	0.26

* * 表示在 0.01 水平下显著相关。

仅进行简单线性相关分析可说明各个维度与同城化意愿的相关性，但在进一步探讨其对同城化意愿影响程度上略显不足，而变量的权重比较在解释影响程度上则更具说服力。鉴于此，本研究将三个维度作为同城化意愿的指标，根据熵值法所给出的权重值具有较高可信度原则，采用熵值法进行进一步分析，其结果见表 4-15。

表 4-15 清楚地展现了经济社会期待对于同城化意愿的影响程度，其不仅是最为相关的，同时是在其他影响维度中权重最大的，因此对于经济社会发展是否能够改变生活方式，带动生活水平的提高成为民众是否支持同城化的决定性因素。在资源环境认知方面，其权重值仅次于经济社会期待，同时具有较高的相关性，表明为寻求民众对于同城化的支持率，不仅需要经济社会的发展，也必须增强其对于资源、环境的统一调配或协调处理的信心。相比于其他两个维度，风俗文化认可在影响同城化意愿中呈现出较为微弱的作用，其跟厦漳泉同属于闽南，三地的文化底蕴较为接近，易产生文化的共鸣，从而表现出对于同城化意愿的影响并非深刻。

2）不同社会群体的差异

不同社会群体同城化意愿存在较大差异，而其主要影响因子同样存在较大差异（表4-16）。在不同的年龄组别中，小于18岁的青少年的同城化意愿与资源环境认知的相关性最高，其次为经济社会期待，表明对于青少年而言，资源环境的统一协调是影响其同城化意愿的关键因素。18～60岁中青年群体在经济社会期待维度有与同城化意愿较高的相关系数，其相信同城化可促使其生活愈发便捷的期待值愈高则同城化意愿愈强，其对于同城化的支持是建立在经济发展发展的基础上的。而60岁以上群体则表现出不同的影响因素，其对于同城化的支持集中体现在风俗文化认可维度上，反映年长者由于长期的文化交流中产生独特的闽南文化情感，因此，闽南文化的是否协同共进是年长者是否支持同城化的基石。

表4-16　不同社会群体同城化意愿与各个维度的相关性

项目		经济社会期待	资源环境认知	风俗文化认可
年龄	< 18岁	0.720**	0.813**	0.651**
	18～34岁	0.851**	0.781**	0.447**
	35～60岁	0.800**	0.797**	0.554**
	>60岁	0.764**	0.579*	0.855**
职业	学生	0.727**	0.848**	0.531**
	工人	0.623**	0.411*	0.585**
	商人	0.610**	0.529**	0.793**
	农民	0.844*	-0.230*	0.505*
	公务员	0.615**	0.851**	0.790**
	企业人员	0.839**	0.619**	0.734**
	服务性人员	0.855**	0.511*	0.692**
	自由职业	0.854**	0.509**	0.626**
	退休	0.732**	0.540*	0.892**
月收入	< 2000元	0.895**	0.515**	0.547*
	2000～4000元	0.810**	0.574**	0.627**
	4000～6000元	0.668**	0.691**	0.758**
	>6000元	0.603**	0.820**	0.809**
家庭所在地	厦门	0.643**	0.895**	0.749**
	漳州	0.806**	0.580**	0.708**
	泉州	0.830**	0.535**	0.785**

*表示在0.05水平下显著相关，**表示在0.01水平下显著相关

在职业构成中，工人、农民、企业人员、服务性人员以及自由职业者在同城化意愿的影响因子中，经济社会期待具有较高的相关系数，在一定程度上说明对

于期待同城化能够改变其经济现状是其支持同城化的最大因素；对于学生及公务员而言，资源环境认知维度的影响程度显著高于其他维度，而商人、退休人员的风俗文化认可维度是决定其是否支持同城化的重要因素。同时，值得注意的是，农民在资源环境认知维度中，呈现出与同城化负相关，表明了其期待同城化却又不希望资源的共享，特别是土地资源，表现出一种矛盾心理，这种矛盾心理可在经济社会期待维度给予解决。

随着月收入的增加，经济社会期待维度与同城化意愿的相关系数逐步降低，其相关性愈加微弱，但在资源环境认知及风俗文化认可维度中则显示出随着收入增加其相关性增强的趋势，高薪人员对于资源环境认知及文化的期待影响着其同城化意愿。

在按家庭所在地所分的群体中，经济社会期待维度主要是泉州、漳州居民同城化意愿的影响因素，资源环境认知则是厦门居民的主要影响因素。而对于风俗文化认可维度而言，三地居民均表现出较高的相似系数，差异较为不显著。因此，是否能够提升泉州、漳州居民生活品质的经济社会发展是其期待同城化的最大关键，其答案越是肯定，则越加期待同城化；而厦门居民则更多关注的是土地资源、水资源在同城化中是否统一调配，且与同城化意愿呈现正相关，表明了厦门居民对于厦门目前发展遇到的资源瓶颈有较深刻的认识。

通过前面的定量分析，可以得出这样的结论：厦漳泉同城化发展已日趋成熟，民众同城化意愿基本上的赞同的，但随着社会群体的细分，其同城化意愿分异逐渐增大，影响因素趋于复杂。不同社会群体的同城化意愿及其影响因素呈现以下特征。

（1）从整体上看，厦漳泉三地居民同城化意愿支持率达 60%。民众同城化意愿主要受经济社会期待、资源环境认知以及风俗文化认可三个维度影响。经济社会期待维度诠释了民众对于厦漳泉同城化的经济期待，其发展是否能够改变生活方式，带动生活水平的提高成为民众同城化意愿的决定性影响因素；而资源环境认知维度从民众对于资源、环境的统一调配或协调处理的信心影响了同城化意愿。

（2）民众同城化意愿表现出显著的年轻化、白领化和收入低薪化的特征。对于年长的退休人员以及高收入人员，其则由于较长时期的社会禁锢思维，表现出对厦漳泉同城一定的否定趋势，认为难以取得区域认同及获得归属感。这与以往的社会学调查结果相似，即年轻一代及白领工作人员易于接受新事物，易融入新的地区，具有较高的相似性。从家庭所在地而言，泉州、漳州两地的民众倾向于同城化，其支持率均接近 70%，而厦门民众支持率仅为 44.29%，其对于厦门市区域认同较强。因此，在推动厦漳泉同城化，促进民众的区域认同、归属感统一时，对厦门民众的支持及宣传极为重要。

（3）同城化意愿影响因子的差异促使不同社会群体表现出较大的同城化意愿差异。经济社会期待维度是影响收入中等偏低下的中青年白领群体的主导因素，风俗文化认可维度则影响着高薪商务以及退休人员的同城化意愿，而资源环境认知维度在公职人员、厦门地区民众的同城化意愿起了决定作用。

4.5 本章小结

本章分析了厦漳泉城市群同城化的相关影响因子，利用专家打分法识别出厦漳泉城市群同城化的主导因子，进而从民众认知、小时交流圈以及城市群城际、城内的可达性等几个角度分析了主导因子对于厦漳泉城市群同城化的影响。具体来看，本章主要结论如下。

影响厦漳泉城市群同城化的相关因子有地理环境、经济发展、交通网络、思想文化以及政策规划因子。其中，交通网络是厦漳泉城市群空同城化的最重要因素，起到了主导作用；政策规划因子起到了加速作用，是厦漳泉城市群同城化的催化剂；经济发展、地理环境及思想文化因子则是基础。

本章以交通网为基础，甄别出厦漳泉城市群的理论小时交流圈边界点，利用凸壳理论识别其理论小时交流圈。厦漳泉理论小时交流圈覆盖范围较大，均超出本市域范围，且三市理论 1h 圈的交叉范围基本涵盖了规划的厦漳泉同城化的核心区域，表明厦漳泉城市群城际交通较为完善。但厦漳泉民众交通辅助时间为 31～61 分钟，致使与理论 1h 交流圈相比，其实际 1h 交流圈范围大幅度缩小。厦漳泉城市群三市的实际 1h 交流圈未呈现出交叉重叠区域，仅在相邻的两市间有所交集，且集中于高等级道路交通线附近区域，表明了厦漳泉城市群城市内交通系统仍有待改善。

在高速公路和高速铁路等支撑下，厦漳泉非常满意城际可达性和满意城际可达性都大于厦漳泉的范围，但非常满意城内可达性和满意城内可达性面积有限，而非常不满意占主导地位。同时，多数人认为交通是厦漳泉同城化非常重要或重要的条件，厦漳泉城际交通已达到多数人满意需求，而城内交通未能达到多数人满意需求。因此，政府应提高厦漳泉可达性尤其是城内可达性，引导厦漳泉城市群同城化向纵深发展，促使城市群空间重构有效进行。

5 厦漳泉城市群主体功能区分析

5.1 主体功能区划分方法

5.1.1 省域主体功能区划分方法

5.1.1.1 区域主体功能适宜性评价指标体系构建

合理的主体功能区划是建立在科学的指标体系基础之上，以此研判国土空间的地域分异规律并构建区域主体功能功能区格局。区域主体功能适宜性评价指标体系是一个综合性、系统性的概念，单纯选用个别指标不足以反映国土空间的差异性，必须根据主体功能区划的本质涵义及基本特征，构建一个层次分明、结构完整的指标体系。

1）区域主体功能适宜性评价指标体系的构建思路

按照国家推进形成主体功能区的战略意图，区域主体功能适宜性评价指标体系主要包括资源环境承载能力、现有开发密度和发展潜力三个方面，并重点突出资源和环境方面的关键指标，体现资源环境对国土空间开发的约束作用。同时也应充分考虑福建的自然环境、经济社会发展的特点。

2）区域主体功能适宜性评价指标体系的构建原则

（1）系统性和层次性相结合。构建区域主体功能适宜性评价指标体系是一项复杂的系统工程，指标体系应能比较全面地反映与主体功能区内涵密切相关的社会、经济、资源和生态环境各个方面。因此，指标体系的建立必须从系统整体的角度出发，要求所预选的各个统计指标能够作为一个有机整体在其相互配合中科学、准确地描述主体功能区划的内涵和特征。为便于认识和分析，在建立指标体系的过程中，应根据主体功能区划的系统结构和不同侧面的特征，将指标划分为若干层次，并逐层次进行分解，进而确定出具体指标，形成具有一定层次结构的指标体系。

（2）综合性和主导性相结合。影响区域发展的因素多种多样，且影响程度的差异性较大。通过多因素综合评定法，既要对影响区域发展的自然环境、资源及社会经济等因素进行全面、综合的分析；同时还应突出重点、避繁就简，着重分析影响较大，并具典型代表性的主导因素，一方面可减少评价工作量，另一方面也能确保工作精度。在全面分析的基础上，选择必要的指标，进行比较优化，特别注意必要的“决定性因素”，不可替代、不可移动的局地性因素，如所处区位条件、发展基础等。

（3）科学性和可操作性相结合。指标体系的构建必须建立在科学的基础上，客观如实地反映区域资源环境承载能力、现有开发密度和发展潜力，指标的物理意义要有明确的定义，必须保证数据来源的准确性和处理方法的科学性，数据的取得应以客观存在的事实为基础，数据测定、处理必须标准规范。同时指标的设置也要注意指标数据的可获得性，而且指标要具有可测性和可比性。

（4）稳定性和动态性相结合。主体功能区规划是对于国土空间的中长期战略性开发和布局安排，应保持相对稳定性。因而，指标内容在一定的时期内应保持相对稳定，这样可以比较和分析各个区域发展的过程并预测其发展趋势。但区域发展本身是一个具有明显动态特征的过程，这就要求指标体系本身必须具有一定的弹性，能综合地反映发展过程和发展趋势，在动态过程中较为灵活地反映区域发展的主体功能。

（5）相关性和独立性相结合。相关性是用来说明两个变量因子之间的相关程度的概念。在选取指标时，要尽量选取与目标相关性好的指标。评价指标与目标之间应具有很好的相关性，但是各个指标之间却应相互独立，即同一层次的各指标必须不存在任何包含与被包含的关系和因果关系。因此在指标选取时，为避免指标间信息的重叠，应尽可能选择具有独立性的指标，从而增加区划的准确性和科学性。

（6）描述性和评价性相结合。所选指标既有反映区域资源环境承载能力、现有开发密度和发展潜力的定量性评价指标，也有定性的描述性指标。指标应尽量以定量化指标为主，以便于进行科学计算，减少主观任意性。某些必不可少的定性指标要明确其含义，并按照某种标准对其赋值，使所选指标均具有统计价值。在指标选取中遵循相对值指标优于绝对值指标，客观指标优于主观评价指标的优先顺序。

（7）因地制宜性。不同地区影响资源环境承载能力、现有开发密度和发展潜力的因素不尽相同，应在对区域系统一般性认识的基础上考虑区域的特殊性。因此在指标体系建立的过程中，应充分考虑区域的实际情况，如相对独立的地貌单元、“山海”经济结合等特点，因地制宜地设立具有地方特色的指标。

3）区域主体功能适宜性评价指标体系的构建

遵循指标体系构建的基本原则，在广泛借鉴可持续发展的指标体系、资源环境承载力及国土开发密度测评的相关研究的基础上，建立区域主体功能适宜性评价的指标框架。按照资源环境承载能力—现有开发密度—发展潜力的思路构筑指标体系框架，从而将指标分为三大类。这三层指标体系的顶端，就是最终的综合性指标，即“区域主体功能适宜性”。在具体设计指标体系时需满足层次性要求，呈现多维空间的指标群体结构，包括目标层（A）、准则层（B）、要素层（C）、指标层（D）。目标层是评价指标体系建立的最终目标，用以衡量评价和划分区域的主体功能；准则层包括资源环境承载能力、现有开发密度和发展潜力三大因素，囊括了指标评价的三个方面的功能；要素层是将资源环境承载能力、现有开发密度和发展潜力三大因素按照各自的内涵与特征，派生出各因素依托的子因素；指标层是在以上分类下的各子因素最有代表性的指标因子（表5-1）。

4）主体功能适宜性评价指标体系的内涵

（1）资源环境承载能力。资源环境承载能力是指在一定的区域范围内，资源和环境所能够持续支撑的经济社会发展最大规模。它反映了区域的自然属性，是区域主体功能适宜性评价的最优先考虑因素。根据资源环境承载力的内涵，该类指标因素可以从资源丰度、生态环境敏感性和生态功能重要性等子因素加以体现。

资源丰度通常是指自然资源的丰富程度，既可指单项资源（如耕地、森林和矿产等）的丰度，也可指某类资源组合的丰度，又可指区域内各种自然资源的总体丰度。根据主体功能区规划的主要内涵及特征，区域的主体功能与资源丰度的关系主要是开发的关系，而对于非矿产资源主产区，区域开发的资源主要依托土地、水资源等，考虑数据的可获得性。因此，资源丰度的代表指标选择为可利用土地面积与土地面积比重、人均耕地面积、人均水资源量、供水综合生产能力。

生态环境敏感性是指生态系统对人类活动干扰和自然环境变化的反映程度，说明发生区域环境问题的难易程度和可能性大小。对区域开发建设影响较大的是自然生态、生态服务、灾害风险三大类因素。因此，生态敏感性主要选择酸雨敏感区面积比重、生境敏感区面积比重、地质灾害（滑坡和崩塌）敏感区面积比重，以判断一个地区自然或人为作用可能造成生态系统的脆弱程度及其对开发的限制程度。

表 5-1 主体功能适宜性评价指标体系

目标层（A）	准则层（B）	要素层（C）	指标层（D）
区域主体功能适宜性（A）	资源环境承载能力(B1)	资源丰度（C1）	1. 可利用土地面积与土地面积比重（D1）
			2. 人均耕地面积（D2）
			3. 人均水资源量（D3）
			4. 供水综合生产能力（D4）
		生态环境敏感性（C2）	5. 酸雨敏感区面积比重（D5）
			6. 生境敏感区面积比重（D6）
			7. 地质灾害敏感区面积比重（D7）
		生态功能重要性（C3）	8. 水源涵养重要地区面积比重（D8）
			9. 水土保持重要地区面积比重（D9）
			10. 自然保护区和历史文化遗迹面积比重（D10）
	现有开发密度（B2）	开发密度（C4）	11. 人口密度（D11）
			12. 建设用地率（D12）
		开发强度（C5）	13. 单位土地面积 GDP（D13）
			14. 单位建设用地工业产值（D14）
			15. 人均生活用水量（D15）
		开发进度（C6）	16. 城镇化水平（D16）
			17. 净迁移人口（D17）
	发展潜力（B3）	区位条件（C7）	18. 境内公路密度（D18）
			19. 交通区位指数（D19）
			20. 与各地级市驻地距离（D20）
		经济发展基础（C8）	21. 第三产业占 GDP 比重（D21）
			22. 人均财政收入（D22）
			23. 人均社会消费品零售总额（D23）
			24. 城镇固定资产投资占 GDP 比重（D24）
		科技教育水平（C9）	25. 教育费用支出占财政支出比例（D25）
			26. 千人拥有 R & D 人员数（D26）
		主观开发意向指数(C10)	27. 处于全省“点-轴-网络”开发框架的级别（D27）

生态功能重要性指区域内的特定动植物及水源、湿地、森林、草原、自然景观等需要特殊保护的资源，对整个生态系统和区域生态保护的重要性和价值。生

态重要性因素的功能是评估特定区域的生态系统对全国或较大区域的重要程度与保护价值的大小。考虑到生物多样性因素在其他指标已有一定重复，因此生态功能重要性的指标选取水源涵养重要地区面积比重、水土保持重要地区面积比重、自然保护区和历史文化遗迹面积比重。

（2）现有开发密度。现有开发密度是指特定区域经济开发的水平和强度，集中体现在区域工业化、城市化的程度上。体现开发密度的指标比较宽泛，从对资源环境带来的压力和影响考虑，主要体现在对土地、水等资源的开发强度，以及开发后带来的环境压力等。该类因素可从开发密度、开发强度、开发进度等加以体现。

开发密度是指区域单位土地内经济开发的密集程度。该子因素由人口密度、建设用地率指标确定，可以反映出区域间开发密度的差异。

开发强度是指区域单位土地内经济开发的投入、产出强度及水资源利用水平等。该子因素可以由地均 GDP、地均投资等指标反映。由于目前未有地均投资等类似统计和计算方法，且单位土地产出比单位土地投入更能反映区域的开发强度，同时区域经济开发水平也体现在工业化上，因此，采用单位土地面积 GDP、单位建设用地工业产值、人均生活用水量作为衡量开发强度的指标。

开发进度是指区域在经济开发、社会发展过程中所处的进程或位置。该子因素可以由工业化、城镇化水平等指标反映。但由于工业化和城市化水平这两指标具有较强的关联性，且城镇化水平更具综合性，因而选取城市化水平作为代表指标，同时，而净迁移人口能说明区域内人口流动的趋势，故也选用净迁移人口作为开发密度的代表指标。

（3）发展潜力。发展潜力是指在区域在一定的资源环境承载能力条件下，综合考虑自然因素制约、人文环境、政策取向、战略选择后所具备的发展能力。其主要影响子因素包括区位条件、经济发展基础、科技教育水平和主观开发意向指数等。

区位条件对于一个区域的经济开发与经济增长有着不可忽视的作用，能够影响一个区域与其他区域发生相互联系的可能性和程度，进而在一定程度上影响着区域经济发展的机会与发展潜力。区位是指经济活动单位在以地理空间为背景、由相关经济活动所构成的经济空间中的位置。因此，某种经济开发活动的区位就反映了它与其他相关经济活动在地理空间距离的约束下发生相互作用的机会和程度。在其他条件一定的情况下，区域之间发生经济联系的概率是随着空间距离的增大而减少的。因此，区位条件子因素可选择境内公路密度、交通区位指数、与各地级市驻地距离作为代表性指标。

经济发展基础反映一个区域总体经济概况和竞争能力，可以从产业结构、经济效益与市场水平来体现。因此，经济发展基础指标为第三产业占 GDP 比重、人均财政收入、人均社会消费品零售总额、城镇固定资产投资占 GDP 比重。

科技教育水平体现一个地区将知识转化为新产品、新工艺和新服务的能力，决定该地区未来一段时期内的经济发展潜力和实力。影响区域科技教育水平的因素有很多，但都需要建立在全社会对科技教育的投入上，同时一个区域的创新能力代表着经济竞争力和科技竞争力，因此，选用教育费用支出占财政支出比例和千人拥有 R&D 人员数作为该子因素的代表性指标。

主观开发意向指数是指国际和国内各种环境和人为决策因素综合发挥作用而产生的，是一个地区的经济社会发展中极其重要的特定机会，对地区的历史命运产生极其长远和深刻的影响。主观开发意向指数是由宏观环境和人为共同影响产生的，但更多的是人为的决策因素，如政府的战略选择等。因此，主观开发意向指数子因素可选处于全省“点-轴-网络”开发框架的级别作为指标，代表政府近期、中期重点开发的主观意向，一方面决定投资导向，另一方面可能给予相应的扶植政策，会形成更好的区域发展基础。

5）指标的获取方法及部分指标说明

（1）数据的收集和处理。如何获取、处理和集合各基本空间单元的指标数据是区域主体功能适宜性评价必须解决的问题。不同指标所对应的要素属性是不同的，既有面状要素、统计要素，也有赋值要素等。对于以行政区为基础的空间单元，经济、社会方面的数据可以从相关统计年鉴中直接获取。但是，对于地形、水源涵养、地质灾害的影响区等自然要素，并不能直接参与基于行政区评价单元的分区运算，必须将它们划分到评价单元，即必须将要素空间分布数据落实到基本评价单元。GIS 空间叠加分析功能通过图形处理与空间数据运算的有机结合，可以解决这一技术难题，极大地提高分区工作的效率。

对于面状要素采用叠加分析。叠加分析是将不同数据图层进行叠加，形成一个新的数据层，这个新的数据层同时具有各叠加要素层的多重空间属性和统计特征。在区域主体功能适宜性评价中，应用叠加分析进行空间求交（intersection），将不具有行政区属性的自然要素，如地形、水源涵养、地质灾害等切分到行政区评价单元，确定其内部自然要素的分布情况，切分后得到的新的图斑则同时具有自然属性和行政区属性；然后，通过几何量计算可返回各块图斑的面积，据此计算评价单元内各自然要素面积占该评价单元面积的比重，以此作为分区评价的具体指标。统计要素作为社会经济现象的一种综合反应，大多是基于不同层次的空间实体（行政区）组织和获得的，因此它们均对应着某一特定的空间单元。指标的数据来源于相关的统计年鉴及研究资料，为保证数据的统一性，以 2005 年为数据的基准年。赋值要素并不具有某种统计特征，需要采用一定的转换方法，使其能被量化，参与数据运算。而最为常用的方法就是根据专家经验，进行主观赋值。

（2）部分指标的解释如下：

可利用土地面积与土地面积比重。可利用土地面积与土地面积比重是评价对工业化和城镇化发展的可利用土地的承载能力。通过区域地形删格图按坡度区间为0～15°提取转换成矢量图（且扣除了水库河流水面），与行政区划图相叠加，得到各评价单元的可利用土地面积与土地面积比重。

酸雨敏感区面积比重。生态系统对酸雨的敏感性是指酸雨的间接影响使生态系统的结构和功能改变的相对难易程度，它与区域的气候、土壤、母质、植被及土地利用方式等因素有关。据《福建省生态功能区划研究》，酸雨敏感性评价选用岩石类型、土壤类型、植被与土地利用方式、水分输送状况4个因子，应用GIS生成区域酸雨敏感性分布图。通过区域酸雨敏感性评价图按敏感性等级为敏感、高度敏感、极敏感提取生成酸雨敏感区分布图，并与行政区划图相叠加，得到各评价单元的酸雨敏感区面积与土地面积的比重。

生境敏感区面积比重。生境敏感性是指重要物种的栖息地对人类活动的敏感程度，可根据生境物种丰富程度即评价地区保护物种的数量进行评价。据《福建省生态功能区划研究》，生境敏感性评价以自然保护区为基本评价单元，结合植被类型图和土地利用图，采用评价地区国家一、二级重点保护野生动植物数量占全省国家一、二级重点保护野生动植物总数的比例，对生境敏感性划分等级，并用GIS生成全省陆域生境敏感性分布图。通过区域生境敏感性评价图按敏感性等级为敏感、高度敏感、极敏感提取生成生境敏感区分布图，并与行政区划图相叠加，得到各评价单元的生境敏感区面积与土地面积的比重。

地质灾害敏感区面积比重。地质灾害敏感性是指区域生态环境在外力，如降水、地质应力、工程建设等因素的共同作用下发生地质灾害的可能性的大小。《福建省生态功能区划研究》就自然和人为因素共同作用下引发的滑坡、崩塌、泥石流3种地质灾害进行敏感性评价，选用岩土体类型、地形地貌、地质构造、地下水、降雨和人类工程活动6个因子，利用GIS生成区域地质灾害敏感性分布图。通过区域地质灾害（滑坡和崩塌）敏感性评价图按敏感性等级为敏感、高度敏感、极敏感提取生成地质灾害敏感区分布图，并与行政区划图相叠加，得到各评价单元的地质灾害敏感区面积与土地面积的比重。

水源涵养重要地区面积比重。生态系统涵养水分是生态系统为人类提供的重要服务功能之一，涵养水源功能主要表现为截留降水、增强土壤下渗、抑制蒸发、缓和地表径流和增加降水等功能。《福建省生态功能区划研究》根据评价地区生态系统水源涵养功能对整个流域水资源的贡献及其径流调节作用来评价水源涵养重要性。评价以区域内河流的流域范围为基本评价单元，选取地貌类型、植被类型、土地利用方式为评价指标并结合降水分布进行重要性分级，应用GIS生成区域水源涵养重要性分布图。通过区域水源涵养重要性评价图按重要性等级为比较重要、重要、极重要提取生成水源涵养重要地区分布图，并与行政区划图相叠加，得到各评价单元的水源涵养重要地区面积与土地面积的比重。

水土保持重要地区面积比重。森林和草地生态系统具有十分显著的土壤保持功能。据《福建省生态功能区划研究》，生态系统水土保持重要性评价是在土壤侵蚀敏感性评价的基础上，根据区域内土壤侵蚀状况对恢复生态系统水土保持功能的重要性进行评价，以土壤侵蚀强度和土壤侵蚀敏感性等级为评价指标，应用GIS生成区域水土保持重要性分布图。通过区域水土保持重要性评价图按重要性等级为比较重要、重要、极重要提取生成水土保持重要地区分布图，并与行政区划图相叠加，得到各评价单元的水土保持重要地区面积与土地面积的比重。

自然保护区和历史文化遗迹面积比重。自然保护区和历史文化遗迹主要包括风景名胜区、森林公园、地质公园和自然保护区等。根据各类自然与人文景观的级别和分布，应用GIS将自然与人文景观分布图与行政区划图相叠加，得到各评价单元的自然保护区和历史文化遗迹面积比重。

建设用地率。建设用地率可评价一个地区现有的土地开发程度，用建设用地面积除以土地总面积来表示。其中，建设用地面积、土地总面积可通过国土部门的专业统计数据获取。

境内公路密度。境内公路密度是评估一个地区交通基础设施发展水平，通过公路通车里程除以土地总面积来表示。其中，公路通车里程由统计年鉴查询得到，土地总面积通过国土部门的专业统计数据获取。

交通区位指数。交通区位指数采用交通区位定量化原理，产生交通区位指数的方法，将“线”转化为“点”进行分析，即将路线区位转化为节点重要性。选取国际协作区位、对外联系区位、行政区位、旅游区位与工业区位5项指数进行综合分析各节点的交通区位指数。

与各地级市驻地距离。与各地级市驻地距离可评价一个地区与主要经济中心的联系程度，可通过《交通图册》查询得到。

处于全省“点-轴-网络”开发框架的级别。处于全省“点-轴-网络”开发框架的级别可评估一个地区发展的政策背景和战略选择的差异，采用定性赋分值的方式，区别不同政策取向的区域，如处于全省“点-轴-网络”开发框架的级别越高，得分也就越高。

5.1.1.2 基本空间分析单元选择

主体功能区划的实质就是对各分析单元进行主体功能类型识别。而分析单元的选择直接影响区划思路和区划成果方案，因此必须科学选择基本分析单元。主体功能区的划分应统筹考虑行政单元与自然单元、经济单元界线，既要适当打破行政边界，又要便于行政管理和区域政策的实施。

1）空间单元的边界

主体功能区划分基本空间单元的界线主要考虑按照现行行政区界线、自然分界线二类。按照行政区界线，无论是数据的可获得性，还是政策的可实施性都比较强，但是某一行政单元的功能是多元化的，主导功能不明确，难以确定主体功能区，且按照我国目前的体制，行政区的界线又有可变性；而按照自然分界线或采用公里格网法则相反，数据收集、整理的工作量和难度都很大，其评价后划定的区域基本无法与目前的行政区相匹配，故配套政策无实施主体，但主导功能相对明确，界线也是根据自然属性确定，相对稳定。

2）空间单元的规模

空间单元的规模大小将直接影响主体功能区划分的结果。空间规模越大，行政区级别越高，区域的主体功能越难以确定，因为一个大的空间单元内部差异明显，可能存在多种主体功能区，很难用一类主体功能来概括。相反空间规模越小，行政区级别越低，如以乡镇为基本单元，区域的主体功能相对单一、稳定，但是这样一来，空间单元的数量较多，数据收集、整理的工作量和难度都很大，区域的监管能力也较为低下。县级行政单位长期以来相对稳定，且目前正在推进的省直管县等体制改革也提高了县作为基本单元的可行性。因此，根据福建省主体功能区划的定位和要求，本研究的基本空间单元是以县（市、区）行政单元为主，以自然界线、乡镇为辅。

5.1.1.3 主体功能区划的方法

1）区域主体功能适宜性评价方法

系统计量评价方法是综合评价最常用的方法，具有全面、系统、多层次的指标体系，并以大量的基础统计数据作为支持，更具严谨性和科学性。这些方法大致可以分为两类：一类是主观评价法，如层次分析法（AHP）、德尔菲法、模糊综合评价法等，多采用综合咨询评分的定性方法，这类方法可以反映评价者的经验和直觉，但是容易受人为主观因素的影响，夸大或降低某些指标的作用，使评价结果可能产生较大的主观随意性；另一类是客观评价法，即根据各指标间的相关关系或各项指标值的变异程度来计算，避免了人为因素带来的偏差，如主成分分析法、熵值法、变异系数法等。由于两种计算方法视角不同，为了更客观评价和便于分类，可采用算术平均法对上述两种方法的评价指数进行组合，获取综合指数，或应用系统聚类法把综合指数分成不同类别，以便于利用矩阵组合判断基本分析单元的主体功能。

（1）层次分析法。层次分析法是由美国著名的运筹学专家 T. L. Satty 于 20 世纪 70 年代中期提出来的一种定性与定量相结合的多目标决策分析方法。其主要原理是将复杂问题的各个因素划分成相互联系的有序层次，结合专家经验，两两对比，判断各因素的相对重要性，并给以定量表示，然后通过一定数学运算和检验手段确定每一因子的权重。具体操作步骤如下。

设有 X_1、X_2，…，X_n 共 n 个评价指标，构造矩阵如下：

$$\boldsymbol{A} = \begin{bmatrix} a_{11} & a_{12} & \cdots & a_{1n} \\ a_{21} & a_{22} & \cdots & a_{2n} \\ \cdots & \cdots & \cdots & \cdots \\ \cdots & \cdots & \cdots & \cdots \\ a_{m1} & a_{m2} & \cdots & a_{mn} \end{bmatrix}$$

其中，a_{ij} 表示 X_i 对 X_j 的影响程度。矩阵的中 a_{ij} 由专家评定给出，取值大小依据表 5-2。

表 5-2　两两比较量化标度判据

甲指标与乙指标比	极重要	很重要	重要	略重要	相等	略不重要	不重要	很不重要	极不重要
评价值	9	7	5	3	1	1/3	1/5	1/7	1/9

注：①显然，$a_{ij} = 1/a_{ji}$；②标度 2，4，6，8 为以上两两判断的中间状态对应标度

对判断矩阵 $\boldsymbol{A}$，求解特征根 $AW = \lambda_{\max} W$，所得到的 W 经正规化后作为指标 X_1、X_2，…，X_n 的权重。一般用近似方法采用如下公式计算最大特征值 $\lambda_{\max}$ 和特征向量 W。

第一，计算判断矩阵各行元素的积 M_1：

$$M_1 = \prod_{j=1}^{m} a_{ij} \quad (i = 1,\ 2,\ \cdots,\ n) \tag{5-1}$$

第二，求各行 M_1 的 n 次方根：

$$p_i = \sqrt[n]{M_i} \quad (i = 1,\ 2,\ \cdots,\ n) \tag{5-2}$$

第三，对 p_i 作归一化处理，即得相应权数为

$$W_i = \frac{p_i}{\sum_{i=1}^{n} p_i} \tag{5-3}$$

第四，计算最大特征值 λ_{max}：

$$\lambda_{max} = \sum_{i=1}^{n} \frac{(AW)_i}{nw_i} \tag{5-4}$$

式中，$(AW)_i$ 表示 AW 第 i 个向量。

对判断矩阵进行一致性检验。判断矩阵具有一致性的条件是矩阵最大特征根与矩阵阶数相等，据此建立一致性评价值 CI 为

$$\mathrm{CI} = \frac{\lambda_{max} - n}{n - 1} \tag{5-5}$$

最后将 CI 与平均随机一致性指标值 RI 进行比较，求得随机一致性比率 CR 值：

$$\mathrm{CR} = \frac{\mathrm{CI}}{\mathrm{RI}} \tag{5-6}$$

当 CR 值小于 0.10 时，一般认为矩阵具有满意一致性；反之，则不具有满意一致性，需要将判断矩阵表反馈到专家手里重新调整。当多个专家调整给定判断矩阵后，通过了一致性检验，运用简单的算术平均法将专家意见综合平均，即可得到反映各评价指标的相对重要性权数。

在此基础上，采用逐级分层归并方法，将平行独立的各项指标加权求和。根据式（5-7）计算各评价单元的评价指数。

$$C_i = \sum_{j=1}^{n} (X_{ij} \times P_j) \tag{5-7}$$

式中，C_i 为第 i 单元的评价指数；X_{ij} 为第 i 单元的第 j 指标标准化后的值；P_j 为由层次分析法确定的第 j 要素的权重。

（2）主成分分析方法。主成分分析方法（principal component analysis，PCA），主要思路是将分散在一组变量上的信息集中到几个综合指标（主成分）上，所得的综合指标是原来变量的线性组合，以便于利用主成分描述数据集内部结构。它是通过降维方法把多指标转化为少数几个综合指标的一种多元统计分析方法。

采用主成分分析法做综合评价，其原理和步骤如下：

建立 n 个区域 p 个指标的原始数据矩阵 $\boldsymbol{M}_{ij}$（$i=1, 2, \cdots, n$；$j=1, 2, \cdots, p$），并对其进行无量纲化或标准化处理，一般采用 Z-score 法无量纲化，得到 $\boldsymbol{M'}_{ij}$ 矩阵。

对正指标有

$$Z_{ij} = (X_{ij} - \overline{X_j})/S_j \tag{5-8}$$

则对逆指标有

$$Z_{ij} = (\overline{X_j} - X_{ij})/S_j \tag{5-9}$$

其中，$\overline{X_j} = \frac{1}{n}\sum_{i=1}^{n} X_{ij}$，$S_j = \sqrt{\sum_{i=1}^{n} \frac{(X_{ij} - \overline{X_j})^2}{n}}$。

计算指标的相关系数矩阵 $\boldsymbol{R}_{jk}$：

$$\boldsymbol{R}_{jk} = \frac{1}{n}\sum_{i=1}^{n} \frac{(X_{ij} - \overline{X_j})}{S_j} - \frac{(X_{ik} - \overline{X_k})}{S_k} = \frac{1}{n}\sum_{i=1}^{n} Z_{ij}Z_{ik} \tag{5-10}$$

且有 $R_{jj} = 1$，$R_{jk} = R_{kj}$。

求特征值 λ_k（$k = 1, 2, \cdots, p$）和特征向量 L_k（$k = 1, 2, \cdots, p$）。根据特征方程 $|R - \lambda I| = 0$ 计算特征值 λ_k，并列出特征值 λ_k 的特征向量 L_k。

计算贡献率 $T_k = \lambda_k / \sum_{j=1}^{p} \lambda_i$（5-11）和累积贡献率 $D_k = \sum_{j=1}^{k} T_j$（5-12），选取 $D_k \geqslant 90\%$ 的特征值 $\lambda_1, \lambda_2, \cdots, \lambda_m$（$m < p$）对应的几个主成分。

计算主成分指标的权重 W_j。把第 m 个主成分特征值的累积贡献率 D_m 定义为 1，算出 $T_1, T_2, \cdots, T_m$ 所对应的新的 $T'_1, T'_2, \cdots, T'_m$，即为主成分指标的权重值。

计算主成分得分矩阵 $\boldsymbol{Y}_{ij}$（$i = 1, 2, \cdots, n; j = 1, 2, \cdots, m$）。

根据多指标加权综合评价模型（5-13）计算综合评价指数

$$F_i = \sum_{j=1}^{p} W_j Y_{ij} \quad (i = 1, 2, \cdots, n; j = 1, 2, \cdots, p) \tag{5-13}$$

式中，W_j 为第 j 个指标的权重；Y_{ij} 表示第 i 个区域单元的第 j 个指标的单项评价指数，此时 $W_j = T'_j$（$j = 1, 2, \cdots, m$），Y_{ij} 即是主成分得分矩阵（$i = 1, 2, \cdots, n; j = 1, 2, \cdots, m$）。

（3）综合评价方法。上述两种计算方法视角不同，为了更客观评价和便于分类，本研究采用算术平均法对上述两种方法的评价结果进行组合。假设用层次分析法计算出来的评价指数为 U_1，用主成分分析法的计算结果为 U_2，根据式（5-14）将其组合起来，得到综合指数 U。这样得出的综合指数兼有上述两种方法的优点，做到了主观和客观相结合结果。

$$U = (U_1 + U_2)/2 \tag{5-14}$$

（4）系统聚类分析。聚类分析方法，是定量地研究地理事物分类问题和地理分区问题的重要方法。其基本原理是，根据样本自身的属性，用数学方法按照某种相似性或差异性指标，定量地确定样本之间的亲疏关系，并按这种亲疏程度对样本进行聚类。系统聚类分析是聚类分析中应用最广泛的一种方法，凡是具有数值特征的变量和样品都可以采用系统聚类法，选择不同的距离和聚类方法可获得满意的数值分类效果。

分类步骤如下：

聚类分析处理的开始是各样品自成一类，计算各样品之间的距离，并将距离最近的两个样品并成一类。

选择并计算类与类之间的距离，并将距离最近的两类合并，如果类的个数大于1，则继续并类，直至所有样品归为一类为止。

最后绘制系统聚类谱系图，按不同的分类标准或不同的分类原则，得出不同的分类结果。

2）主体功能区划分的方法

（1）主体功能区划分的标准。根据三类主导因素各自的代表因子分别评价区域的资源环境承载能力、现有开发密度、发展潜力，再依据三类因素之间的关系识别四类主体功能区。

禁止开发区为依法设立的各类自然保护区域，只需严格按照国家所列的类型进行划分即可，即各类各级自然保护区、森林公园、风景名胜区、地质公园、自然和文化遗产区。优化开发区、重点开发区和限制开发区根据三类因素指标得分进行划分。资源环境承载能力是一定区域范围内资源和环境所能够持续支撑的经济社会发展最大规模，超越这一最大规模的发展必然是不可持续的，导致引发生态和环境危机；现有开发密度是对区域现状的判断，是决定区域资源与环境是否超载的主要因素；发展潜力是对区域未来的评估，是能否实施大规模开发的主要因素。因此三类主导因素是有优先级的，应该将资源环境承载能力作为划分主体功能区的最优先考虑因素，然后再分析现有开发密度，最后是发展潜力，即划分主体功能区三类因素的评价优先度为资源环境承载能力>现有开发密度>发展潜力（图5-1）。

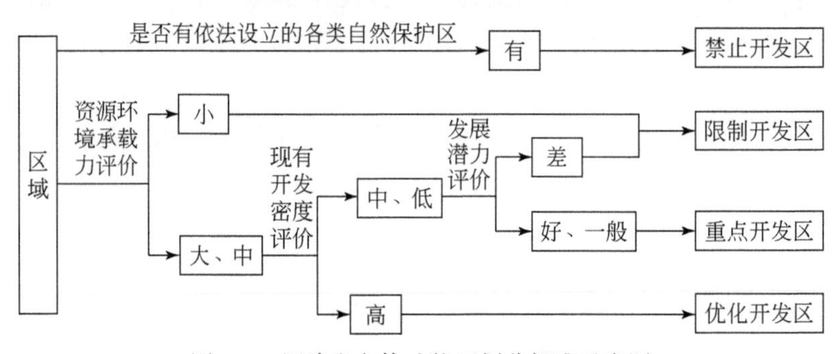

图5-1 福建省主体功能区划分标准示意图

确定优化开发区、重点开发区和限制开发区这三类主体功能区，首先应评价资源环境承载能力，如果资源环境承载能力低于某一阀值，即使该区域现有开发密度再低或者发展潜力再好，也必须作为限制开发区。其后，对资源环境承载能力大、中的区域进行现有开发密度分析，若现有开发密度高的，无论其发展潜力如何，都划分为优化开发区；若现有开发密度中、低，则应对该区域的发展潜力再进行分析，当其发展潜力差时，则划为限制开发区，当其发展潜力好或一般时，划分为重点开发区。

（2）判别区域主体功能的方法。根据《国民经济和社会发展第十二个五年规划纲要》标准可直接划定禁止开发区，因此主体功能区划分的关键在于识别优化开发区、重点开发区和限制开发区。根据样本属性的内在联系和主要区分度差异，识别样本归属的方法通常有序列分类、标准定位和矩阵分类等（表 5-3）。以上三种方法对于省域主体功能区划分均具有一定的适用性，但由于识别视角和各方法下技术方法的差异，区划成果肯定存在一定差异。

表 5-3 识别样本属性的方法比较

方法	主要程序	优点	缺点	适用对象
序列分类	求出样本综合指数，形成综合指数序列，进行聚类并确定各类属性	定量方法，相对客观	要求不同类型在同一指数上具有序列效应，不能处理短板问题	综合指数在不同类型间具有较高区分度
标准定位	确立已知各类的临界值标准，据此标准确定各类属性	标准明确、容易判断	临界值标准的确定相对困难	涉及因素较少的类型划分
矩阵分类	包括魔方图法，首先求得分维指数进行聚类，然后对分维指数的各类进行组合并做定性评价，确定归属	定量、定性相结合，易处理短板效应	定性评价时主观因素可能影响属性结果	综合指数区分度不明显，影响因素相对复杂的分类

影响优化开发区、重点开发区和限制开发区的主导因素（即资源环境承载能力、现有开发密度和发展潜力）相对一致，且三个主导因素的不同组合对应不同的主体功能类型，如资源环境承载力大、具有一定的开发密度、发展潜力大的区域可确定为重点开发区。同时，区域主体功能确定中存在明显的“短板”效应，如资源环境承载能力和发展潜力是限制开发区的“短板”，即只要资源环境承载力或发展潜力较小，就可以不考虑其他因素直接确定为限制开发区，而矩阵分类法恰恰能较好地处理该类问题。因此，采用矩阵分类方法识别各区域的主体功能较为普遍。

此外，由于上述区划方法是对均质化假设的基本分析单元进行主体功能综合评价，结果是整个基本分析单元只对应一种主体功能类型，而主体功能区界限存在突变性质，与现实要求具有一定差距，为此要进行修正。修正的主要任务是对划区结果进行小部分的定性调整；确定禁止开发区的范围和界限；考虑到各地地形差异、基本农田、重要水源地、旅游资源、其他区划成果等特殊因子，进行叠加分析，使区划成果更具客观性和操作性。最后再进行类型归并，划定优化开发区、重点开发区、限制开发区和禁止开发区。

5.1.2 县域功能区划分方法

县级功能区划是省级主体功能区划的落实，是一种综合区划。目前县级功能区划分方法以借鉴省级主体功能区划方法为主，同时参考综合区划的方法。主体功能区划分方法主要包含指标体系评价和功能区识别两部分内容。指标的量化评价方法已比较成熟，本研究采用熵权法和变异系数法组合确定指标项权重，而指标项的选择和指标体系的建立是关键。功能区判别是县域功能区划分的关键步骤，本研究通过聚类分析判别出评价单元的开发和保护趋向，采用主导因素法通过建立功能判别原则识别功能区类型。

5.1.2.1 评价指标选取

1）指标选取原则

（1）综合性。区域地域功能形成和发展是多要素作用下的结果，不同要素影响程度和作用方式并不相同。指标要从自然环境、资源、社会经济多个方面进行选取，进行全面综合的分析。

（2）主导性。在构建指标体系的过程中要注意突出重点，在对指标进行筛选时选择具有代表性的指标，依据指标对于区域的影响程度挑选。指标选择，不在于数量多，而在于精，依据主导性原则进行挑选，能够有效地精简指标，减少工作量。

（3）可比性。构建指标体系进行地域功能适应性评价的目的在于通过指标反映不同地域之间的差异，这就要求指标能够进行区域之间的比较，且能真正体现地域差异。

（4）可获取性。指标选取应考虑指标的可行性和数据的可获取性，县域尺度地域功能评价从行政村入手，要求更加详细的自然数据，生态环境和社会经济统计数据获取难度大，可获取性是选取指标的一大约束因素。

（5）不可替代性。能够反映区域自然环境、资源分布、经济社会发展的指标较多，指标选取不可用指标多少衡量，应该注重指标的典型性和不可替代性，这是筛选指标的重要参考原则。

2）指标选择与分析

(1) 资源环境承载力。该指标用于评价区域资源容量和自然环境对于人类活动的敏感程度，资源环境承载力评价主要包括资源承载力评价、环境承载力评价、生态评价三个方面（表5-4）。本研究选取土地资源条件、水资源条件、生态重要性、生态敏感性四项指标来评价资源环境承载力。

表5-4 资源环境承载力指标归纳

目标	指标
资源环境承载力	自然资源、经济资源、土地资源丰度、水资源承载指数、可利用土地资源、可利用水资源、土地资源承载指数、森林资源承载指数、旅游资源承载指数、矿产资源承载指数、水环境承载指数、大气环境承载指数、土壤环境承载指数、资源承载力、环境承载力、环境容量、生态重要性、生态脆弱性、生态敏感性、自然灾害危险性

资源评价要素可分为水资源、土地资源、森林资源、旅游资源、矿产资源。水资源、土地资源是影响区域发展与人类活动分布的基础要素，森林资源是生态要素，旅游资源和矿产资源是产业资源。在本研究中，依据主导性原则，选择土地资源条件、水资源条件两项作为指标。

环境评价包括水环境、大气环境、土壤环境的承载力评价。本研究以行政村为评价单元，综合考虑数据的获取难度大，依据可获取性原则，该项内容不进行评价。

生态评价包括生态重要性、生态敏感性、生态脆弱性评价，在不同指标体系中的内容有所区别，主要为生态系统的重要程度和生态问题两个方面。依据综合性原则，本研究选择生态系统重要性和生态系统敏感性两项指标。

(2) 现有开发密度。开发密度是指该区域的土地利用强度、工业化、城镇化程度。该项指标的评价从内容上来看是对区域土地利用程度、人口、经济社会状况分析，从开发角度是对开发强度、密度、进程的评价（表5-5）。依据主导性原则，本研究选择经济基础和土地利用强度两项评价现有开发密度。

表5-5 现有开发密度指标归纳

目标	指标
现有开发密度	人口承载状况、劳动力结构、土地利用程度、土地利用强度、经济效益、社会经济基础、社会经济发展压力指数、开发进程、开发强度、开发密度、可利用土地资源、可利用水资源

（3）发展潜力。发展潜力的评价主包括经济、交通、人口、区位条件四个方面的要素（表5-6），经济评价主要从经济活力、经济基础、经济发展水平、经济发展趋势四个方面进行，交通要素是区位条件中的一方面，人口集聚度反映地区人口现状。本研究依据综合性原则选择开发潜力、区位优势两项评价发展潜力，开发潜力包括经济潜力和城镇建设潜力两个方面，区位条件体现为交通条件评价。

表5-6 发展潜力指标归纳

目标	指标
发展潜力	社会经济未来发展趋势、经济基础、经济活力、经济发展水平、资源潜力、区位优势、交通优势、人口集聚度

3）指标体系

遵循指标选取的原则，归纳和借鉴前人研究，综合分析福建省自然本底特征和人文经济社会现状，构建了县域功能区划的评价指标。指标体系包含资源环境承载力、现有开发密度和发展潜力三个方面，逐层分析分解指标，形成三级指标体系，共23个指标（图5-2）。

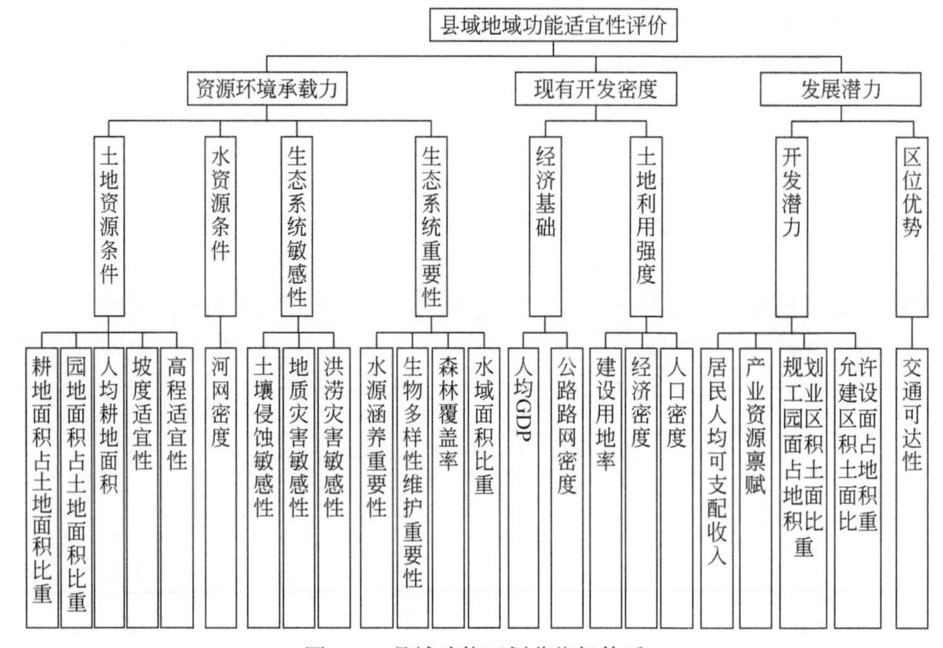

图5-2 县域功能区划分指标体系

5.1.2.2 指标综合指数计算

1）指标计算及归一化处理

（1）指标计算。指标体系指标项数据，从数据格式看分为矢量数据和栅格数据，从数据计算方法上看可归为五大类：

直接计算型。该类指标基本为基于土地利用类型的数据，指标形式为比值类，包括人均耕地面积、耕地面积占土地面积比重、园地面积占土地面积比重、河网密度、森林覆盖率、水域面积比重、人均 GDP、公路路网密度、建设用地率、人口密度、经济密度、允许建设区面积占土地面积比重、规划工业园区面积占土地面积比重 13 项指标。

加权求平均值型。该类数据多为非均质性存在等级差异数据，通过面积加权求得平均值作为指标数值。此类方法计算指标包括高程适宜性、坡度适宜性 2 项。

分级赋值型。此类指标由于指标本身为分级评价数据，因此先进行分级赋值。指标包括土壤侵蚀脆弱性、地质灾害敏感性、洪涝灾害敏感性、产业资源禀赋 4 项。

指标归并计算型。水源涵养重要性和生物多样性维护重要性指标因子均为面状数据，对指标归并后直接计算即可获取。

空间分析型。交通可达性数据通过 ArcGIS 软件空间分析模块，建立空间矩阵可计算求出。

（2）标准化处理。由于指标项数据内容各异，数据指标值单位不同，数据值差异大，无法进行比较分析。同时，对于主体功能区评价体系而言，指标有正向和负向的，这两类指标意义不同，作用相反。为了便于分析和比较，在进行指标评价前，先对指标进行无量纲正向化处理，即把负向指标转换为正向指标。

2）指标权重赋值

指标权重赋值法分为主观赋值法和客观赋值法两类，主观赋权法常用的有层次分析法、专家调查法、多目标决策中的权重调查确定方法，客观赋权法常用的方法有熵值法、主成分分析法、变异系数法。依据指标体系和评价单元，通过对以上权重赋值方法的比较，本研究选择客观赋值法，将熵值法和变异系数法组合，既能充分发挥熵值法的优点，同时可避免其确定指标权重差异性较小的缺点。

（1）熵值法。在综合指标体系的测度中，熵值法是一种客观赋权法，避免主观人为因素的干扰，具有科学性和有效性，在实践中得到了广泛的应用。

（2）变异系数法。变异系数法是直接利用各项指标所包含的信息，通过计算得到指标的权重。变异系数公式如下：

$$V_j = \frac{\sigma_j}{\overline{X_j}}，(j=1，2，\cdots，n) \tag{5-15}$$

式中，V_j 为第 j 项指标的变异系数，即标准差系数；σ_j 为第 j 项指标的标准差；$\overline{X_j}$ 为第 j 项指标的平均数。

指标权重计算公式为

$$Y_j = \frac{V_j}{\sum_{j=1}^{n} V_j} \tag{5-16}$$

将熵值法确定权重 W_j 分和变异系数法确定权重 Y_j 组合即可获得最终权重 f_j，组合方法如下：

$$f_j = \frac{W_j Y_j}{\sum W_j Y_j} \tag{5-17}$$

（3）指标综合指数计算。综合指数是指标体系中一级指标的指数，分为资源环境承载力指数（REG_j）、开发强度指数（DL_j）、发展潜力指数（DP_j）三项。以 REG_j 的计算方法为例，方法如下：

$$REG_j = \sum_{i=1}^{r} f_j X'_{ij} \tag{5-18}$$

式中，r 为资源环境指标个数；f_j 为指标权重；X'_{ij} 为指标项的标准化值。DL_j、DP_j 的计算方法与此同理。

5.1.2.3 评价单元确定

地域功能识别评价单元划分通常分为两类，一类采用自然地域单元，另一类采用行政单元，两者之间存在诸多差异。从功能表达来看，具体功能表达采用自然单元，主体功能表达采用行政单元（曾月娥等，2007a）。从操作的难易来看，以自然地域为评价单元，搜集资料难度更大，更具有综合性，增大了地域功能识别难度。以行政边界为评价单元，经济数据获取难度大，区分地域功能边界难度相对较低。为了主体功能分区划分和管理的便利，需使划分边界与一定级别的行政边界尽量相吻合（唐启国，2010）。这对于区划的实施，责任管理目标的落实，保障和考核体系的建立具有重大作用。

已有的县级主体功能区划分探讨的文章，多以乡镇为评价单元。福建省主体功能区划分对于部分区域的评价单元以乡镇为单位（殷洁和罗小龙，2013），县级层面若以乡镇为评价单元则不能充分体现区域分异，因此以行政村为评价单元。

5.1.2.4 分区类型明确

本小节对县域功能区划分区类型进行了详细论述，建立了适用于福建省重点生态功能区的县域功能区分类体系。

1）分类思路

县域功能空间存在以下三种尺度的划分。

（1）按生态、生产和生活空间三维结构划分。这三个维度的空间类型划分具有广泛的适应性，且相对简单稳定，空间类型发生变化的可能性较小。

（2）按具体功能划分。即空间功能板块，此类功能区域通过空间集聚形成，功能较为统一和一致。城镇板块、旅游区、农业区等均属于此类型。

（3）依据利用主体划分土地利用单元。例如，耕地、园地、交通用等类型。

依据何种尺度进行划分，应当从实际需求出发，最适合的是按照具体功能划分功能区域，既能够充分描述功能分异，又能达到成本最小。

主体功能区在县级层面体现地域的具体功能，应当厘清城市、农业和生态界线，本研究承袭主体功能区规划的思路，对于县域内功能区进行划分主要有以下目的：①建立和完善具体的功能类型；②丰富功能类型体系及识别其边界；③解决部门间的利益冲突。

综合以上论述内容，地域功能区类型划分以功能区块作为基本单元和基础层级，选取县域单元内部具有共性的主要功能板块类型作为功能分区基础类型，依据土地利用可再划分亚类空间。

2）县级功能区分类系统

县级层面的地域功能分区是省级主体功能区类型在县级的细分。该分类结果在优化开发区、重点开发区、限制开发区、禁止开发区四种类型下，以生态、生产和生活功能为基础，结合重点生态功能区特征进行划分。县域功能区分类结果为：5 类功能区，9 类功能亚区，具体分类见表 5-7。从开发上看，城镇建设区和工业集中区可归为重点开发区，农业生产区和生态保育旅游复合区可归为限制开发区，生态保护区可归为禁止开发区；从生态、生产、生活三个维度来看，城镇建设区归属为生活空间，工业集中区和农业生产区可归为生产空间，生态保护区可归为生态空间，生态保育旅游复合区则归属功能复合型区域。

表 5-7 县域功能区分区类型

功能区名称	功能亚区名称	功能导向
城镇建设区	城镇区	承载城镇人口生活和发展的区域
	乡村聚落区	乡村区域具有人口集、中心地功能的区域
工业集中区	工业园区	支持产业发展的地区，工业园区和企业集中分布地域
农业生产区	耕作区	提供粮食或经济作物，保障食物安全
	园作区	鲜果、茗茶等为主要产品的功能地域
生态保育旅游复合区	旅游生产复合区	旅游资源禀赋良好，具备资源开发价值，同时作为生产功能空间
	旅游生态复合区	旅游资源禀赋良好，具备资源开发价值，同时作为生态功能空间
生态保护区	生态红线区	县域生态空间管控红线区域
	生态保留区	对未利用土地的保护

农业生产区类型中应当包含水产养殖区和畜牧区两种类型，由于福建省这两种类型区不具备普遍性，且较为分散不成片，仅选择耕作区和园作区两种类型。

5.1.2.5 县域功能区判别

1）功能导向判断

聚类是要把资源环境承载力指数、开发强度指数和发展潜力指数结果先进行分类，目的是通过矩阵组合来判断评价单元的开发与保护倾向，本研究采用系统聚类法。聚类分析法是通过对分析对象的属性和特征，将性质相似的归为一类，差异较大者则另行归类的数量统计分析方法。该方法的基本思想为：依据类与类之间的距离和相似程度将相似性高的类别进行合并，逐个层次进行此类合并，这一过程是类别减少过程，直到所有评价单元归为一类。

聚类结果共划分为 3 类，聚类排序按照各类中样本综合得分平均值进行。在聚类分析基础上，本研究通过建立三维魔方图对聚类结果进行组合评价。三维魔方分类方法是运用在主体功能区划分中的一种区划模型。三维魔方是指建立一个由经济、资源和环境要素组成的三维坐标系统。在主体功能区划研究中，X 轴为资源环境承载力，Z 轴为现有开发程度，Y 轴为未来发展潜力。对三个维度根据高、中、低三种级别进行组合。将聚类分析结果中平均分得分最高的列为第一类，坐标记做 3；得分居中的列为第二类，坐标记做 2；得分最低的列为第三类，坐标记做 1。每个样本采用 1、2 和 3 的组合表示坐标，每种组合均是三维魔方图中的一个单元，而魔方单元对应一定的主体功能。本研究依据以上方法和过程确立单元的开发和保护方向，为功能区划分提供依据。

2）功能区识别

通过聚类-组合评价的方法对于县级功能区划确立了适宜开发、适宜保护、限制开发的功能导向；而地域功能并不能凸显，因此运用主导因素法，对于地域功能区进行判别。

主导因素法是自上而下的区划方法，最早在自然区划中运用，主导因素法即综合比较各种要素，查明自然区形成和分异的主导因素，并以此作为标志，并将标志作为划分区域的界限。在主体功能区划中，确立不同类型主体功能区形成的主导因素，按照主导因素和综合分析，划分为优化开发、重点开发区域等。

在县级功能区划划分中，各县由于资源环境和社会经济发展状况存在较大差异，确立功能区的主导因素往往是不同的，因此，切不可简单、机械地使用同一指标应用于所有县，需因地制宜地参考不同指标来确定。此外，即使采用相同的主导指标，由于不同县地域特征的差异，所采用的具体指标值也不一定相同。

用主导因素法进行功能分区时，容易区分作用因子，但是县级功能区划是涉及自然、社会、经济等多个因素的综合性区划，仅用单一的主导因素不能准确其功能定位，还需要对划分结果进行修正，与现实空间分布衔接。

5.1.2.6 县域空间规划衔接

县级层面存在多种功能规划，这些规划之间存在重合，又不同于其他规划。县级功能区划不可脱离这些规划。县域功能区划是关于县级地域的功能管治，对于地域空间格局具有引导作用，并不是像土地利用和城市规划等对土地利用和功能布局进行具体安排。因此，县域功能区划是一种基础性规划，引导地域空间格局，同时县域功能区划在空间功能管制中又起着上位规划的作用。

城市规划、土地利用规划、生态区划是县域的三项主要基础性规划，对于县域空间从不同内容、不同区域进行了划分。城市规划对县域内生活空间的利用类型、功能布局进行规划，土地利用规划针对县域内的土地生产和使用功能类型进行区分，生态区划布局了县域内的生态空间区域。县级功能区划立足生活、生产和生态三个维度，对于三项规划的内容均有涉及。某种意义上，县级功能其与其他规划衔接的过程，是协调县域内规划之间矛盾，整合各项规划内容的过程。县域功能区类型中，城镇建设区和产业集中区应当与城镇规划的中心城区和城镇体系格局相衔接。农业生产区应当与土地利用相衔接，针对土地利用中的农业用地类型布局状况确立其地域功能和空间布局。生态区应与生态区划相衔接与土地利用相结合。

5.2 厦漳泉城市群主体功能区划分结果

5.2.1 国家层面的主体功能定位

根据《全国主体功能区规划》，海峡西岸经济区的沿海部分地区属于国家层面的重点开发区域，功能定位是两岸人民交流合作先行先试区域，服务周边地区发展新的对外开放综合通道。因此，从全国尺度来看，厦漳泉城市群属重点开发区。

《全国主体功能区规划》提出应构建以厦门、泉州等重要城市为支撑，以漳州等沿海重要节点城市为补充，以快速铁路和高速公路沿线为轴线的空间开发格局；推进厦漳泉一体化，实现组团式发展，建设全国重要的国际航运、科技创新、现代服务业和文化教育中心及先进制造业基地；强化防台风能力建设，加强戴云山等山区和沿海港湾、近海岛屿保护，加强入海河流小流域综合整治和近岸海域污染防治，推进水环境综合治理和水源涵养地保护，保护闽江、九龙江等水生态廊道。《全国主体功能区规划》将厦漳泉城市群作为海峡西岸经济区建设的重点任务。

此外，厦漳泉城市群内同样分布有国家禁止开发区域，主要有国家级自然保护区、国家森林公园、国家级风景名胜区、国家地质公园（表5-8）。

表 5-8 国家级禁止开发区

名称	面积/km^2	位置
福建厦门珍稀海洋物种国家级自然保护区	330.88	厦门市
福建戴云山国家级自然保护区	134.72	德化县
福建深沪湾海底古森林遗迹国家级自然保护区	31	晋江市
福建漳江口红树林国家级自然保护区	23.6	云霄县
福建虎伯寮国家级自然保护区	30.01	南靖县
鼓浪屿-万石山风景名胜区	245.74	厦门市
清源山风景名胜区	62	泉州市
福建厦门莲花国家森林公园	38.24	厦门市同安区
福建东山国家森林公园	8.75	东山县
福建乌山国家森林公园	11.20	诏安县

续表

名称	面积/km^2	位置
福建天柱山国家森林公园	30.81	长泰县
福建华安国家森林公园	81.53	华安县
福建南靖土楼国家森林公园	22.34	南靖县
福建德化石牛山国家森林公园	84.11	德化县
福建漳州滨海火山地貌国家地质公园	100	漳浦县
福建晋江深沪湾国家地质公园	68	晋江市
福建德化石牛山国家地质公园	86.82	德化县

资料来源：作者根据《全国主体功能区规划》整理

5.2.2 省级层面的主体功能定位

按照《福建省主体功能区规划》，明确厦漳泉城市群的主体功能定位。厦门市的中心城区以及泉州市的中心城区属于优化开发区域（图5-3）。其中，厦门市优化开发区位于福建省东南部的厦门岛、九龙江入海处，包括思明区与湖里区，是福建人口和经济要素集聚程度最高的区域，也是提升国际化程度潜力最大、海峡西岸经济区参与国际经济交流与合作的重要门户。思明区与湖里区人口密度分别为12 734人/km^2和14 761 人/km^2，经济密度分别为113 448 万元/km^2和107 812万元/km^2；水资源较为贫乏，2012 年人均可利用水资源量仅322m^3；该区域的内部交通日趋拥挤，与外界的联系通道还需要进一步拓展。泉州市中心市区位于晋江下游，是古代“海上丝绸之路”起点，是著名侨乡、台湾同胞祖籍地；是福建经济市场化程度高、较早实施对外开放的区域，包括鲤城区、丰泽区，人口密度分别为7106 人/km^2和5026 人/km^2，经济密度分别为54 658 万元/km^2和34 987 万元/km^2。

厦漳泉城市群在福建省省级层面的重点开发区是以国际金融、国际贸易为先导的海峡西岸经济国际化前沿地带、国际航运中心、闽台产业对接平台、全国重要的石化产业基地、先进制造业基地，是带动海峡西岸经济区发展的龙头和重要战略支撑，涵盖了有17 个县市（区），包括了厦门市的集美区、海沧区、翔安区、同安区，泉州市的石狮市、晋江市、洛江区、泉港区、南安市、惠安县，漳州市的芗城区、龙文区、龙海市全部范围，以及漳浦县、云霄县、诏安县、东山县四个县的部分乡镇，重点开发区域的个数占福建省重点开发区的34.15%，面积为11 757.57km^2，面积占32.53%。其中，厦门市重点开发区面积为1414.91km^2，泉州市重点开发区面积为5501.53km^2，漳州市重点开发区面积为4841.23km^2。此外，根据《福建省主体功能区规划》，厦漳泉城市群还包括27 个重点开发城镇（表5-9）。

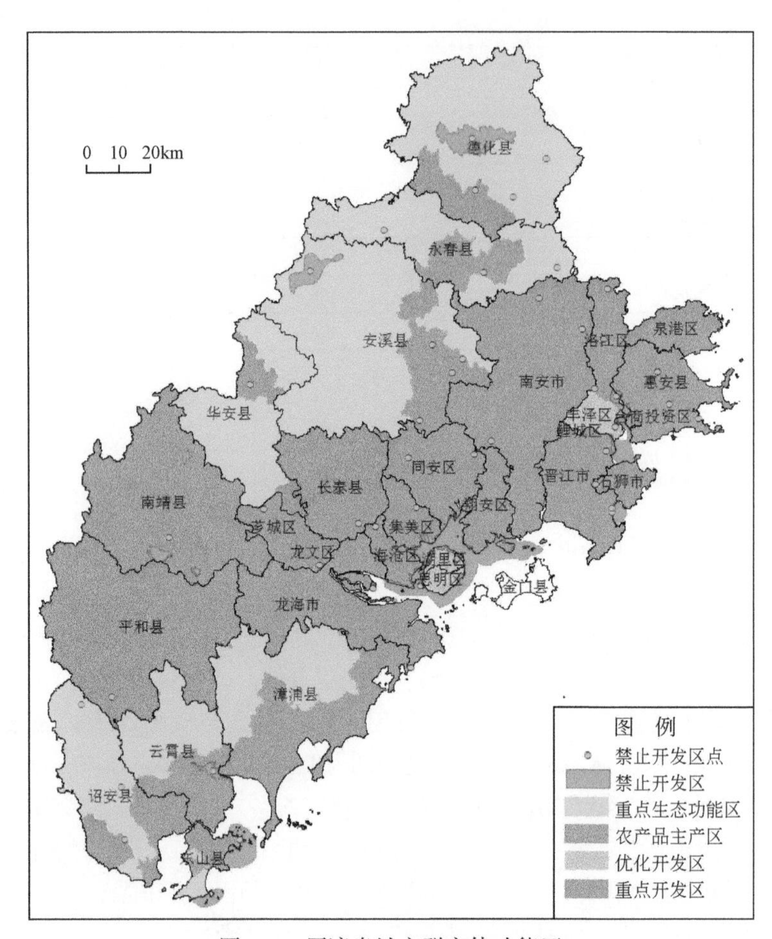

图 5-3 厦漳泉城市群主体功能区

表 5-9 重点开发城镇

县名	重点开发城镇
安溪县	凤城镇、龙门镇、官桥镇、城厢镇、湖头镇、蓬莱镇
永春县	五里街镇、桃城镇、蓬壶镇、达埔镇、石鼓镇
德化县	龙浔镇、三班镇、浔中镇、盖德乡、美湖乡
长泰县	陈巷镇、武安镇
南靖县	山城镇、靖城镇、丰田镇
华安县	华丰镇、丰山镇
平和县	小溪镇、山格镇、文峰镇

厦漳泉城市群的农产品主产区主要分布在漳州市，属福建省闽东南高优农产品主产区，是保障农产品供给安全的重要区域，海峡两岸（福建）农业合作试验区，是国家重点建设农产品主产区“七区二十三带”华南主产区的重要组成部分。厦漳泉城市群的农产品主产区包括了长泰县、南靖县、平和县三个县域，面积为3799.37km^2，重点发展集约化、机械化、高优特色生态农业及生态果茶园和有机食品、绿色食品基地，形成以热带、南亚热带粮食、水果、茶叶、花卉、蔬菜及水产品为重点的高优农产品主产区。

厦漳泉城市群的重点生态功能区面积为9408.55km^2，主要有泉州市的安溪县、永春县、德化县，漳州市的华安县及漳浦县的官浔镇、赤土乡、长桥镇、石榴镇、盘陀镇、赤岭乡、湖西乡、南浦乡，云霄县的和平乡、火田镇、马铺乡、下河乡，诏安县的桥东镇、太平镇、霞葛镇、官陂镇、秀篆镇、西潭乡、建设乡、红星乡，东山县的前楼镇、陈城镇等22个生态乡镇，分别属于闽中戴云山脉山地森林生态功能区、晋江中游丘陵茶果园生态功能区、闽中博平岭-玳瑁山山地森林生态功能区、九龙江下游与浦-云-诏西部丘陵山地茶果园和森林生态功能区，以水源涵养、生物多样性维护、水土保持为主要生态功能。

厦漳泉城市群内的禁止开发区除表5-8所列的国家禁止开发区域外，还包括省级的自然保护区、风景名胜区、森林公园、湿地公园、地质公园及重要饮用水水源一级保护地（表5-10）。厦漳泉城市群内的禁止开发区面积为1504.32km^2（含相互重叠面积、海洋保护区面积），占福建省禁止开发区总面积的15.92%；其中，国家级的禁止开发区面积为1389.75km^2，占厦漳泉城市群内的禁止开发区总面积的92.38%。

表5-10 省级禁止开发区 （单位：km^2）

名称	面积	位置	名称	面积	位置
泉州湾河口湿地省级自然保护区	70.08	惠安、洛江、丰泽、晋江、石狮	永春牛姆林省级自然保护区	2.49	永春县
安溪云中山省级自然保护区	39.86	安溪县	东山珊瑚省级自然保护区	36.30	东山县
龙海九龙江口红树林省级自然保护区	4.20	龙海市	风动石-塔屿风景名胜区	30	东山县
清水岩风景名胜区	11.1	安溪县	仙公山风景名胜区	25	洛江区
云洞岩风景名胜区	13.57	漳州市	前亭-古雷海湾风景名胜区	120.6	漳浦县
九侯山风景名胜区	25	诏安县	三平风景名胜区	17	平和县

续表

名称	面积	位置	名称	面积	位置
北辰山风景名胜区	12.2	同安区	香山风景名胜区	14.04	翔安区
厦门市坂头森林公园	48.16	集美区	泉州市安溪龙门森林公园	15.99	安溪县
厦门市汀溪森林公园	38.92	同安区	泉州市惠安崇武海滨森林公园	3.33	惠安县
厦门市天竺山森林公园	26.51	杏林区	泉州市晋江坫头海滨森林公园	2.35	晋江市
泉州市泉州森林公园	5.47	丰泽区	泉州市安溪凤山森林公园	1.80	安溪县
泉州市罗溪森林公园	11.89	洛江区	泉州市南安灵应森林公园	3.00	南安市
泉州市惠安科山森林公园	11.33	惠安县	泉州市德化唐寨山森林公园	4.07	德化县
泉州市永春魁星岩森林公园	8.44	永春县	泉州市石狮灵秀山森林公园	3.38	石狮市
泉州市安溪阆苑岩森林公园	3.93	安溪县	泉州市南安罗山森林公园	14	南安市
泉州市惠安文笔山森林公园	11.03	惠安县	泉州市南安五台山森林公园	9.11	南安市
泉州市永春碧卿森林公园	8.52	永春县	漳州市天宝山森林公园	10.92	芗城区
漳江口红树林国家级自然保护区国际重要湿地	23.60	云霄县	东山湾湿地国家重要湿地	待定	东山县、云霄县、漳浦县
晋江河口和泉州湾湿地国家重要湿地	待定	惠安县等	深沪湾湿地国家重要湿地	待定	晋江市
九龙江河口湿地国家重要湿地	待定	厦门市	厦门市江东引水水源保护区	1.69	龙海市
厦门市石兜、坂头水库水源保护区	26.1	集美区	泉州市北高干渠水源保护区	2.22	丰泽区
泉州市晋江干流水源保护区	1.75	南安市	泉州市桃源水库水源保护区	1.0	南安市

续表

名称	面积	位置	名称	面积	位置
漳州市一水厂饮用水水源保护区	0.64	芗城区	漳州市第二饮用水源永丰溪横山水库水源保护区	1.1	南靖县
漳州市二水厂饮用水水源保护区	1.2	芗城区	泉州市白濑水利枢纽工程水源保护区	44.3	安溪县
漳州市漳糖水厂水源保护区	1.1	龙文区	厦门市长泰枋洋水利枢纽水源保护区	8.36	长泰县
厦门市汀溪水库水源保护区	18.2	同安区	厦门市莲花水库水源地	7.72	同安区
漳州市金峰水厂水源保护区	0.88	芗城区			

5.3 厦漳泉城市群综合承载力分析

主体功能区主要依据资源环境承载力、现有开发密度和发展潜力进行划分，即这三方面因素共同影响着主体功能区。在各项资源、环境的单项指标评价基础上提出备选方案，并按照相应的指标体系进行划分（表5-11 和表5-12）。但不论是从主体功能区划分过程，抑或是县域、乡镇单元的主体功能区划分指标体系，我们均可发现，资源环境承载力不仅是基础，更是其主要影响因素，特别是乡镇尺度，其权重达0.45。

表5-11 县域单元主体功能区划指标体系

目标层	因素层	指标层
主体功能区划指标体系	社会经济发展水平	人口集聚度
		经济发展水平
		交通优势度
	生态保护程度	生态重要性
		生态系统脆弱性
	资源环境承载能力	人均可利用土地资源
		可利用水资源
		环境容量
		自然灾害危险性

续表

目标层	因素层	指标层
辅助性指标	现有开发强度	开发强度
	开发潜力	交通优势度
		发展战略

表 5-12　乡镇单元主体功能区划指标体系及权重

目标层	因素层	指标层	权重
主体功能区划指标体系	现有开发密度（0.30）	人口集聚度	0.15
		经济发展水平	0.15
		水源涵养重要性	0.10
		水土保持重要性	0.10
		生态脆弱性	0.05
	资源环境承载能力（0.45）	可利用土地资源	0.05
		可利用水资源	0.05
		地质灾害危险性	0.05
		洪涝灾害危险性	0.05
	开发潜力（0.25）	交通优势度	0.25
		发展战略	—

资源环境承载力是主体功能区划分的主要影响因素，但我们也发现，资源环境承载力主要侧重于对自然资源、环境的考量，对科技、交通的承载能力未完全考虑，同时对经济发展需求的压力也未进行考量（张林波等，2009）。因此，本研究拟改进资源环境承载力，分析城市群综合资源承载力，使之更加科学合理。通过城市群综合资源承载力研究，揭示人文系统（人）对自然系统（地）的作用力及自然系统（地）对人文系统（人）的反馈力，用以科学规划、合理引导城市建设，促进城市人口-资源-环境相均衡、经济-生态-社会效益相统一，构建高效、协调、可持续的国土空间开发格局，而这正是主体功能区实施的关键。

城市群综合资源承载力系统应由承载体和承载对象两大基本要素集组成（图 5-4）。承载体即资源环境系统，可分为两类：①由水、气、土、热等无机元素组成的无机环境；②由土地资源、水资源、生物资源、矿产资源等组成的支持人类社会经济发展的资源系统。承载对象即社会经济系统，包括城市人口以及满足其发展的各类生产生活活动。

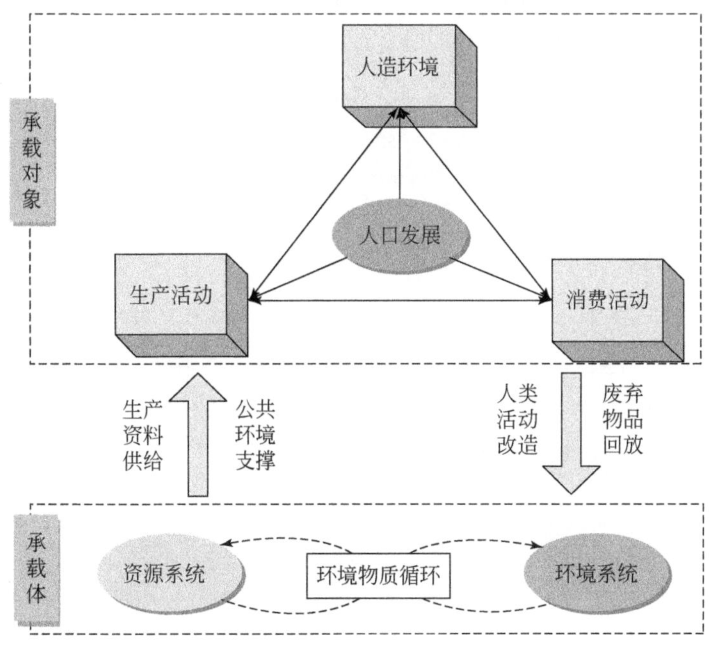

图 5-4 城市群综合资源承载力构成要素

5.3.1 生物免疫学模型

生物免疫学模型最早出现在医学领域，随后被学者应用于承载力研究领域(徐琳瑜等，2005)。由于城市群综合承载力受资源环境承载力和随经济社会发展出现的资源消耗、污染排放、环境破坏等问题产生的压力影响，其中，资源环境承载力又可分为资源本身的支撑能力即自然承载力和人类活动影响产生的获得性承载力，而生物免疫学模型又是从承压以及压力两个方面来进行诠释（狄乾斌等，2013)，其能较系统地表达承载力影响因素，可以较为全面地反映城市群综合资源承载力的内在功能和外在表现，因此本研究采用生物免疫学模型从资源的自然获得性承载力和人口经济社会发展压力两个方面构建指标体系，对城市群综合资源承载力、可持续发展状态进行综合分析评价，以此探讨主体功能区主要影响因素。

1）指标体系构建及权重确定

按照生物免疫学原理，结合研究区实际情况，从承压系数和压力系数两个方面选取指标，并对指标相关性进行检验，构建指标体系（表5-13）。承压系数指标表征的是城市群资源环境承载力（RECCC），是城市群天然具备的和后天获得且与城市发展阶段密切相关的支撑力指标，包括资源支撑（α）、环境容量（β）、交通设施（T）、社会进步（μ）、集聚程度（δ）指数；而压力系数指标则代表人口经济社会发展压力（PSEPI），包括人口发展（P）、经济增长（E）、资源消耗（α'）、环境污染（β'）、宜居需求（γ）指数。本研究通过极差标准化方法消除量纲影响，采用熵权法确定指标权重（表5-13）。

表5-13　城市群综合资源承载力评价指标体系及权重

目标层	系数层	指数层	指标层	权重	标准值	标准值说明
城市群综合资源承载力	承压系数	α	可利用土地资源	0.043 0	1 134.92	各县（市、区）最大值
			人均建成区面积	0.044 6	68.04	各县（市、区）平均值
			人均水资源占有量	0.028 6	2 067.89	各县（市、区）平均值
			全年供水总量	0.035 5	2.12	各县（市、区）平均值
		β	空气质量优级率	0.034 2	55.00	各县（市、区）最大值
			环境污染治理投资总额占GDP比重	0.033 2	3.19	各县（市、区）最大值
			固体废弃物综合利用率	0.055 4	99.99	各县（市、区）最大值
		T	人均拥有城市道路面积	0.045 7	17.81	各县（市、区）平均值
			万人拥有汽车数量	0.034 7	1 077.75	各县（市、区）平均值
		μ	R&D内部经费支出占GDP比重	0.045 4	3.54	各县（市、区）最大值
			节能环保支出占GDP比重	0.049 7	1.30	各县（市、区）最大值
	压力系数	δ	人口密集度	0.030 3	3 687.97	各县（市、区）最大值
			产业密集度	0.044 4	27.99	各县（市、区）最大值
			地均GDP	0.031 6	113 448.41	各县（市、区）最大值
		P	非农人口比重	0.036 9	63.55	各县（市、区）平均值
			人口增长率	0.037 9	38.02	各县（市、区）最大值
		E	人均GDP	0.048 4	12.82	各县（市、区）最大值
			GDP年增长率	0.031 4	16.10	各县（市、区）最大值
			第二、第三产业产值年增长率	0.030 6	17.70	各县（市、区）最大值

续表

目标层	系数层	指数层	指标层	权重	标准值	标准值说明
城市群综合资源承载力	压力系数	α'	年际建设用地增加面积	0.032 7	0.13	各县（市、区）平均值
			万元 GDP 用水量	0.042 8	77.07	各县（市、区）平均值
			万元 GDP 能耗	0.037 3	0.57	各县（市、区）平均值
			万元地区生产总值电耗指标	0.031 9	760.36	各县（市、区）平均值
		β'	万元 GDP 工业固体废物产生量	0.027 4	0.01	各县（市、区）最小值
			万元 GDP 工业废气排放量	0.045 1	4 182.00	各县（市、区）最小值
			万元 GDP 工业废水排放量	0.041 4	12.49	各县（市、区）最小值
		γ	城镇居民恩格尔系数	0.036 0	39.31	各县（市、区）平均值
			城镇人均住房建筑面积	0.040 6	35.02	各县（市、区）平均值
			人均绿地面积	0.041 6	11.71	各县（市、区）平均值
			建成区绿化覆盖率	0.035 7	39.80	各县（市、区）平均值

注：可利用土地资源=［陆域适宜建设用地面积］－［陆域已有建设用地面积］－［基本农田面积］－［生态用地面积］（伍世代，2000），人口密集度=厦漳泉城市群人口/福建省总人口，产业密集度 $= G_i = \sum_{j=1}^{n}(S_j - x)^2$

资料来源：厦门市、漳州市、泉州市统计年鉴（2006～2013 年），环境状况公报（2006～2013 年），水资源公报（2006～2013 年）、2005～2012 年土地利用变更数据库、福建省高程图等数据

2）承载力模型

自然承载力（N）模型为

$$N = a^2 e^{\beta} \tag{5-19}$$

式中，a 为资源支撑；β 为环境容量。

获得性承载力（F）模型

$$F = T\mu\delta \tag{5-20}$$

式中，T 为交通设施；μ 为社会进步；δ 为集聚程度。

资源环境承载力（RECCC）耦合模型

$$\mathrm{RECCC} = N\mathrm{e}^{F} \tag{5-21}$$

式中，F 为获得性承载力；指数层的综合值采用加权法得出。

3）压力模型

人口经济社会发展压力（PSEPI）主要体现在人口发展、经济增长、资源消耗、环境污染、宜居需求等方面，根据各因素作用机理构建压力模型：

$$\mathrm{PSEPI} = [\alpha'(P+E)]^2 \mathrm{e}^{\beta'}(P+E)\gamma \tag{5-22}$$

式中，α'为资源消耗；P为人口发展；E为经济增长；β'为环境污染；γ为宜居需求。

4）城市群可持续发展状态判断

资源环境承载力、人口经济社会压力是相对存在的，二者的相关变化情况反映了城市发展态势，可用于预测未来发展趋势。其归一化模型为

$$\mathrm{RECCC}_{Ri} = \frac{\mathrm{RECCC}_{Ai} - \min\mathrm{RECCC}_{Ai}}{\max\mathrm{RECCC}_{Ai} - \min\mathrm{RECCC}_{Ai}} \tag{5-23}$$

$$\mathrm{PSEPI}_{Ri} = \frac{\mathrm{PSEPI}_{Ai} - \min\mathrm{PSEPI}_{Ai}}{\min\mathrm{PSEPI}_{Ai} - \min\mathrm{PSEPI}_{Ai}} \tag{5-24}$$

式中，RECCC_{Ri}为某一时段的相对承载力；RECCC_{Ai}为某一时段的绝对承载力；$\min\mathrm{RECCC}_{Ai}$为某一时间序列中绝对承载力的最小值；$\max\mathrm{RECCC}_{Ai}$为最大值；PSEPI_{R_i}为相对压力，PSEPI_{Ai}为绝对压力；$\min\mathrm{PSEPI}_{Ai}$和$\min\mathrm{PSEPI}_{Ai}$分别为某一时段绝对压力的最小值和最大值。

城市群可持续发展采用资源环境承载力增长率（ΔRECCC）和人口经济社会压力增长率（ΔPSEPI）的夹角γ判断：$\gamma>0$时，即ΔRECCC>ΔPSEPI时，承载容量充足，城市群可持续发展；$\gamma=0$时，城市群系统稳定；$\gamma<0$时，城市群人口经济社会发展压力过大，若该种模式持续时间过长，城市群人地系统将面临失衡的严峻挑战。

5.3.2 城市群综合资源承载力

1）城市群资源环境承载状态动态变化

按照上述方法，2005～2012年厦漳泉城市群综合承载力状态的各指数值的变化情况见表5-14。一方面，从承压系数来看，资源支撑指数总体处于下降趋势，降幅较大；而环境治理指数却呈现出迂回式上升；交通设施、社会进步、集聚程度三个指数均呈稳步上升趋势，三者变化趋势相近，其中交通设施指数的上升幅度最大。而另一方面，从压力系数来看，人口增长、经济增长、资源消耗、环境污染等系数均呈上升趋势且变化较为同步；而宜居需求指数波动相对平缓

些，数值略有增加，这表明厦漳泉城市群的压力系数在逐年上升。

表 5-14 2005~2012 年厦漳泉城市群综合资源承载力指数值

系统层	指数层	2005 年	2006 年	2007 年	2008 年	2009 年	2010 年	2011 年	2012 年
承压数	资源支撑	0.2514	0.2616	0.2342	0.2158	0.2022	0.2071	0.1919	0.1822
	环境容量	0.1575	0.1756	0.1409	0.2106	0.2260	0.2002	0.1909	0.2223
	交通设施	0.0804	0.0848	0.0944	0.1049	0.1148	0.1299	0.1474	0.1608
	社会进步	0.1618	0.1796	0.1816	0.1902	0.2091	0.2189	0.2135	0.2251
	集聚程度	0.1063	0.1231	0.1316	0.1353	0.1649	0.1767	0.1892	0.2126
压力系数	人口发展	0.0748	0.0838	0.0956	0.1055	0.1108	0.1159	0.1181	0.1495
	经济增长	0.1272	0.1180	0.1372	0.1524	0.1855	0.1968	0.2207	0.1530
	资源消耗	0.1736	0.1820	0.2138	0.2333	0.2351	0.2419	0.2496	0.2881
	环境污染	0.1209	0.1329	0.1419	0.1578	0.1595	0.1824	0.2157	0.2279
	宜居需求	0.2157	0.2389	0.2213	0.2334	0.2040	0.2170	0.2339	0.2374

2005~2012 年厦漳泉城市群资源环境承载力与人口和社会经济发展压力综合评判指数动态变化情况如图 5-5 所示。由表 5-15 及图 5-5 可以分析发现，尽管环境治理指数逐年上升，但由于资源的大量消耗，特别是 2006 年后城市扩张大量占地等原因使得土地资源大幅消耗，资源支撑指数下降速度较前期更快，致使自然承载力指数（N）在前期有小幅度上升后便出现显著的拐点，并呈现出显著的下降趋势。由于交通设施、社会进步及集聚程度指数均呈现上升状态，受其影响，获得性承载力指数（F）同样表现出逐年上升趋势。资源环境承载力指数（RECCC）与自然承载力指数波动轨迹较为一致，这主要是由于承载力中起主导作用的资源支撑指数整体上是下降的，而现发展阶段的获得性承载力指数虽有所上升，但上升幅度远低于资源支撑指数的下降幅度。与资源环境承载力相反，人口经济社会发展压力指数（PSEPI）则呈现出稳步上升状态，社会经济发展本身是一个动态变化的过程，而且期间经济危机、生态文明建设等通过对人口发展模式、经济增长方式和资源消耗强度的影响从而对社会经济发展大环境产生影响。

表 5-15 2005~2012 年厦漳泉城市群综合资源承载力评判指数

综合评判指数	2005 年	2006 年	2007 年	2008 年	2009 年	2010 年	2011 年	2012 年
N	0.0740	0.0816	0.0632	0.0575	0.0513	0.0524	0.0446	0.0414
F	0.0014	0.0019	0.0023	0.0027	0.0040	0.0050	0.0060	0.0077
RECC	0.0741	0.0818	0.0633	0.0576	0.0515	0.0527	0.0449	0.0418
PSEPI	0.0003	0.0003	0.0006	0.0009	0.0010	0.0013	0.0018	0.0019

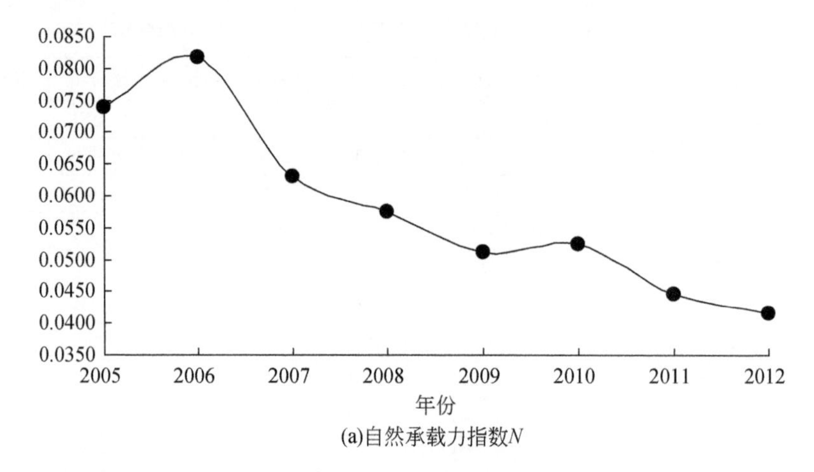

(a)自然承载力指数N

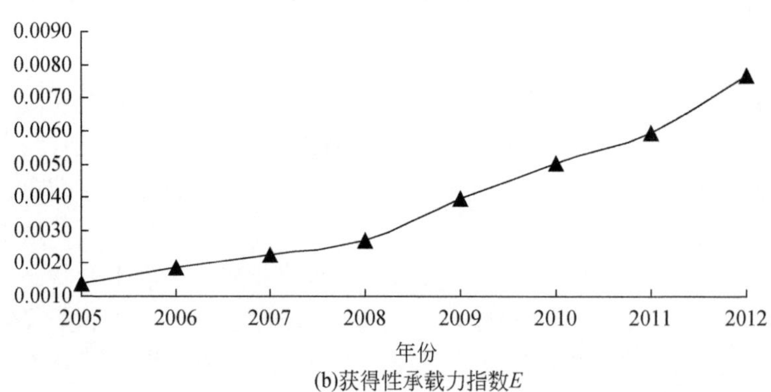

(b)获得性承载力指数E

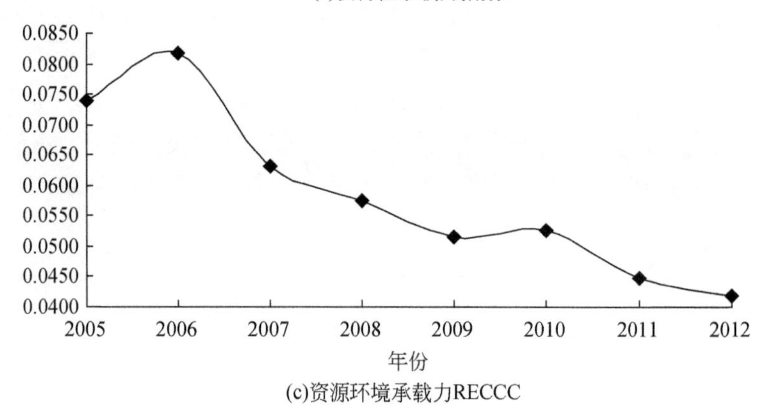

(c)资源环境承载力RECCC

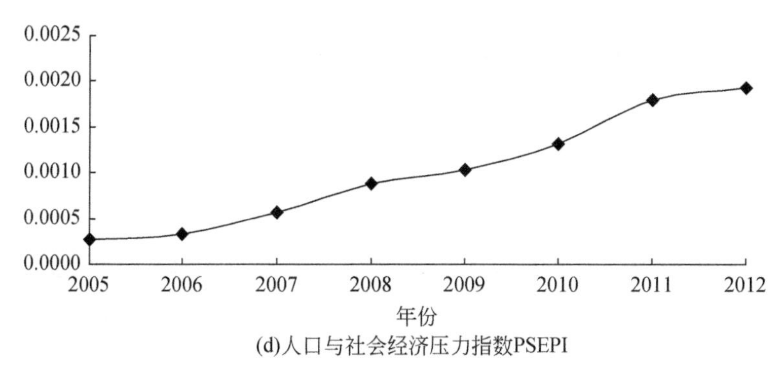

(d)人口与社会经济压力指数PSEPI

图 5-5 2005～2012 年综合资源承载力指数和压力指数变化趋势

2）城市群可持续发展状态动态变化

由表 5-16 可知，虽然 2006 年厦漳泉城市群属于可持续发展状态，但由于在 2006 年以后，人口经济社会发展压力增幅过快，并且快于资源环境承载力增幅，承载力的变化率均小于压力的变化率，导致厦漳泉城市群可持续发展状态较差，属于不可持续发展。若按照目前空间结构持续发展，则厦漳泉城市群可持续发展状态不容乐观。因此，在自然承载力逐年下降的背景下，需提高交通设施等获得性承载力，并通过提高资源利用效率、改变发展方式等来调节承载力与压力、促进人地关系协调发展。

表 5-16 2005～2012 年厦漳泉城市群可持续发展状态

相关指标	2005 年	2006 年	2007 年	2008 年	2009 年	2010 年	2011 年	2012 年
$RECCC_{Ri}$	0. 8078	1. 0000	0. 5384	0. 3969	0. 2425	0. 2725	0. 0773	0. 0000
$PSEPI_{Ri}$	0. 0000	0. 0358	0. 1774	0. 3664	0. 4612	0. 6280	0. 9197	1. 0000
$\Delta RECCC_{Ri}$	—	0. 1922	-0. 4616	-0. 1415	-0. 1545	0. 0300	-0. 1952	-0. 0773
$\Delta PSEPI_{Ri}$	—	0. 0358	0. 1416	0. 1890	0. 0948	0. 1668	0. 2917	0. 0803
γ（夹角）	—	+	-	-	-	-	-	-
可持续发展状态	—	可持续	非可持续	非可持续	非可持续	非可持续	非可持续	非可持续

“+”表示夹角 $\gamma>0$；“-”表示夹角 $\gamma<0$

5.3.3 资源环境综合承载潜力测算

1) 土地资源承载潜力测算

厦漳泉城市群的土地资源主要供给城市建设用地、基本农田和生态用地所需，因此从城市发展建设角度来看，所有的适宜建设用地面积除基本农田面积外，生态用地面积维持最小规模时，按照一定的人均建设用地标准，计算区域现在和将来可能承载的人口数量。具体计算模型和方法如下：

[可用作建设用地面积] = [适宜建设用地面积] - [基本农田面积] - [生态用地面积]

[土地资源承载人口规模] = [可用作建设用地面积] / [城镇人均建设用地面积标准]

厦漳泉城市群未来可利用土地资源面积合计为9498.35km^2，加上现有城镇建设用地2568.15km^2，土地资源可供开发建设面积共12 176.28km^2。根据相关研究，只有大于或等于140～200m^2/人的城市土地需求指标，城市居住、交通、绿化等生活基本需求空间才能满足；而国家建设部要求城镇人均用地面积为60～120m^2，因此，本研究设定城镇人均建设用地面积为100m^2、120m^2、140m^{2}高、中、低三种方案，测算土地资源可承载的城镇人口规模（表5-17）。

表5-17　厦漳泉城市群土地资源承载潜力测算

地区	可供建设用地总量/km^2	人口规模预测（万人）		
		高	中	低
厦门	635.12	635.12	529.3	453.7
漳州	6 277.73	6 277.73	5 231.44	4 484.10
泉州	5 153.65	5 153.65	4 294.7	3 681.2
厦漳泉城市群	12 066.50	12 066.50	10 055.42	86 18.93

2) 水资源承载潜力测算

水资源承载力主要取决于供水能力和水资源利用效率。按照一定的用水分配比例分别计算地区生活、工业等用水规模，在此基础上以一定的人均生活用水指标计算水资源承载的人口规模。水资源支撑的人口规模计算表达式为

$$F_{pm} = W_{ps} / F_l = W_s \omega_l / F_l \tag{5-25}$$

式中，F_{pm}为地区水资源承载的人口规模；W_{ps}为地区可供给的生活用水量；F_l为人均综合用水指标；W_S为地区可供给水资源总量；ω_l为地区城乡生活环境用水比重。

依据厦门市、漳州市、泉州市水资源公报，厦漳泉城市群可供水量包括地表水、地下水及其他水源，根据厦漳泉城市群多年平均水资源总量、多年平均水资源利用率，按照陈文群的预测方法（陈文群，2006），厦漳泉城市群可供给水资源总量为88.59亿m^3（表5-18）。根据多年生活用水比重，厦漳泉城市群城乡生活环境用水比重为55.33%（表5-18），而人均综合生活用水量指标值为130～140 m^3/人，并分别作为高、中、低方案指标值。通过以上分析，厦漳泉城市群可承载人口规模为3501万～3770万人（表5-18）。整体来看，在没有寻求到新水源的情况下，仅利用现有和可资建设的水源工程，水资源仍是厦漳泉城市群经济发展和人口规模增长的制约因素。

表5-18　厦漳泉城市群水资源承载潜力测算

地区	可供给水资源总量/亿 m^3	城乡生活环境用水比重/%	人口规模预测/万人		
			高	中	低
厦门	8.39	65	419.50	403.96	389.54
漳州	34.50	45	1 194.23	1 150.00	1 108.93
泉州	45.70	56	1 968.62	1 895.70	1 828.00
城市群	88.59	55	3 770.75	3 631.10	3 501.41

3）大气环境承载潜力测算

环境承载力是依据主要污染物的环境容量，按照一定的生活和生产污染物排放系数，测算环境承载人口规模。大气环境支撑的人口规模计算表达式为

$$S_{Pm}=S_{Ls}/S_P=Q\omega/S_P \tag{5-26}$$

式中，S_{Pm}为大气环境承载人口量；S_{Ls}为地区生活大气污染物控制排放量；S_P为人均年生活大气污染物排放量；Q为大气污染物控制排放量；ω为生活大气污染物排放量比重。

其中，Q采用多用箱模式进行预测，计算公式如下：

$$Q=A(C_k-C_0)\frac{S}{\sqrt{S_C}} \tag{5-27}$$

式中，S_C为地区城镇工矿建设用地面积；S为地区土地面积。按照我国各地区总量控制系数A值范围表（表5-19），分别取$A=3.64$，$C_k=0.020$，$C_0=0$，则得出

厦漳泉城市群的极限环境容量作为预测期内的大气环境控制排放总量，即10.96万t。根据历年厦漳泉城市群工业生产与生活二氧化硫排放比例看，工业生产二氧化硫与生活二氧化硫排放量之比为95.7∶4.3，则预测生活二氧化硫排放量为总排放量的4%，即为0.44万t。按照历年人均年生活二氧化硫排放量，设定未来人均年生活二氧化硫排放量为150～250g/人，可计算得到厦漳泉城市群大气环境人口容量为2874万～4312万人（表5-20）。

表5-19 我国各地区总量控制系数 *A* 值

序号	地区	*A* 值范围	建议 *A* 值
1	新疆、西藏、青海	7.0～8.4	7.14
2	黑龙江、吉林、辽宁、内蒙古（阴山以北）	5.6～7.0	5.74
3	北京、天津、河北、河南、山东	4.2～5.6	4.34
4	内蒙古（阴山以南）、山西、陕西（秦岭以北）、宁夏、甘肃（渭河以北）	3.5～4.9	3.64
5	上海、广东、广西、湖南、湖北、江苏、浙江、安徽、海南、台湾、福建、江西	3.5～4.9	3.64
6	云南、贵州、四川、甘肃（渭河以南）、陕西（秦岭以南）	2.8～4.2	2.94
7	静风区（年平均风速小于1m/s）	1.4～2.8	1.54

资料来源：《中国环境统计年鉴2012》

表5-20 厦漳泉城市群大气环境承载潜力 （单位：万人）

地区	人口规模预测		
	高	中	低
厦门	1 473.23	1 178.58	982.15
漳州	1 740.83	1 392.66	1 160.55
泉州	1 097.97	878.38	731.98
城市群	4 312.02	3 449.62	2 874.68

4）水环境承载潜力测算

水环境承载的人口规模计算表达式为

$$W_{Pm} = W_{Ls}/W_P \tag{5-28}$$

式中，W_{Pm}为水环境承载人口量；W_{Ls}为地区生活污水排放中污染物控制排放量；W_P为人均生活污水污染物排放系数。

根据《福建省海湾数模与环境研究》，厦漳泉城市群COD总环境容量约为

65 万 t。按照历年统计，厦漳泉城市群生活污水 COD 排放量约占总 COD 排放量的 2/3，为 43.33 万 t。参考以往研究结果，确定人均 COD 排放系数分别为 50g/（人·d）、52g/（人·d）、55g/（人·d），由此确定水环境可承载人口规模低、中、高方案为 2686 万人、2841 万人、2955 万人（表 5-21）。

表 5-21 厦漳泉城市群水环境承载潜力 （单位：万人）

地区	人口规模预测		
	高	中	低
厦门	432.88	416.23	393.55
漳州	1 132.99	1 089.41	1 029.99
泉州	1 388.82	1 335.41	1 262.57
城市群	2 954.69	2 841.05	2 686.10

5）交通环境承载潜力测算

厦漳泉城市群的城际交通相对发达，但城内交通环境尚不能满足民众要求，而交通环境是城市综合资源承载力重要的获得性承载力，因此对于厦漳泉城市群而言，交通环境的承载潜力至关重要。

影响交通承载潜力的因素较多，包括了道路里程、需求等，其中，道路里程较为关键。为了便于计算，本研究只考虑该因素，路网资源承载力计算公式如下：

$$C = \frac{L \times \mu}{V} \tag{5-29}$$

式中，C 为路网资源承载力（标准辆）；L 为道路里程（km）；V 为平均车速（km/h），μ 为道路标准车型的实际通行能力（辆/h），可用式（5-30）计算：

$$\mu = U \times \eta \times \gamma \times 2 \tag{5-30}$$

式中，U 为标准车型理论通行能力（辆/h）；η 为车道修正系数；γ 为道路类型修正系数。根据厦漳泉城市群 2000 ~ 2012 年道路里程数据（设平均速度为 40km/h）及已有研究经验数字，则 $U=1380$，$\eta=1.87$，$\gamma=1$，可计算厦漳泉城市群交通承载潜力。

按照 5% 的增长速度增加，到 2020 年厦漳泉城市群公路里程将达到 39 724km，预测 2020 年厦漳泉城市群路网资源承载力为 512.56 万辆，按照深圳市 2012 年万人汽车拥有量 2098 辆来计算，厦漳泉城市群交通承载人口规模到为 2443 万人，若按照全国 2020 年万人汽车拥有量预测目标 1700 辆来计算，厦漳泉城市群交通承载人口规模到为3015万人；若取两者平均值，则厦漳泉城市群2020年交通承载人口为2699万人（表5-22）。整体而言，面对厦漳泉城市群汽车的日益增加，居民机动化出行需求的膨胀，若要保障较高的人均汽车拥有量，在可预见的2020年，城市交通严重超载的可能性依然很大，仍处于预警区域。

表5-22 厦漳泉城市群交通环境承载潜力

地区	公路通车里程/km	路网资源承载力/万辆	人口规模预测/万人		
			高	中	低
厦门	2 842.62	36.68	215.76	193.15	174.83
漳州	15 163.13	195.65	1 150.88	1 030.28	932.55
泉州	21 718.60	280.24	1 648.44	1 475.70	1 335.72
城市群	39 724.34	512.56	3 015.08	2 699.12	2 443.10

6）资源环境综合承载潜力

根据上述测算所得的土地资源、水资源、大气环境、水环境、交通等各单要素承载潜力，按照“木桶原理”，取各单要素承载力中的最小值作为厦漳泉城市群资源环境综合承载潜力，并组合成资源环境可承载人口数量，为2443万~2955万人，其中交通环境是影响厦漳泉城市群开发潜力的主要限制因素（表5-23）。

表5-23 厦漳泉城市群资源环境可承载人口规模方案（单位：万人）

要素	高	中	低
土地资源	12 066.50	10 055.42	8 618.93
水资源	3 770.75	3 631.10	3 501.41
大气环境	4 312.02	3 449.62	2 874.68
水环境	2 954.69	2 841.05	2 686.10
交通环境	3 015.08	2 699.12	2 443.10
综合承载潜力	2 954.69	2 699.12	2 443.10

从城市群内部来看，则各个地区存在一定差异。对于厦门市而言，交通环境是其人口规模扩大的主要因素，其次是水资源，表明厦门市一方面需提高城市交通设施，另一方面需借助同城化，引入稳定客水，以保障发展；而漳州市则是受水环境影响，表明漳州市作为厦门市的主要引水地，更应注重保护水环境，从而提升资源环境承载力；泉州市资源环境承载潜力主要受大气环境影响。

5.4　厦漳泉城市群综合资源承载力空间分异

5.4.1　状态空间法

状态空间法在城市群综合资源承载力空间分异规律研究中的应用已较为成熟（李强和刘蕾，2014），因此本研究借鉴前人研究方法，利用状态空间法探讨厦漳泉城市群综合资源承载力空间分异规律。

本研究首先采用标准法确定了各指标的标准值，其次按照式（5-8）构建向量，选取相应数据可分别计算承载力的现实值和理想值：当 x_i 取各指标的标准值时，综合承载力理想值 $RCC=RCC^*$；当 x_i 取各指标的现实值时，城市群综合资源承载力现实值 $RCS=RCC^*$。

$$RCC^* = |M| = \sqrt{\sum_i^n (\omega_i x_i)^2} \tag{5-31}$$

式中，RCC^* 为某时点区域综合承载力；$|M|$ 为区域综合承载力的有向矢量模；ω_i 为 x_i 轴的权重；x_i 在计算过程中可表示为不同的具体指标。

进而将 RCC 与 RCS 进行比较，可判断城市群综合资源承载力的实际承载状况：RCS>RCC 表示超载，RCS=RCC 表示满载，RCS<RCC 表示可载。最后根据 RCC 与 RCS 的差值，可视化表达城市群综合承载力空间分异，从而进一步进行分析。

5.4.2　城市群综合资源承载状态空间差异

从自然承载力指数来看（表 5-24），漳浦县的自然承载力指数最高，德化县、南安市、南靖县、平和县次之，表明这些区域资源支撑相对丰富，环境容量较大，从指标上看，则表现为可利用土地资源、水资源的丰富性。而湖里区、思明区、鲤城区、丰泽区、东山县较低，一方面说明优化开发区的资源支撑已达到了一定的饱和状态，同时环境容量亦有待提高，特别是土地资源；另一方面，表明了岛屿城市资源支撑的依赖性，特别表现为水资源、土资源的稀缺而需进行同城合作，并进行相应的城市群空间重构。由于资源环境承载力主要受自然承载力影响，同样的，资源环境承载力与自然承载力指数表现出较为一致空间差异，漳浦县、德化县、南安市、南靖县、平和县等县市资源环境承载力较高，而湖里区、思明区、鲤城区、丰泽区、东山县的资源环境承载力较低。

表 5-24 厦漳泉城市群各空间单元综合资源承载力状况

行政区	自然承载力指数	获得性承载力指数	资源环境承载力指数	人口经济社会压力指数
思明区	0.0322	0.0033	0.0323	0.0014
海沧区	0.0502	0.0024	0.0503	0.0012
湖里区	0.0320	0.0034	0.0321	0.0017
集美区	0.0405	0.0029	0.0406	0.0010
同安区	0.0471	0.0023	0.0472	0.0007
翔安区	0.0507	0.0024	0.0508	0.0010
鲤城区	0.0355	0.0037	0.0356	0.0012
丰泽区	0.0387	0.0036	0.0389	0.0010
洛江区	0.0404	0.0015	0.0404	0.0006
泉港区	0.0421	0.0016	0.0422	0.0006
石狮市	0.0492	0.0033	0.0494	0.0010
晋江市	0.0491	0.0025	0.0492	0.0007
南安市	0.0619	0.0016	0.0620	0.0005
惠安县	0.0457	0.0017	0.0458	0.0008
安溪县	0.0543	0.0012	0.0543	0.0006
永春县	0.0543	0.0012	0.0543	0.0007
德化县	0.0619	0.0012	0.0619	0.0006
芗城区	0.0354	0.0026	0.0355	0.0009
龙文区	0.0443	0.0024	0.0444	0.0009
龙海市	0.0557	0.0017	0.0558	0.0006
云霄县	0.0494	0.0014	0.0494	0.0006
漳浦县	0.0708	0.0014	0.0709	0.0007
诏安县	0.0468	0.0013	0.0468	0.0005
长泰县	0.0470	0.0017	0.0471	0.0007
东山县	0.0370	0.0016	0.0371	0.0006
南靖县	0.0607	0.0016	0.0608	0.0006
平和县	0.0567	0.0013	0.0568	0.0006
华安县	0.0508	0.0014	0.0509	0.0002

从获得性承载力指数来看，湖里区、思明区、鲤城区、丰泽区、石狮市最高，而诏安县、平和县、永春县、德化县、安溪县最低，且这些区域差距较大，说明了交通设施、社会进步以及集聚程度事实上主要集中于厦漳泉城市群的中心城区，致使其获得性承载力指数远高于其他地区。这也说明了，厦漳泉城市群在主体功能区实施的背景下，需进行空间重构，以进一步合理分配获得性承载力。

从人口经济社会压力指数来看，湖里区、思明区、鲤城区、丰泽区、海沧区、石狮市、集美区、翔安区、芗城区、龙文区等区域相对较高，这些区域主要为厦门市、泉州市中心城区及漳州市中心城区，表明人口发展、经济增长、资源消耗、环境污染、宜居需求等方面的压力均较大；而东山县、德化县、洛江区、安溪县、云霄县、平和县、诏安县、华安县的人口经济社会压力指数则较低。

城市群各单元资源环境承载状态的空间差异，一方面验证了主体功能区划分结果，如湖里区、思明区、鲤城区及丰泽区，既是资源环境承载力指数最低的区域，但同时又是人口经济社会压力指数最大的区域，属于优化开发区；但从整体上看，厦漳泉城市群仍属于资源环境承载力较为薄弱地区。另一方面，资源环境承载状态的空间差异，则要求城市群内部进行合理安排，有序进行重构，提高各单元的承载能力以及抗压力指数。

5.4.3 城市群综合资源承载潜力空间差异分析

根据表 5-25 中综合承载力（RCS−RCC）计算结果，承载状况可初步判断为超载（RCS>RCC）的共有 4 个评价单元（图 5-6），包括思明区、湖里区、鲤城区、丰泽区，为厦漳泉城市群的优化开发区，资源环境承载力最低特别是自然承载力，同时该区域经济发达、人口稠密地区，工业化和城市化发展对资源环境的压力最大，人口与经济社会压力最大，但社会科技水平高、获得性承载力高，属“低承载力高压力型”，是潜力提升区，因此可通过提高获得性承载力以缓解超载情况；同时，人口经济发展过程中应着重资源环境内涵提升，合理控制人口、产业的大规模迁入，加快转变经济发展方式，调整优化经济结构，提升参与全球分工与竞争的层次，科学有序提升综合承载潜力。满载（RCS＝RCC）的评价单元有 2 个，分别为石狮市、晋江市，相对而言，满载区域虽资源环境承载潜力较超载区域相对较高，但仍面临较高的人口与经济社会压力，因此，满载区域属“低承载力中压力型”，是潜力一般区。其余的评价单元表现为可载（RCS<RCC），其中海沧区、集美区、翔安区、同安区、惠安县、龙文区、芗城区、南安市已接近满载，其资源环境承载力指数相对较高，而人口与经济社会压力指数也同样居于中间位置，属于“中承载力中压力型”，是潜力较大区；而南靖县、

平和县、诏安县等空间单元的可载程度最大，资源环境承载力指数最高，人口与经济社会压力指数在厦漳泉城市群中处最低位置，属于“高承载力低压力型”，是潜力最大区。此外，值得注意的是，东山县显示出低承载力高压力，是由于其为沿海岛屿，可利用土地资源少，且社会经济发展压力大，人地关系十分紧张，因此应在对城市进行科学定位的基础上，高度重视承载力与压力失衡的情况，严格控制人口经济社会发展压力。

表 5-25　2012 年厦漳泉城市群综合承载力空间差异

行政区	RCS	RCS-RCC	行政区	RCS	RCS-RCC
思明区	0. 349	0. 01	安溪县	0. 301	-0. 038
海沧区	0. 334	-0. 006	永春县	0. 297	-0. 043
湖里区	0. 357	0. 017	德化县	0. 294	-0. 046
集美区	0. 333	-0. 006	芗城区	0. 313	-0. 027
同安区	0. 319	-0. 02	龙文区	0. 316	-0. 024
翔安区	0. 329	-0. 01	龙海市	0. 308	-0. 031
鲤城区	0. 343	0. 004	云霄县	0. 29	-0. 049
丰泽区	0. 34	0. 001	漳浦县	0. 304	-0. 035
洛江区	0. 309	-0. 031	诏安县	0. 274	-0. 066
泉港区	0. 309	-0. 030	长泰县	0. 29	-0. 049
石狮市	0. 34	0	南靖县	0. 293	-0. 047
晋江市	0. 34	0	东山县	0. 284	-0. 055
南安市	0. 311	-0. 029	平和县	0. 28	-0. 059
惠安县	0. 316	-0. 024	华安县	0. 292	-0. 048

从整体上看，厦漳泉城市群的综合承载力呈现出与现状经济空间结构、城镇空间结构相矛盾的态势，即厦漳泉城市群愈是经济较为发达、人口集聚较强的地区，其综合承载力表现为超载，其潜力亟须提升；而潜力一般区和潜力较大区主要是围绕在潜力提升区外围，潜力最大区分布在最外围，形成典型的“中心-外围”规律。厦漳泉城市群的综合承载力表现出显著的空间差异，与现状空间结构存在一定的矛盾，亟须对其空间结构进行重构。

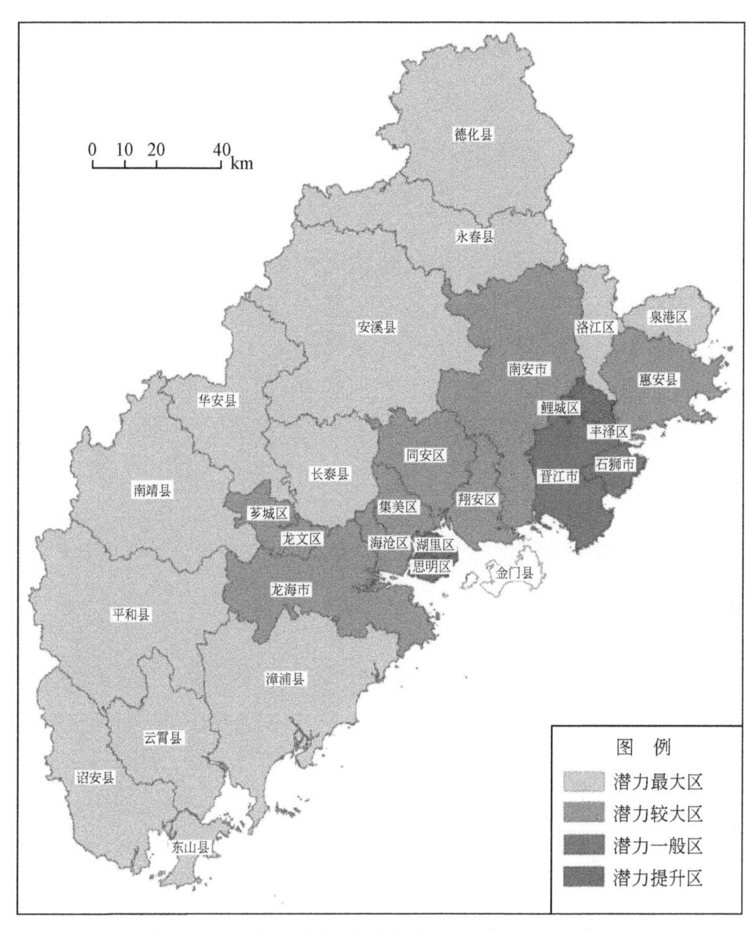

图 5-6 厦漳泉城市群综合资源承载力空间分异

5.5 厦漳泉城市群主体功能区实施成效分析

自 2012 年 12 月《福建省主体功能区规划》颁布实施以来，厦漳泉城市群整体上按照主体功能区实施，但并未实现预期成效，主要原因如下：

第一，主体功能区规划是战略性规划，虽对区域主体功能进行了定位与把握，但由于主体功能空间定位重叠致补偿区域不明确、开发强度不明确等原因(周小平等，2013)，致使空间难以落地，规划实施难以进一步拓展。

第二，由于主体功能区与城乡规划的协调问题仍需调整。主体功能区规划虽为城乡规划的上位规划，但在时序上的对接目前还存在错位，不能保证其上位性而实现对城乡规划的空间和功能定位，同时，在空间上，主体功能区划分模式的刚性和简单化与城乡规划的弹性和多层化具有潜在的冲突（王振波和徐建刚，2010），其公众参与性也远远落后于城乡规划，从而其实施成效不佳。

第三，主体功能区内部缺少一个明显而合法的主体功能区政府，管治主体具有一定的模糊性，因此实施进展中，厦漳泉三市的支持力度明显不够，但随着厦漳泉城市群同城化的深入，该方面的问题必随之解决。

因此，有必要分析厦漳泉城市群主体功能区实施中遇到的重大问题，并以问题为导向，在各类型主体功能区基础上，探讨城市群空间重构，一方面促使城市群空间重构在主体功能区引导下进行，另一方面推进主体功能区规划实施。

5.6 厦漳泉城市群主体功能区实施重大问题

5.6.1 优化开发区地位有待提高

厦门市中心城区、泉州市中心城区均为厦漳泉城市群的优化开发区，如第3章空间结构特征分析，厦门市常住人口仅367万人，地区生产总值为2817.07亿元，不仅土地面积及人口数量低于漳州和泉州，经济总量同样远低于泉州市，而与同样是优化开发区的上海市、广州市相比（表5-26），厦门市的城市规模更显不足，其对周边地区的凝聚力与辐射能力、辐射范围、影响强度受到较大程度的限制，致使市场空间拓展不够，经济腹地小，中心城市应具备的极化、扩散能力不强。同时，第3章的首位度分析也同样显示，厦门市城市规模集聚度偏低，中心地位不够明显，作为优化开发区的地位不够显著。对于泉州市而言，虽然其土地面积、经济总量可能达到中心城市标准，但其人均GDP远低于厦门市，处于工业化中后期阶段，目前仍以第二产业为主导，尚未形成能够辐射、带动周边区域发展的产业体系，且泉州市县域经济特色明显，内部仍是处于较“散”的发展，凝聚力不够，市辖区未能发挥中心城市作用，因此，泉州市作为厦漳泉城市群的中心城市尚有一定距离。此外，如第3章的城市影响范围分析表明，厦门、泉州都不具备辐射厦漳泉城市群全域的经济势能，城市经济影响趋于分散化，因此，对于厦漳泉城市群而言，并没有覆盖整个城市群的明显的中心城市，优化开发区地位有待提高。

表 5-26　厦门市、泉州市与上海、广州比较

城市	土地面积/km^2	常住人口/万人	人口密度/(千人/km^2)	地区生产总值/亿元
厦门	1 573.16	367	2.33	2 817.07
泉州	11 015	829	0.75	4 726.50
上海	6 340.5	2 380.43	3.75	20 101.33
广州	7 434.4	1 270.08	1.71	13 551.21

5.6.2　重点开发区城市功能定位不清

尽管厦漳泉城市群各单元主体功能定位明确，但由于缺乏长期的协调机制及其他方面的影响，厦漳泉城市群在实际发展中同类型不同城市的功能定位并不明确，缺乏统一、清晰的功能分工体系，缺少从厦漳泉城市群整体发展的角度考虑总体功能和空间格局，衔接不足等问题仍然存在，尤其是在交接地带，功能缺乏协调、分工的问题更为突出。在同城化、主体功能区战略提出后，三市的重点开发区发展战略仍未作出相应的调整，临港工业仍未进行有效整合；机械、电子产业仍是厦门、漳州鼓励发展类的产业，均有各自独立的产业链和上下游企业，产业链不长且集中于低端，未进行分工协调；泉州市内部仍未有效形成一体化，产业仍集中在服装鞋帽等传统产业，难以形成跨市域的产业链条。此外，在产业结构优化升级方面，厦漳泉三市均提出重点发展新兴支柱产业、港口物流等第三产业，如厦门市科研、信息等生产性服务资源与泉州市的制造业并没有形成互动发展，三市的比较优势没有充分发挥，致使厦漳泉城市群的各城市功能定位不清。

5.6.3　区域资源环境承载压力加剧

从第 3 章的分析可以看出，厦漳泉城市群人口、经济空间分布均集中于东南部沿海地区，特别以优化开发区更为密集。厦漳泉城市群人口、经济空间分布的不均匀状态以及人口流动的整体趋势将加剧部分区域的资源环境的压力。以厦门市为例，人口空间分布集中在岛内的湖里、思明两个区，占全市人口总规模的 52.52%，人口密度分别达到 13 407 人/km^{2}和 11 549 人/km^2，而外围四区人口密度远低于岛内两区，其中翔安、同安两区人口密度较低，约为 780 人/km^2（图 5-7 和图 5-8）。人口过度集中在岛内地区，无疑加大了厦门地区局部资源环境承载压力。

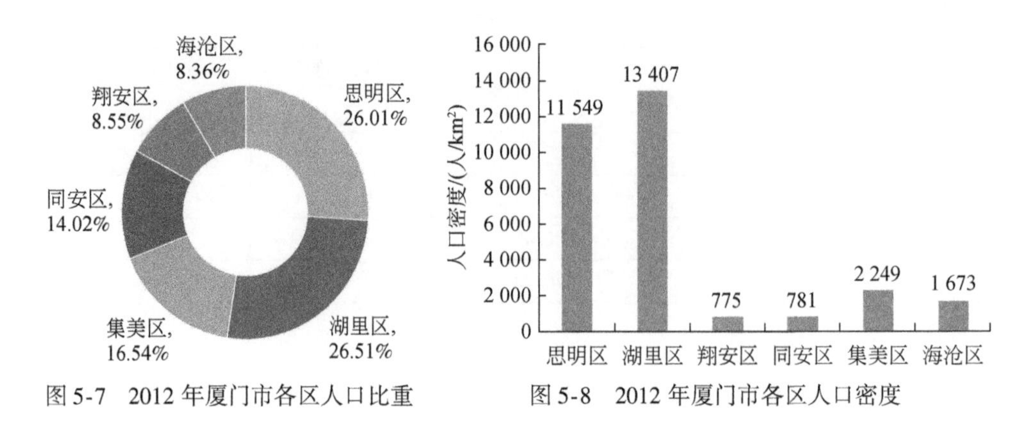

图 5-7　2012 年厦门市各区人口比重　　图 5-8　2012 年厦门市各区人口密度

此外，从厦漳泉城市群城镇化发展速度来看，连续多年超过 1 个百分点的发展速度存在一定的风险性，不可避免地出现了一系列亟待解决的资源与环境问题，包括耕地资源、水资源等重要资源过度消耗、环境污染加剧和城市基础设施建设的重大浪费。城市建设用地面积和污水排放量表现出与城镇化和 GDP 相近的增长态势，仅厦门市而言，2012 年城市建设用地面积为 264.30 万 km^2，年均增长速度达到 8.60%；污水排放量为 26 947.88 万 t，年均增长速度为 10%。由此可见，在厦漳泉城市群城镇化过程中，土地增长速度和废水排放量增长速度远远高于城镇化率自身增长速度，城镇化对水土资源承载压力持续增强。

5.6.4　与生态环境保护目标不协调

主体功能区定位以来厦漳泉城市群经济发展相对于其他沿海城市仍呈现出高投入、低效产出的粗放型特征，经济增长在相当程度上依靠资源和劳动力的粗放式投入。从优化开发区的厦门市角度看，厦门市人均 GDP 仅相当于深圳市的 3/5，地均 GDP 相当于青岛市的 2/5，其经济产出效率仍有较大挖掘空间（图 6-4）。同时，随着经济建设的发展，国土空间开发趋势明显，建设活动对自然生态干扰增强，生态环境保护压力持续增大。以岸线资源为例，伴随大规模的填海、围海工程的相继开展，以及大量的城市垃圾及围海的土石料倾入海域，使海域面积缩小了约三分之一。海域面积的减少，导致海域纳潮面积大大缩小；水动力条件的改变，加大了泥土淤积，使厦门港海域的水流形态及泥沙运行条件发生变化，破坏了海域原有的冲淤平衡条件，极大地改变了海域自然岸线的形状。随着岸线资源过度开发，导致生态遭受破坏，湿地生态系统如红树林已残存不多。由于围垦造地及 20 世纪 80 年代以后滩涂养殖的快速兴起的影响，大片的红树林被破坏，很多地区的红树林迅速消失。

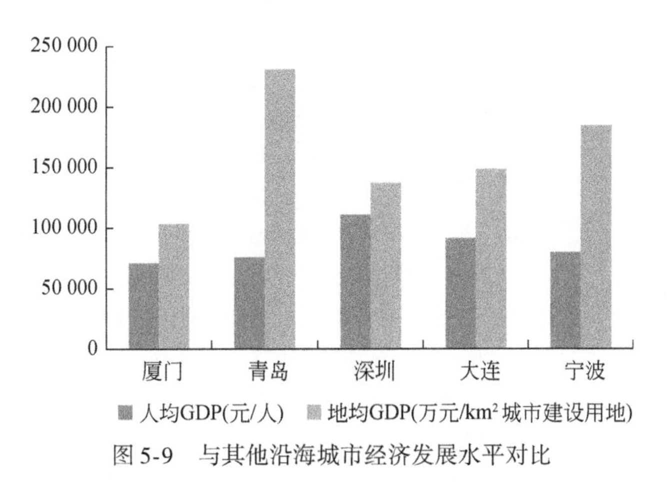

图 5-9　与其他沿海城市经济发展水平对比

5.7 本章小结

本章分析了厦漳泉城市群各空间单元在国家层面、省级层面的主体功能定位及实施成效。从国家主体功能区规划上看，厦漳泉城市群属于国家级重点开发区。从省级主体功能区规划层面上看，厦漳泉城市群禁止开发区包含自然保护区、风景名胜区、森林公园、湿地公园、地质公园及重要饮用水水源一级保护地；优化开发区包括了厦门市湖里区、思明区及泉州市的鲤城区、丰泽区；农产品主产区包括长泰县、南靖县、平和县三个县域的部分乡镇；重点生态功能区包括安溪县、永春县、德化县、华安县、漳浦县、云霄县、诏安县及东山县的部分乡镇；其余均为重点开发区。厦漳泉城市群主体功能区定位明确，实施成效逐步显现，但仍存在部分问题。

本章采用生物免疫学模型分析了 2005 ~ 2012 年厦漳泉城市群综合资源承载力整体情况，判断其可持续发展状态，继而探讨其空间分异规律。2005 ~ 2012 年厦漳泉城市群自然承载力指数呈现出显著的下降趋势，由于交通设施、社会进步以及集聚程度指数均呈现上升状态，获得性承载力指数逐年上升，但资源环境承载力指数整体上呈下降趋势。与资源环境承载力相反，人口经济社会发展压力指数则呈现出稳步上升状态。从可持续发展状态来看，2006 年厦漳泉城市群属于可持续发展状态，但由于在 2006 年以后，承载力变化率小于压力变化率，导致厦漳泉城市群可持续发展状态较差，若按照目前空间结构持续发展，则厦漳泉城市群可持续发展状态不容乐观。同时，根据土地、大气、水以及交通各单要素承载潜力测算，厦漳泉城市群资源环境综合承载潜力为2443万～2955万人，其中交通环境是影响厦漳泉城市群开发潜力的主要限制因素。

从各单元差异上看，资源环境承载力与自然承载力指数表现出较为一致，漳浦县、德化县、南安市、南靖县、平和县等县市资源环境承载力较高，湖里区、思明区、鲤城区、丰泽区、东山县的资源环境承载力最低。而湖里区、思明区、鲤城区、丰泽区、石狮市的获得性承载力指数较高，诏安县、平和县、永春县、德化县、安溪县最低。厦门市、泉州市中心城区及漳州市中心城区的人口与经济社会压力指数较高，而东山县、德化县、洛江区、安溪县、云霄县、平和县、诏安县、华安县的压力指数则较低。思明区、湖里区、鲤城区、丰泽区表现为超载，属“低承载力高压力型”，是潜力提升区；石狮市、晋江市为满载，属“低承载力中压力型”，是潜力一般区；海沧区、集美区、翔安区、同安区、惠安县、龙文区、芗城区、南安市已接近满载，属于“中承载力中压力型”，是潜力较大区；其余空间单元可载程度最大，属于“高承载力低压力型”，是潜力最大区。

综上所述，厦漳泉城市群主体功能区实施成效有待提高，且作为主要影响因素之一的城市群综合资源承载力不仅呈现出不可持续状态，空间差异显著，且呈现出与现状经济空间结构、城镇空间结构相矛盾的态势，亟须对其空间结构进行重构，以进一步在主体功能区的指导下，结合城市群综合资源承载力及其潜力，进行城市群空间重构，有效调整现状矛盾。

6　厦漳泉城市群空间重构

6.1　空间重构整体导向

6.1.1　生态化

十八大召开后，中国社会的生态意识更为浓烈，在主体功能区实施这样的背景下，厦漳泉城市群空间重构思路的首要导向便是生态化。需强调多层次的生态网络空间构成，以便更为切实地保护农业生产地区、资源环境特色地区及生态环境敏感区，促使城市化空间系统与开敞空间系统相结合，形成良好的城市群空间整体格局。邓清华（2013）在其学位论文中指出，生态化城市群是从过去功能空间相互隔绝的、内部同质而区域异质的特征，向各种功能空间相互融合、紧密关联、有机网络化方向转变。在未来城市群重构中，整体空间将更加尊重自然空间，注重城市群空间结构的生态化，促使自然空间、人工空间融合。

厦漳泉城市群集齐海域、河流、山体、森林及绿地系统等自然空间，自然空间的丰富及区域生态环境支撑的改善将推动厦漳泉城市群的生态化。具体而言，生态化可促进人工空间与自然空间相协调，促使城市群与生态环境协调发展，加强对重点生态功能区的空间管治，构筑符合主体功能区的城市群空间格局；另外，生态化可推动城市群部分城市职能转变，促使其改变粗放的发展方式，从而推动城市群整体空间可持续发展。

6.1.2　一体化

城市群是一个由多种要素组成的有机综合体，是一个处于动态发展中的开放性的有机系统，在现实条件下，区域之间、城市之间的协调与合作很难自发形成，需要在制度、经济、社会和文化等动力因素的综合作用下凸显组合的相对优势，也就是探索区域间协作、交流、发展的生长点，进行整合的“契合点”。

在同城化背景下，推进厦漳泉城市群一体化发展，通过交通网络，特别是城内交通一体化发展，实现城市群体空间的整合化发展，在符合同城化、主体功能区规划的背景下，整合发展中心城市，并以此为主导，调整城市群内中小城市的空间发展格局，实现提升城市群地域整体功能。

6.1.3 网络化

城市群因其拥有巨大的人口和交往功能，成为实现不同背景载体接触的理想空间，从而决定了城市群具有多样性、高速性和网络化等特点。交通网络在城镇建设中发挥着日益重要的支撑与保障作用，城市间人口、要素、产业的联系日益密切与一体化发展是现代区域发展的必然趋势。交通的快速发展，致使城市群空间得以重构。

交通既是同城化的主要影响因子，又是影响厦漳泉城市群开发潜力的主要限制因素，因此交通网络在厦漳泉城市群空间重构中的作用愈发重要，是民众参与空间重构的直接表现。交通网络的日益完善，特别是城内交通网络，支撑着整个城市群空间向着网络化、一体化方向发展。通过完善以交通，特别是城内交通为主体的网络化基础设施系统，促进厦漳泉城市群空间结构的不断优化，形成以厦门市、泉州市中心城区为发展极，不同规模城市节点有机联系的空间网络组织，实现城市空间联系的网络化。

6.1.4 节约集约化

在强调建设资源节约型、环境友好型社会的态势下，主体功能区的实施无疑是深化了这一理念。在城市群空间重构中，应加强土地、水等资源的节约集约利用，拒绝无序进行土地城镇化而蔓延城市。

从城市综合资源承载力来看，厦漳泉城市群部分单元已出现满载甚至超载现象，可持续发展状态有待改善，特别是资源支撑指数；从各资源的承载潜力预警来看，厦漳泉城市群的土地、水资源承载潜力亦不容乐观。因此，厦漳泉城市群在空间重构中，应在主体功能的指导下，节约、集约利用各项资源，优化土地供应结构，加强城市立体发展，防止城市无序蔓延；根据各空间单元资源差异，进行空间重构。同时，合理配置水资源，促使水资源在空间上实现最优化。

6.1.5 外向化

城市区域理论的提出，全球城市的兴起，以及经济全球化带来了世界城市的迅猛发展，决定了城市群空间重构需以外向化为导向。在全球化与海峡两岸经济一体化的共同作用下，厦漳泉城市群对外开放水平不断提高，外向化成为必然的发展趋势。

产业结构国际化的推进，对未来厦漳泉城市群空间的发展提出了新的要求，将直接促使城市群空间的外向化发展。同时，在全国城市群空间中，厦漳泉城市群处于长三角城市群和珠三角城市群的边缘化地区，在一定程度上限制了厦漳泉城市群与全国经济系统的联系，随着与国内其他地区耦合互动的发展，未来厦漳泉城市群空间重构将强化与全国城市空间的联系。

城市群空间的外向化转变将主要表现为外向型地域的构建、港口城市的地缘整合以及对外联系通道的建设。在开放经济条件下，区域之间的竞争已经演变成为核心城市或城市群之间的竞争，因此，厦漳泉城市群空间对于全球产业转移、海峡两岸合作及其他相关区域联系加强的响应首先表现为核心城市与城市群等外向型地域空间的构建两个方面。与此同时，港口城市是重要的对外开放窗口，建设沿边开放带，也将是区域对外开放的城镇空间体系的重要组成部分。

6.2 空间重构模式

6.2.1 城市群空间重构的一般模式

1）极核模式

所谓极核模式是指由规模远大于周边城镇的中心城市及其周边城镇组成的空间结构。随着城市的发展，周边城镇受中心城市辐射，并向中心城市集聚，城市间联系密切，从而构成了极核模式，并随着城市的进一步发展，逐步转变为极核网络型结构。极核模式在工业化程度较高的区域较为常见（方辉，2012）。

我国相对成熟的城市群中，武汉城市群的空间结构较为类似极核模式。武汉城市群空间结构大致为不规则的六边形。武汉市作为中心城市在六边形的中心，承担着该城市群的集聚与扩散作用，其余 8 个城市则分别位于六边形的 6 个顶点及与武汉连接的边上（图 6-1）。

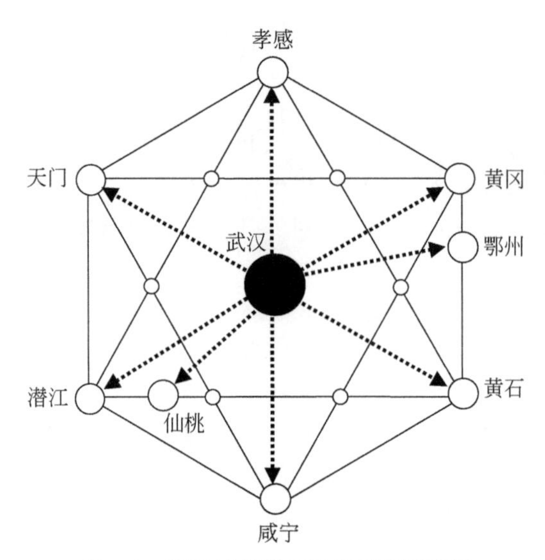

图 6-1　武汉城市群间组织形态示意图

在城市群空间重构中，极核模式是较为基础、稳定的空间组合类型。中心城市的城市职能较为综合，往往是城市群的经济中心，而周边中小城市则是中心城市的经济腹地。随着交通基础设施网络的不断完善，城市群内部各个城市联系愈加紧密，进而成为城市群重构的重要基本模式之一。

2）同心圆模式

同心圆模式同样是以一个中心城市及多个中心城市形成的城市群空间结构，但与极核模式不同的是，同心圆模式的城市群空间则是以中心城市为核心，周边中小城市围绕中心城市呈同心圆状布局，形成典型的“核心-外围”圈层。同心圆模式可分为三个圈层，分别为以中心城市为核心的内圈层，其是城市群发展的增长极；以规模中等、既受中心城市影响又影响规模更小城镇的城市为主的联系圈层；以及以卫星城镇为主的外圈层，是中心城市、联系圈层所能扩散和辐射的区域范围（图 6-2）。

同心圆模式可随城市群发展而制定较为灵活的城市发展规划，但中心城市面临的向心压力较大，因此，在城市群重构中，并不十分倡导该模式。

3）双核模式

在城市群中，有可能有两个较大城市相连在一起，并在城市实力、规模及集聚力等方面不相上下，起到一种“双核心作用”，经济学家称其为“double city"，即双城，并提出若充分发挥双城效应，可产生特别效果（Ullman，1957）。在城市群空间重构中，"双核模式"是针对这种以两个特大城市为核心的城市群进行的空间重构模式（图 6-3）。

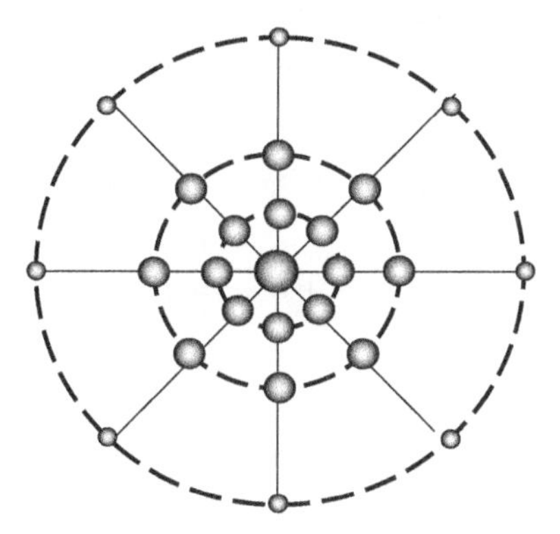

图 6-2　同心圆模式

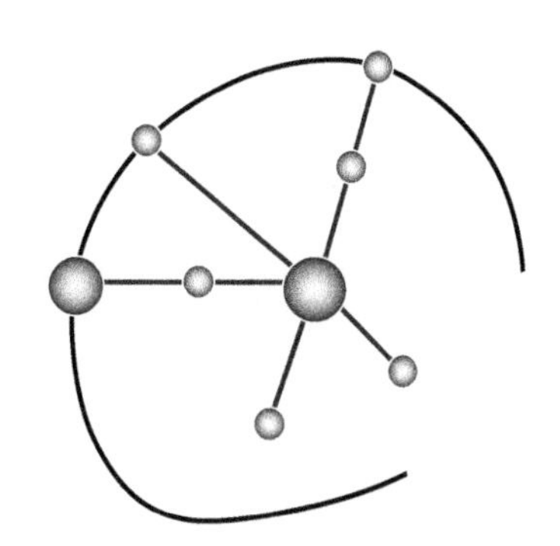

图 6-3　双核模式

采用"双核模式"的城市群空间重构模式，一般要求两个核心城市位置临近、自然地理环境、历史文化底蕴相似，且经济、社会发展水平接近，并呈现出同城化趋势。通过两个核心城市的空间重构，可加快城市群整体的经济、社会发展。但由于两个核心城市经济社会水平接近，未有明显的中心城市，往往有较显著的竞争关系。因此，"双核模式"空间重构的关键在于突破行政界限，引导城市互补合作，充分发挥"双核"的整体优势，从而带动整个城市群的发展。特别是两个核心城市有强弱之分时，即"弱双核"时，在制定城市群定位和发展策略，确定城市群空间重构方向时，既要重视中心城市的发展，更要正确处理好两个核心城市间的合作关系，通过"双核"带动城市群整体实力增强。

京津冀城市群的空间重构模式是我国较为典型的"双核"模式。北京和天津均属于我国综合实力较强的城市，地理位置相邻，在中国历史上就分工明确、相辅相成，且因其政治中心、门户地位，在京津冀城市群中奠定了无可撼动的区域地位，随着城市发展，北京、天津以其雄厚的基础与实力成为京津冀城市群的两个核心城市。北京作为全国政治、文化中心，天津是中国北方重要的综合性港口城市，是北京的通海门户。北京和天津各有优势，通过建设京津城际铁路等交通网络，加强双城的联系，建设优势互补的生产和服务体系；通过空间整合充分发展各自的优势和潜力，达到双星同辉的态势，带动了整个城市群的发展，形成全国最大的政治、文化、经济三位一体的核心区。

4）成长三角模式

成长三角模式是指城市群表现为“三足鼎立”的空间格局。成长三角模式有一个主中心城市，两个副中心城市，形成主中心城市带动两个副中心城市的结构稳定的三角形空间结构。一般情况下，采用成长三角模式的空间重构模式需要满足以下两个条件：首先，城市间存在较为明显的差异，主中心城市表现为大规模、多职能，且以服务业、高新技术产业为主，而副中心城市规模相对较小，职能相对单一；其次，城市间具有良好的互补性，在经济、社会方面的互补才能激发区域内部城市之间整合的积极性，从而为成长三角模式奠定基础。

国内城市群空间结构中，以长沙、株洲、湘潭城市群（长株潭城市群）及哈尔滨、大庆、齐齐哈尔城市群（哈大齐城市群）较为典型。在长株潭城市群中，以长沙为主核心，株洲和湘潭为副核心，三者形成了成长三角模式；而哈大齐城市群则以哈尔滨为主核心，大庆、齐齐哈尔为副核心。主核心城市是城市群的经济中心，政治地位、社会文化发展水平高于副中心城市，并通过重点发展信息产业、金融业、高新技术产业以及都市旅游业，形成较高层次的产业结构，副中心城市则可通过突出发展在全国乃至世界范围内具有优势地位的专业化部门来巩固“成长三角”的综合实力。

5）雁行模式

雁行模式是指城市群中，存在发展极和协调极，发展极是城市群的核心城市，而协调极是城市群中不同规模大小、承担不同职能的大城市，发展极和协调极通过发达的铁路、公路、水路、航空等综合交通网络进行联络，形成一个整体协调、高层次、有序的经济网络和新型地域空间结构。由于其空间结构形同空中飞行的“群雁”，便称为“雁行模式”（图6-4）。其中，发展极一般处于“领头雁”位置，是城市群内各城市相互作用的牵引中心和的辐射源，主要通过规模经济产生集聚效应，并通过引导人流、物流、资金流以及信息流促使城市群各城市的互动。此外，由于发展极同时是城市群的技术创新与扩散的中心地区，在增强自身综合实力的同时，也向周边大城市不断扩散技术创新、产品创新、管理创新、体制创新及服务创新等方面的创新。而协调极则结合自身经济发展水平和地域条件，在城市空间、产业布局等方面与发展极做好协调，并通过构建产业链，做好产业承接工作，实现与发展极的错位发展。同时，凭借发展极的溢出效应，集聚人才，鼓励创新，对接中心城市的人才高地和创新源地。

雁行模式中，首先要求城市群的各城市间拥有相似的文化底蕴和认同感，以为城市间的经济、社会互动奠定基础；其次由于整个重构过程主要依靠中心城市的辐射力，因此要求发展极具有强大的辐射带动能力，且经济社会发展实力远超过周边城市。

在我国，典型的雁行模式是长江三角洲城市群。上海为发展极，在空间上处于城市群重构的“领头雁”位置，不断向周边城市进行产业、技术等方面的扩散，并引导人流、物流、资金流、信息流在整个长三角城市群的各个城市间互动，而南京、苏州、无锡、杭州、宁波、常州六个城市则为协调极，承担不同的功能职责。

6）走廊模式

走廊模式指城市群的主要节点城市沿交通干线或河流等发展轴线布置、延伸，形成了典型的点–轴模式，随着城市的发展，进而形成了走廊–串珠状发展模式（图6-5）。目前我国城市群空间发展的主要模式之一是沿着交通走廊或经济发展轴线发展。辽中南城市群是走廊模式的典型代表之一。辽中南城市群以沈阳为中心，以沈阳的5条铁路为轴线，在每条轴线上有利的交通位置上形成城市节点，并逐步发展为中小城市，且与中心城市沈阳市经济、社会联系密切，从而形成走廊模式。

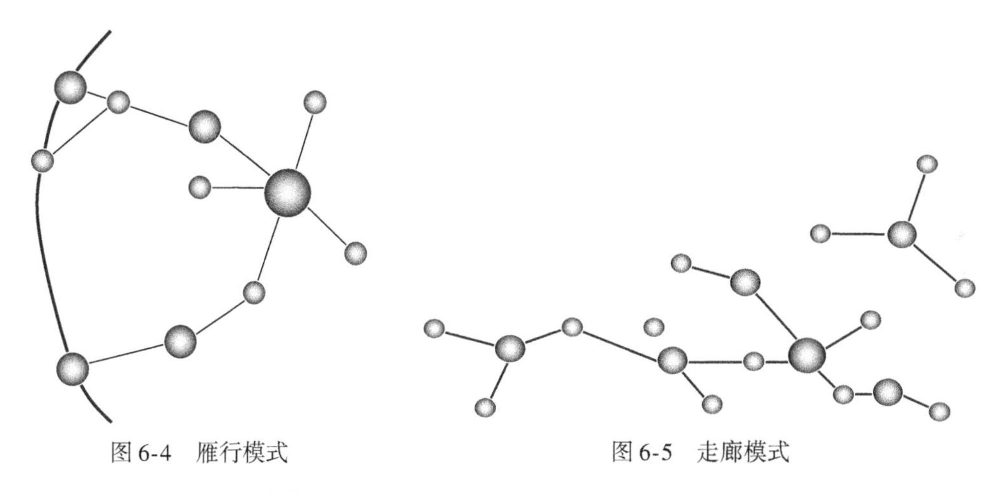

图6-4　雁行模式　　　　图6-5　走廊模式

7）星座网络模式

星座网络模式是指城市群在发展过程中，培育多个中心的互补、相互联系的分散化的城市圈，各城市圈承担不同职能，具有明显的区域分工，但由于交通走廊的连接，各城市圈间的人流、物流、资金流以及信息流等相互扩散，进而形成若干个规模不等、职能不同、地域临近，具有一定区际分工协作水平、优势互补并能发挥整体集聚优势的星座网络型城市群（图6-6）。各城市圈如同星空中各司其职的星座，因此称为星座网络模式。星座网络模式的城市群的各城市间存在强大的吸引力和制衡关系，形成一种多极化的格局。此种类型的城市群整合应按照市场经济的要求“重新划分行政区划，构架发展共同体”，建立协调中心，进行协调规划，解决好深层次的障碍问题，促进城市群的升级创新。

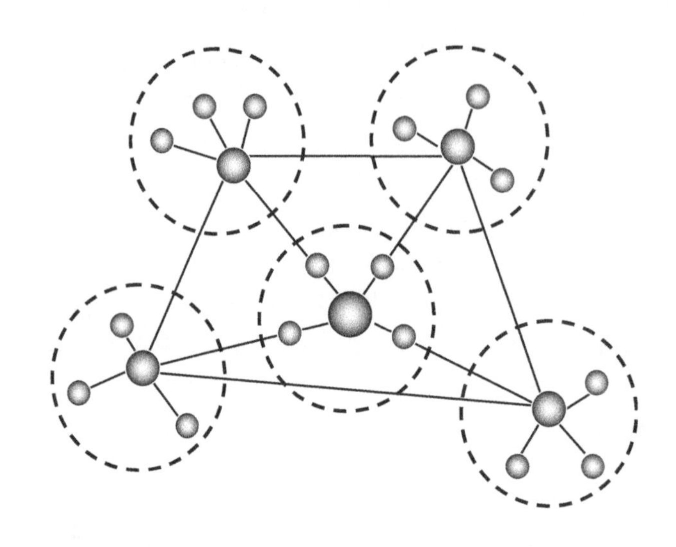

图 6-6　星座网络模式

泛珠江三角洲城市圈的空间重构模式属于星座网络模式。泛珠三角城市群体包括香港、广州、深圳和澳门。港澳、深穗之间的合作已有良好的基础，但两两间的合作方式已经远不能满足泛珠三角城市群体发展的需要，必须展开全方位的整合，相互间应充分开放市场，包括文化、信息、通信、旅游、金融、商业服务等领域。

6.2.2　空间重构的模式选择

目前，长江三角洲、珠江三角洲、京津唐等城市群发展相对成熟，在空间格局上已趋于成熟，而厦漳泉城市群在发展阶段、水平上均有显著差距，因此厦漳泉城市群的空间重构模式不能照抄成长三角等城市群发展模式。

如第 3 章分析，虽然厦漳泉城市群的“点–轴”空间结构已初步显现，但首位城市厦门市集聚力仍有待提高；城际交通网络相对完善但城内交通系统有待改善，整体上资源承载指数下降而经济社会压力上升，城市群超载现象较为明显，且城市综合资源承载力空间差异显著，可持续发展状态亟须改变，再加上行政区划导致的行政壁垒等因素，厦漳泉城市群虽提出同城化战略，但整体上仍处于“貌合神离”状况。鉴于以上种种情况，本研究认为厦漳泉城市群空间重构模式的选择应在同城化与主体功能区实施的背景下，以两者主要影响因子存在问题和发展需求，充分考虑城市群现有空间结构、发展基础，结合城市群发展进程，在不同阶段空间重构模式亦有所侧重，即在近期重点考虑同城化实施及交通因子的影响，以各区域资源环境承载力为结合点，采取群核牵引模式，深化发展“点-轴”模式；而在远期，随着群核城市的发展，人口经济社会压力指数则将继续上升，城市综合资源承载力超载，而城市群内部分城市尚可容纳，因此远期则以主体功能区实施为重点，分流资源环境承载压力，按照不同主体功能，采取职能各异的星座网络模式，形成多极化格局。

1）近期：“点-轴”模式

“点-轴”模式是以厦漳泉城市群的优化开发区，即厦门市中心城区以及泉州市中心城区，作为整个城市群的中心极点，而厦漳泉城市群的重点开发区作为城市群的协调极，完善各自城市城内交通系统，根据城市群内的不同主体功能定位，以发达的城际交通网络为空间联系通道，按照同城化规划，注重中小城镇的引导，特别是限制开发区内各中小承载的保护性发展，最终形成高层次、功能互补、有序开发的城市群，深化发展“点-轴”模式（图6-7和图6-8）。

实现“点-轴”模式的关键在于，作为“中心极点”的厦门市中心城区以及泉州市中心城区是否能够在优化开发的背景下成功牵引整个城市群同城化发展。目前，厦漳泉城市群的首位城市——厦门市的首位度不够突出，带动作用有限，而泉州市经济发展趋势强劲，且同样为优化开发区，在同城化的背景下，厦门、泉州一体化速度有所加快，因此，两者完全可以通过进一步融合，率先实现同城化，进而引导、联合周边城镇，形成强大的发展极。同时，以发展极为核心，沿福厦、厦深、龙厦铁路及沈海高速、泉三高速、厦蓉高速等交通干线，辐射惠安、晋江、石狮、南安、漳州市辖区、龙海、漳浦、云霄、诏安等协调极，从而扩散至安溪、德化、永春、南靖等地区。厦漳泉城市群发展应在“点-轴”结构的总体框架下，将不同等级规模的城市紧密联系，沿着发展轴，并对其沿线进行经济、技术等扩散，不断发展协调极，并带动沿线城市发展。同时，协调极利用空间联系通道，在同城化的引导下，形成二级发展轴线的走廊，并通过走廊的辐射，依据主体功能定位逐级带动小城镇发展，形成“点-轴”模式。

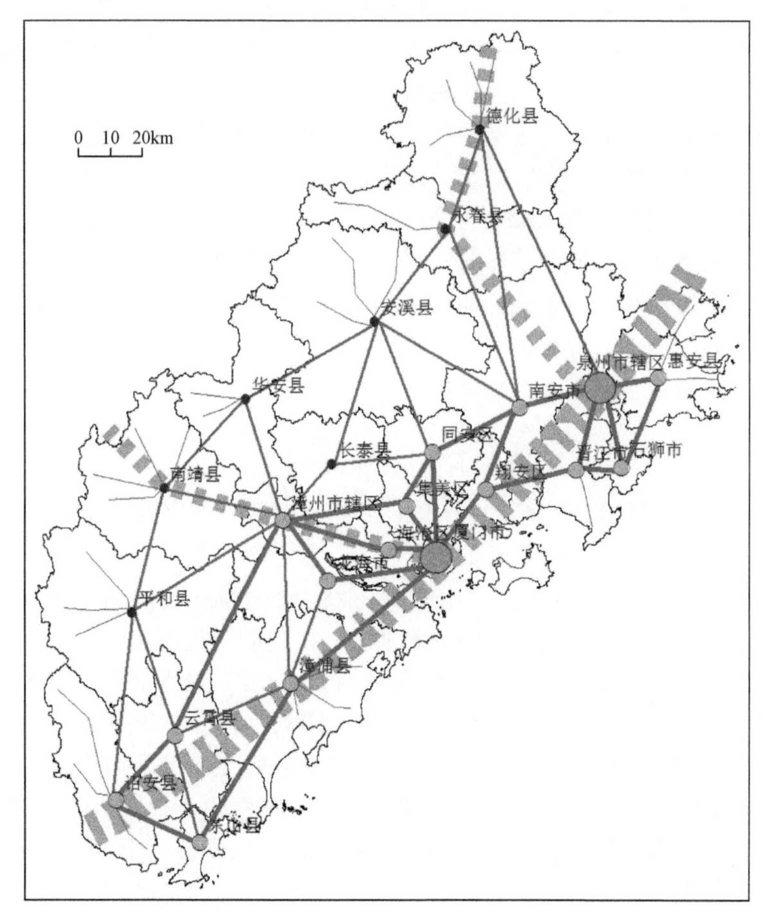

图 6-7 厦漳泉城市群“点–轴”模式

2）远期：星座网络模式

随着厦漳泉城市群发展，远期可将厦漳泉城市群空间重构为星座网络模式，即在城市群内培育多中心的职能各异的城市圈，每个城市在城市群内均扮演同等重要的角色，但却承担不同职能分工；同时城市间以平等互助的方式交流和共存，呈现出多极化的格局。

根据厦漳泉城市群各城市间的联系状况，结合地形、交通、区位等条件，充分考虑资源环境承载力，结合主体功能区，形成六个城市圈，包括厦门都市圈、泉州都市圈、漳州都市圈、泉州北部生态城市圈、漳州西南生态城市圈及漳州南部沿海城市圈，构建星座网络模式（图 6-9 和图 6-10）。

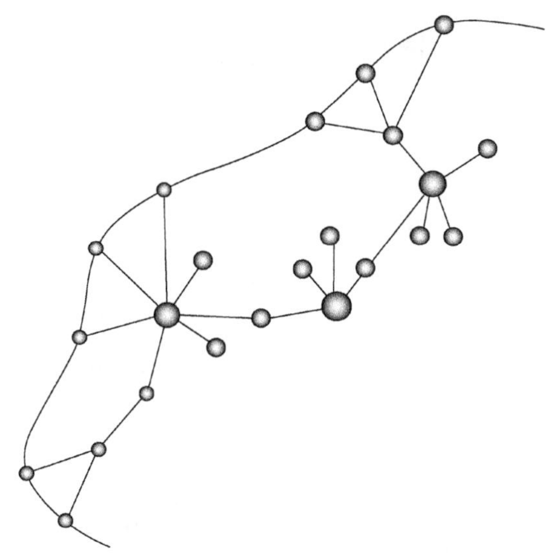

图 6-8 “点-轴”模式

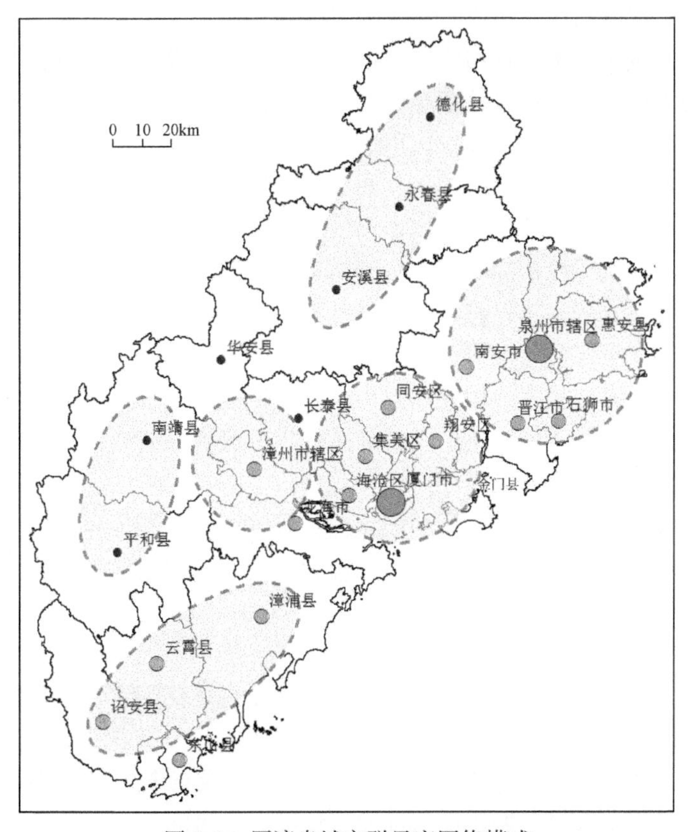

图 6-9 厦漳泉城市群星座网络模式

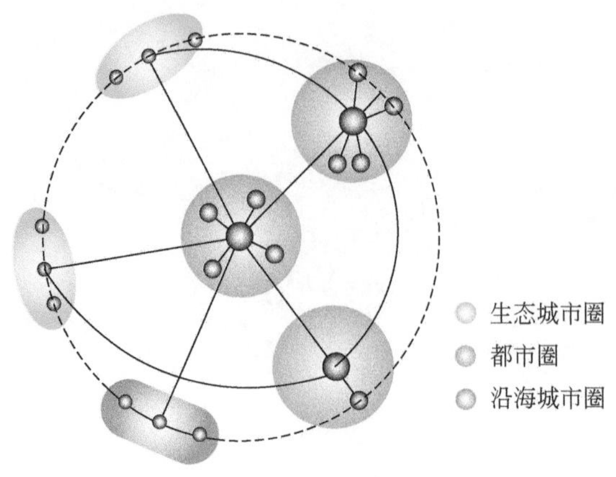

图 6-10 星座网络模式

厦门都市圈以厦门市湖里区、思明区、集美区为主，以高新技术产业和服务业为主，承担厦漳泉城市群的金融服务、创新等功能，打造成国际性的高端服务都会区。泉州都市圈以泉州市鲤城区、丰泽区、洛江区、泉港区、晋江城区、石狮城区、南安城区及惠安县城为主，以先进制造业、现代物流业为主，是厦漳泉城市群宜居宜业的现代化海湾都会区。漳州都市圈以芗城区、龙文区、龙海市为主，辐射南靖靖城、华安丰山，以电子汽车、轻工食品、金属制品为主，打造成为厦漳泉城市群的现代化都会区。泉州北部生态城市圈以安溪县、永春县、德化县为主，以发展生态旅游、环保产业为主，主要承担厦漳泉城市群的山地生态保护、休闲旅游功能，打造成为厦漳泉城市群的“慢城区”。漳州西南生态城市圈包括南靖、平和、华安，以都市农业、生态旅游为主要产业，承担厦漳泉城市群的主要农产品生产功能，重构成为厦漳泉城市群的农业生态城市圈。漳州南部沿海城市圈包括漳浦、云霄、诏安、东山，主要发展石化、海洋现代服务业及海洋战略性新兴产业，承担厦漳泉城市群的海洋生态保护、滨海休闲功能，重构成为厦漳泉城市群的滨海休闲城市圈。

依据各城市圈的特点及主体功能定位，各城市圈职能各异，通过完善的空间联系通道进行联络，城市群内不同城市圈联动发展，同城现象显著，形成的星座网络型城市群。

6.3 各类型主体功能区空间重构的实现路径

厦漳泉城市群近期的“点-轴”空间重构模式及远期的星座网络空间重构模式，一方面是基于厦漳泉城市群目前发展情况，更多的是基于同城化、主体功能区规划实施的大背景提出的重构模式，无论是“点-轴”还是星座网络型模式，均考虑到交通和城市综合资源承载力，并从同城化、主体功能区的角度出发，鉴于此，对于厦漳泉城市群空间重构的实施路径，本研究则将同城化融入主体功能区的大背景，从不同类型主体功能区结合同城化规划的角度，阐述空间重构实现路径。

6.3.1 优化开发区

厦漳泉城市群的优化开发区主要指厦门市中心城区和泉州市中心城区。优化开发区是国土开发强度较高、资源环境承载力已经超载的区域，也是综合资源承载潜力提升区。因此，需按照节约集约化的导向，提高资源利用率，提高资源支撑指数，实施立体提升发展策略，提高综合资源承载潜力；此外，依托技术创新，提高开发潜力，以实现城市群空间重构的中心极点角色。

1）厦门市中心城区

对于厦门市中心城区，空间重构的主要路径是分流人口经济压力，转移高能耗、高污染的产业，提升现代服务业，增强中心城市综合服务功能及区域凝聚力。总部经济往往具有区位优势，在价值链中，居于高端位置，是创新的发源地，能够聚集人才、资本、信息等创新要素，从而应提升厦门市中心城区的产业水平。在总部经济规划方面，以厦门市中心城区的环境条件为基础，以具体空间为载体，落实发展总部经济战略，推动鹭江道-会展中心-五缘湾-观音山商务中心区建设，注重培育科技、金融、设计人才，并加快体制创新，提高高品质服务环境。同时，利用交通设施、社会进步、集聚程度等获得性承载力的比较优势，推动资源要素的重新组合，重点发展高新技术、现代服务业等，以提高获得性承载力。

从现代服务业提升方面来看，目前，厦门市中心城区已有较为良好的现代服务业基础，因此，在提升现代服务业方面，应与改善投资环境、发挥中心城市功能相结合，完善生产服务体系。重点发展与厦门中心城区资源环境承载力相适应的金融服务、旅游会展、文化创意等优势产业，促使传统产业高端化。发展高端服务业，提升服务业整体品位；加强同城化实施进程，与其他城市圈进行互动，协调资源环境支撑。同时，以人为本，按照民众消费结构需求，拓展市场，一方面联动其他城市圈，实现同城化发展，另一方面，缓解人口社会经济发展压力指数，改善城市可持续发展状态。现代服务业的提升不仅要从厦门市中心城区出发，更应重视辐射协调极，带动协调极的发展，切实做好中心极点的职能。

2）泉州市中心城区

作为厦漳泉城市群优化开发区及中心极点之一的泉州市中心城区，更应跳出原有发展空间框架模式，通过空间重构缓解人口与经济压力，改善城市资源综合承载力超载现象。一方面积极南拓，与厦门市的空间资源相对接，加大同城化进程；另一方面应重视由面到点的集聚，突出中心城区带动辐射作用，引导现代产业发展和高端项目布局向环泉州湾集聚，增强科技创新、要素集聚、综合服务与外向带动的引领功能，形成城市功能完善、城市集聚和辐射能力强的基本框架。着力开发拥有自主知识产权的关键技术和配套技术，在创新转型中创造新优势；加快金融资本与产业资本融合，发展多元化的金融服务和金融产业，拓展金融、物流、会展等生产性服务业功能发展，形成稳定的增长极，发挥集聚、扩散效应。

具体而言，鲤城区以历史文化积淀为基础，在推进滨江新城、江南新城建设的同时，打造古城新区和谐发展的文化名城。丰泽区应提升城市民生品质和城市形象品味，建设成为城市功能完善、生活环境优美和社会文明祥和的现代品质城区，加强先进制造业基地建设，奠定泉州市中心城区实力，强化其作为厦漳泉城市群增长极作用。同时，应逐步整合、重构晋江、石狮、南安、惠安等地，为远期的星座网络模式奠定基础。

6.3.2 重点开发区

厦漳泉城市群的重点开发区包括了17个县市，涵盖了漳州市中心城区等地区，是综合资源承载潜力一般区与较大区，一方面由于其获得性承载力相对较高，自然承载力同样处于有利位置，而人口社会经济发展压力却远不及优化开发区，因此重点开发区既要承接优化开发区的部分人口社会经济发展压力的转移，做好产业承接工作，实现与潜力提升区的错位发展、相互协调，又要承接限制开发区和禁止开发区的人口转移，并借助潜力提升区的溢出效应，集聚人才，鼓励创新，因此，在主体功能区实施背景下的空间重构实现路径应注重工业化的进程、质量，提高获得性承载力，提升城市化质量以提高城市综合资源承载潜力，并注重自然承载力的保护与利用，创造适宜人口集聚的生态和居住环境。

1）漳州市中心城区

与厦门市、泉州市中心城区相比，漳州市中心城区并未显现出其经济、社会的突出地位，在厦漳泉城市群空间结构中属于弱核，未能发挥其中心城区的辐射带动作用，是潜力较大区，因此，应重点提升漳州市中心城区，强化其在“点-轴”模式中的协调极地位，凸显其在厦漳泉同城化中的重要作用，促使其逐步成为厦漳泉城市群远期空间重构模式的重要群核。

在空间重构实现过程中，漳州市中心城区应积极创造条件，加快城区过江通道建设，依托厦漳城际快速干道、厦漳城际轨道及各交通廊道，强化与厦门、泉州联结的走廊，充分借助发展轴线，接受厦门市、泉州市的产业、技术创新等辐射。同时，引导服务功能向滨江城市功能中心延伸，提升服务业发展水平；围绕大都市区产业分工需求，整合制造业园区，提升轻工食品、金属制品产业的发展层次。推进港口、铁路、公路等重大基础设施的协同建设，发展多式联运，为周边地区服务，逐步建设成为区域物流、文化、教育和旅游中心。

2）漳州市其他重点开发区

漳州市其他重点开发区指龙海市、漳浦县、云霄县、诏安县及东山县，是厦漳泉城市群重要的协调极。其应发挥在厦漳泉城市群中的独特作用，增强集聚和辐射功能，依托港口资源，打造海峡西岸生态工贸港口城市，着重发展临港重化工业、装备制造业、滨海旅游休闲业。发挥区位优势，强化石化、钢铁和电力三大工业，突出对台农业合作和滨海旅游资源优势，与厦漳泉城市群发展极互动，形成重要协调极。

龙海市是潜力较大区，应发挥港口资源优势，加快工业化步伐，积极融入九龙江口临港产业区；充分利用龙海市“港、渔、滩、岛”资源丰富的优势，加快资源整合，立足高层次、高品位开发，加快滨海旅游业发展，形成对接厦门市最为紧密的协调极。漳浦县应以古雷半岛开发为重点，依托大项目推进城市化进程，利用已有农业区位优势，重点发展都市农业、石化、装备制造业，建设滨海生态旅游地。云霄县应以新光源产业为主导，提升特色农业、旅游观光业，形成滨海综合新区、海峡两岸光电产业合作基地。诏安县要发挥福建南大门的优势，深化与珠三角合作，做强生态农业、轻工制造，积极培育发展海洋生物医药等海洋战略性新兴产业，打造闽台农业技术合作交流示范基地。东山县要通过建设生态旅游海岛，以深化海洋现代服务业为主导，发展滨海休闲旅游业、海洋文化创意产业，形成国际知名滨海旅游目的地。

3）泉州市重点开发区

泉州市的重点开发区包括石狮市、晋江市、洛江区、泉港区、南安市、惠安县。围绕统筹环泉州湾产业港口和城市发展，突出集聚、提升、拓展，加速产业升级和新兴产业培育，着力打造民营经济创新发展先行区域、临港重化工业和先进制造业基地、对台产业合作基地和产业创新基地；培育具有自身产业特色和国际国内影响力的各类专业市场，从而实现泉州市重点开发区空间重构，成为星座网络模式的重要城市圈。

晋江市、石狮市是潜力一般区，其承载力已经达到满载状态，因此，晋江市继续发挥民营经济的同时，着力提升城市功能和品位，引导人口、产业分流，推进现代服务业与先进制造业的融合发展，努力打造成发展环境好、民生品质高的滨海城市；石狮市则应实行“一市一城”的发展战略，加快建设现代城市经济和促进产业转型升级，控制人口流量。

泉港区、南安市、惠安县均属于潜力较大区，在空间重构中，应借助其较大高的综合资源承载力指数，主动承接人口、产业转移。泉港区应利用石化、港口两大优势，正确处理产业发展与城市建设之间的关系，以国家级石化产业基地、宜居宜业的海西绿色石化城为目标，构建以石化、船舶修造为主的重点产业集聚区，形成湄洲湾地区产业聚集核心。南安市应重点发展石建材家具、水暖厨卫生产及贸易，提升专业市场，正确处理市域统筹发展问题和城乡之间的关系，抓紧实施智造兴业和创新发展等工程，努力打造成现代创新型的经济强市、家居名市。惠安县要推进城市、产业和港口一体化发展，构建现代产业体系，不断发展旅游业和物流业，努力建成工贸港口旅游城市。

6.3.3 限制开发区

厦漳泉城市群的限制开发区在远期重构为泉州北部生态城市圈、漳州西南生态城市圈，是星座网络模式的重要城市圈。本研究从农产品主产区、重点生态功能区及近海生态功能区三个功能区探讨限制开发区的重构实现路径。

1）农产品主产区

厦漳泉城市群的农产品主产区指南靖县、平和县、长泰县三个县域，属于潜力最大区。其应发挥区域优势，以提供特色农产品为主体功能；因地制宜，适度有序，以先进、适用技术经营农业，提升本土特色农产品，强化农产品地理标志，完善农业基础设施建设，发展特色、高效、生态的现代都市农业，推动传统农业向精细农业、休闲农业、设施农业转变，积极构建都市型的现代农业体系，高标准建设一批蔬菜、花卉生产基地。同时，建立精品示范园，推进休闲观光农业发展，完善旅游服务设施；严格保护耕地，提高农业开发潜力，确保农业生产空间；严格执行林木采伐管理制度，加强生态恢复与生态建设，确保森林资源、水资源安全；整合对生活环境具有潜在威胁的已有企业，提升或转变其产业格局，提高产业入驻生态门槛，确保入驻企业与该区功能定位及发展方向一致。

南靖县要以县城为中心，协调发展生态旅游区、新型工业区。平和县要强化农业资源优势功能，做好蜜柚和蔬菜等特色产业，建成厦漳泉区域生态农产品生产加工基地。长泰县要重点发展生态农业及农副产品加工，加快发展生态旅游业，重塑“千年古县、温馨小城”的城市品牌，建设都市区生态旅游休闲绿色食品生产基地。

2）重点生态功能区

厦漳泉城市群的重点生态功能区包括泉州市的安溪县、永春县、德化县，漳州市的华安县，以水源涵养、生物多样性维护、水土保持为主要生态功能。该区域应坚持保护为主、生态优先，适度开发生态旅游产品，推动森林生态旅游业健康发展，形成厦漳泉城市群重要的休闲旅游度假区；加大九龙江流域、晋江流域植树造林力度，改善树种结构，增强森林生态系统的水源涵养能力；坚持“点状开发，面上保护”原则，拓展以改善森林景观、森林文化品位为核心的森林生态旅游等产业，实现旅游产业的转型与升级，由观光旅游目的地向休闲运动旅游目的地转变。

从各小城市上看，安溪县应运用现代技术、管理、运作模式提升茶业，做大做强茶叶品牌，发展商务休闲产业，打造宜商宜居宜业的现代山水茶都。永春县要坚持发展特色山地经济，努力促使资源优势转化为产业优势，培育生态旅游等绿色生态产业，以国家主体功能区建设示范试点为契机，建设成为厦漳泉城市群的绿色生态示范区。德化县要以水源涵养为基础，以经济生态化为导向，优化陶瓷产业，推进旅游服务业，建成现代化绿色宜居瓷都。华安县要集约发展和环境资源相配套的产业，发挥生态优势，推进山区特色农业和旅游业，保护厦漳泉城市群水源地，构筑都市区绿色生态屏障。

3）近海生态保护区

厦漳泉城市群地处我国东南沿海，海域面积广阔，海洋经济显著。海洋经济的不断发展致使近岸海域的被需求量大增，而集中于近岸的滨海旅游、临海工业等海域使用类型均具有排他性，近岸海域资源紧张，用海矛盾日渐突出，如九龙江口渔业与港口、东山湾旅游与临海工业、泉州湾渔业与工业的矛盾。近岸海域资源的有限性直接影响海洋经济持续发展，并影响厦漳泉城市群整体发展。鉴于此，本研究认为，近海海域应从限制开发区的角度进行开发利用，从而实现厦漳泉城市群空间重构。

对于近海生态保护区应加强近岸海洋生态保护、修复和治理，坚持保护为主、适度开发、分类推进，协调临海工业、渔业和滨海旅游等临海产业，合理配置海域资源，保障厦漳泉城市群空间重构的经济基础。同时，加强对九龙江、晋江等的水域环境治理，控制入海污染物排放总量，提升水环境承载潜力；整治、保护九龙江、晋江出海口的生态环境，保障厦漳泉城市群空间重构中的海洋生态基础。

6.3.4 禁止开发区

禁止开发区包括自然保护区、湿地公园、地质公园、风景名胜区、森林公园、重要饮用水水源一级保护地等，其生态环境敏感性高，是厦漳泉城市群生态系统安全格局具有重要意义的区域，因此，厦漳泉城市群空间重构的实现路径要慎重考虑与该区域的关系。

首先，要做好分区保护。发挥森林公园、湿地公园等生态绿心功能，重点保护九龙江、晋江等水域的水资源，实施江海联通生态修复工程，形成以九龙江、晋江为核心的水生态系统。以国家级禁止开发区为核心保护区，特别是河口湿地，以九龙江、晋江流域沿线为生态廊道，构筑水域、湿地为主体的生态格局，维护原生态自然景观，确保厦漳泉城市群的空间重构是基于主体功能区的实施。

其次，要维护厦漳泉城市群基本的地表纹理，在重构过程中要以开发建设生态宜居城市群为目标，注重生态建设，把山脉、水系作为基本框架，利用江、海、山等自然要素，结合历史文化等内容，构建层次、功能较多的综合性城市群生态网络，促使城市群内各城市圈空间与自然生态空间相互渗透。

此外，加强生态保护与生态建设，综合整治重点地区的生态环境，各类保护区内禁止从事与生态保护相悖的任何开发建设活动。按照生物多样性保护、水源涵养与土壤保持、风景名胜区三种功能类型，重点保护与修复禁止开发片区，打造生态安全格局。重点保护各个自然保护区生态系统安全，杜绝重要物种栖息地受到生态建设的负面扰动。严格保护与修复具有水源涵养功能的自然植被，加快土壤侵蚀治理。

6.4 不同主体功能区间空间重构的实现路径

6.4.1 交界区

厦漳泉城市群应逐步跳出“一城一地”的地理局限，寻求与其他两市的合作，推进同城化，在空间上表现为相邻地区的快速发展；而主体功能区规划的实施，则促使厦漳泉城市群在寻求合作时，注重主体功能的结合，在空间上则表现出不同主体功能区交界处的协调发展。特别是既属于厦漳泉三市相邻地区又属不同主体功能区交界的区域，其虽位于城市的地理边缘，但当同城化、主体功能区规划实施，边缘心态消除时，这一地区则同时接受两个发展极的辐射，成为资源要素传递的重点节点、交通网络的重要枢纽，从而形成新的增长点。同时，受不同主体功能区的影响，兼备自然承载力、获得性承载力及人口社会经济发展压力的两个甚至三个方面的优势，是城市综合资源承载力最具潜力的区域，从而成为不同主体功能城市圈交流、合作的平台，进而放大边界中介效应。因此，这一区域既是同城化的先驱地区，又是主体功能区规划实施下的城市群空间重构的重要实验地区。

由于禁止开发区是城市绿心，按照主体功能区规划原则及“反规划”理论，应将其首先进行保护。因此，在城市群空间重构中，本研究不探讨其他主体功能区与禁止开发区交界处空间重构的实现路径，仅探讨优化开发区、重点开发区及限制开发区间交界处空间重构路径。

1）优化与重点开发区的交界处

优化开发区与重点开发区交界处主要指环九龙江口区域、翔安-围头湾区域及环泉州湾区域（图6-11）。

其中，环九龙江口区域、翔安-围头湾区域是厦漳泉城市群优化开发区之一的厦门中心城区与重点开发区的交界处，同时也是厦门与漳州、厦门与泉州的相邻地区；而环泉州湾区域则是泉州中心城区与重点开发区的交界处。这些区域在主体功能上，属重点开发区，已有一定的开发密度，且资源环境承载力相对较高，而在空间上，其紧邻优化开发区，一方面属接受优化开发区辐射的最有利区位，另一方面又能凸显资源环境的优势，从而重构为雁行模式的重要协调极。

环九龙江口区域包括了海沧区、龙海市及南太武新区，在空间重构中，应以厦门市岛内外一体化和漳州面海拓展为契机，推进同城化实施，打破行政区划限制，作为统一整体，一方面积极承接厦门中心城区的产业转移、技术扩散，另一方面发挥海港、山水资源优势，集聚经济发展要素。加强区域统筹规划和统一建设，借助厦门港资源优势，加快港口分工与功能协调，优化港口布局。而优化开发区应有所侧重地转移临港产业、物流人才及信息等港口经济发展要素至该区域，并引导其主体功能逐步向优化开发区转变，以提升城市群空间重构整体质量。同时，联合实施同城化市政设施的共建共享，实现跨界公交，推进同城化进程，促使环九龙江口区域成为港城一体的现代化临港新区。

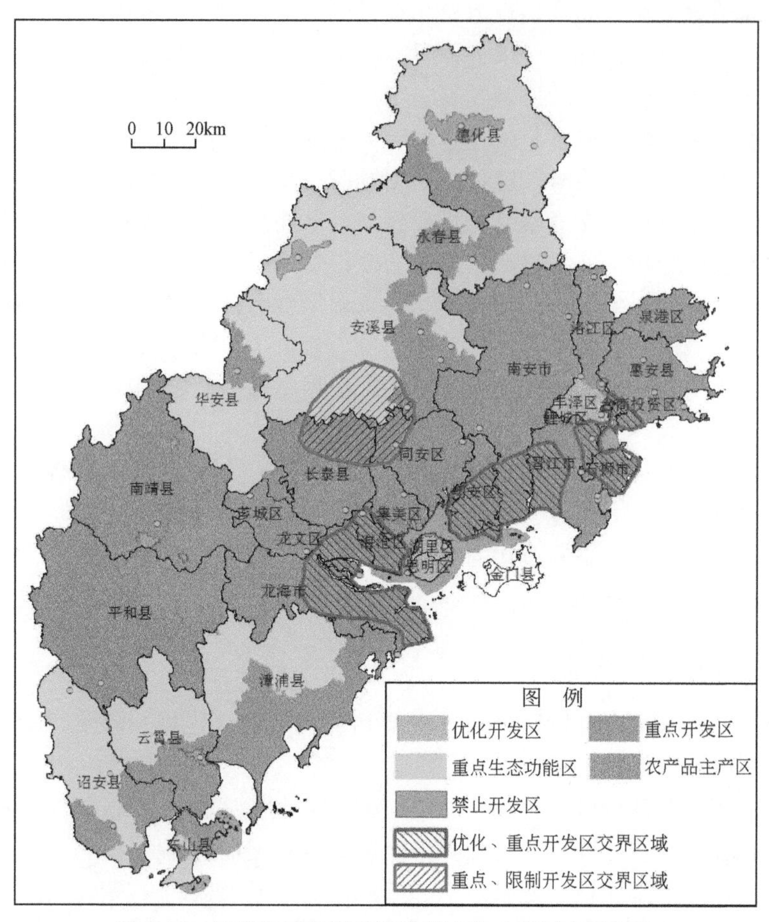

图 6-11 厦漳泉城市群不同类型主体功能区交界区域

翔安-围头湾区域包括了翔安区，南安市的官桥、水头、石井及晋江市的内坑、安海、东石等地区，是厦漳泉城市群两个优化开发区的边缘地带，同时接受来自厦门市、泉州市中心城区的辐射。翔安-围头湾区域既有海港资源优势又是临工区域，鉴于此，翔安-围头湾区域应发挥空港、海港的组合优势，加快建设与厦门中心城区、泉州中心城区甚至漳州的快捷通道，主动承接两个优化开发区的人口、产业转移，推动服务业、先进制造业产业融合发展，引导发展临空指向性明显的产业，加快城市规划建设和现代服务业发展，促进空港、产业和城市的互动，形成现代化空港经济区和新城区。同时，推动厦门、泉州中心城区城市轨道交通同时向翔安-围头湾区域延伸，实现城际公交常态化，促进两个优化开发区的合作，从而实现城市群发展极的空间重构。此外以闽南翔安国际机场建设为契机，重视机场对金门的带动作用，推动与金门产业融合和空间对接，为厦漳泉城市群重构成为星座网络模式奠定基础。

环泉州湾区域包括了石狮市、晋江市及惠安县部分地区，主要是泉州城市圈内部的同城化及空间重构。其应该整合环湾职能，理顺中心城区、晋江、石狮的功能分工，提升优化开发区，引导城市和现代产业发展重心向环湾地区迁移，推进同城基础设施建设，完善环湾公共交通系统，形成分工有序、各具特色的环湾形态，并成为泉州城市圈的重要增长极。

2）重点与限制开发区的交界处

重点开发区与限制开发区的交界区域（图 6-11），虽然可接受重点开发区的涓滴效应，但在主体功能区规划实施的背景下，则要以生态保护或农产品主产为主体功能，优先考虑其主体功能，确保生态功能。该区域是带动泉州北部生态城市圈、漳州西南生态城市圈发展的先驱地区，是实现厦漳泉城市群星座网络模式的关键区域。由于重点开发区与限制开发区的交界区域范围相对较广，且大多属同一个行政区，因此本研究重点探讨涉及跨行政区界的重点开发区与限制开发区的交界区域，一方面以此作为城市群空间重构的典范，另一方面推进同城生态共建，提升同城化质量。

涉及跨行政区界的重点开发区与限制开发区的交界区域主要包括了长泰县、同安区与安溪县的交界区域。该区域应以生态环境为优势资源，突出紧邻重点开发区的区位优势，围绕保护生态环境，坚持“资源共享、生态共建、城市共发展”的原则，以生态保护和休闲旅游合作为重点，联合推动休闲旅游资源开发，加强生态空间的建设与管制，建设都市生态休闲旅游城市。此外，加强建设环境基础设施，加大龙津溪、茂林溪等河流的联合整治，重点协调生态系统的衔接与分工，改善区域整体生态环境质量，建设对星座网络模式各城市圈具有重要影响的区域生态绿地，共建防护绿地，保障生态完整性，形成星座网络模式各城市圈的生态安全屏障和都市绿心。

6.4.2 空间联系通道

空间联系通道联结了城市群内规模不等、职能各异的城市节点，在地理空间上呈现出条带状，并在一定程度上引导城市群的发展方向。在厦漳泉城市群空间重构中，空间联系通道是各个节点城市内部重构的关键，是城市群“点-轴”重构模式的发展轴，是联结星座网络模式各个城市圈的重要通道。

在主体功能区这个新的格局下，空间联系通道的空间形态应做相应的调整，建设两个发展极、各个协调极间快速交通，注重发展极、协调极城市内部交通系统，实现无缝连接。两个发展极、各个协调极间，只有通过高效的交通网络，才能促使交通环境承载潜力得以提升，实现资源的优化配置；才能真正促进各城市间的职能优化与分工，实现“点-轴”重构模式；才能推动各类主体功能区间的交流协作，促进优化开发区的发展极、重点开发区的协调极及限制开发区的生态城市圈发展，逐步实现星座网络模式，从而推动整个厦漳泉城市群的全面协调发展。鉴于此，本研究拟从各个节点城市间及发展极城市内部交通系统来探讨空间联系通道重构的实现路径。

1）城际空间联系通道

以高速公路、铁路网络构建为重点，推进联系内陆腹地通道、沿海通道及城际联系通道建设，实现厦漳泉城市群各城市间交通联系的无缝衔接，完善城际间空间联系通道。实现城市间交通的无缝链接可以从“硬件”与“软件”两个方面加以保障。

从硬件上看，首先构筑完善的铁路网、公路网，包括福厦、厦深、龙厦高速铁路及鹰厦、漳泉肖铁路，沈海高速、夏蓉高速、泉三高速及三市环城高速公路，并综合国道、省道，构筑厦漳泉城市群城际空间联系通道的基本框架，将发展极、协调极和周边中小城市紧密联系起来。同时，建设城际轻轨交通网，将福厦铁路、厦深铁路、龙厦铁路和三市城区规划的轨道交通线联系起来，将厦门市、泉州市两个发展极的轻轨交通延伸到优化与重点开发区的交界处，促进发展轴的形成与强化。此外，鉴于枢纽场站在空间联系通道网络中承担集聚、疏散、换乘等功能，是保障城际交通无缝衔接的关键，因此，应重点推进厦漳泉城市群各个枢纽中心的建设，包括了厦门火车站、厦门北站、漳州火车站及泉州火车站等综合枢纽建设，以最大程度发挥其应有的交通枢纽场站功能。

从软件上看，逐步降低和取消各城市间高速公路的收费，降低高速铁路票价，实现近域城市间无障碍公共交通，引导城市群星座网络化结构调整。另外，不仅应着眼于城市之间的便捷联系，也要有促进城乡之间的公交联系，从而促进城市化的发展。

2）城内空间联系通道

空间联系通道的重构不仅需要发达、完善的城际空间联系通道，城内空间联系通道在空间联系通道中发挥了同等重要的作用。第 4 章已经分析，厦漳泉三市城内交通系统仍存在一定问题，不仅是同城化交通因素的主要瓶颈，同样也是厦漳泉三市实现无缝连接及其内部重构的关键所在。

对于厦漳泉三市，应以优先发展公共交通为主导，推广快、慢两个交通系统，建设城内快速轨道交通、快速公共交通网络、地下轨道交通，设置公共交通专用通道，增设公共交通站点，同时，加强换乘枢纽设施建设，特别是城内、城际换乘枢纽的建设，实行实时公交信息服务，形成立体、完善城内公共交通系统，减少民众出行时间，提高出行效率。此外，应借鉴新加坡等发达国家或地区公共交通的发展经验及其做法，在完备公共交通网络建设及公共交通运营系统的基础上，采用高度市场化的公共交通运营管理模式，成立相对独立的公共交通管理机构，制定科学的票制票价。一方面保证公众的利益，确保有充足的公共交通服务和可负担的票价；另一方面也可以促进公交换乘，有效提高公众使用公交系统的积极性，提高城市交通资源的利用效率，逐步实现城内空间联系通道的重构。

通过交通新技术来创新和改进交通工具，整合多种交通方式，根据民众出行特点，积极引导出行方式的选择，优化城市交通结构，尽量降低旧城内的机动化交通强度，提高路网整体容纳能力，改善交通状况，实现空间联系通道与城市空间的合理协调。实行宁静交通策略，以强化环境为主题，提高交通运输效率，减少低效、无效交通负荷，合理利用资源、保护环境，在保护和提高服务中间寻找平衡，既达到保护目的，又提升城内交通系统服务水平。

6.5 本章小结

本章分析了厦漳泉城市群空间结构存在的问题，提出在主体功能区规划实施背景下，厦漳泉城市群空间重构的整体导向；在总结、分析了城市群空间重构的一般模式的基础上，探讨在主体功能区规划实施背景下，厦漳泉城市群空间重构的模式选择，进而从优化开发区、重点开发区、限制开发区、禁止开发区四类不同类型主体功能区内部及其相互联系出发，探讨厦漳泉城市群空间重构的实现路径。具体而言，本章主要得出以下结论：

厦漳泉城市群存在缺乏明显的中心城市、各个城市功能定位不清、城市空间外向功能薄弱、空间通道要素相对滞后等问题，同时，省级支持力度有限。

在主体功能区强调资源环境承载力、强调区域主体功能的背景下，厦漳泉城市群空间重构应以生态化、一体化、网络化、节约集约化为空间重构的整体导向，从而实现城市群体空间的整合化发展，提升城市群地域整体功能。

城市群空间重构模式一般有极核模式、同心圆模式、双核模式、成长三角模式、雁行模式、走廊模式及星座网络模式。根据厦漳泉城市群的现有发展基础，本研究认为厦漳泉城市群在近期应采取雁行模式与走廊模式相结合的空间重构模式，即以优化开发区的厦门市中心城区、泉州市中心城区作为整个城市群的发展极，重点开发区作为城市群的协调极，利用交通综合网络引导周边县市，特别是限制开发区的保护性发展，从而实现空间重构；远期则采取星座网络模式，即以资源环境承载力为基础，重构形成厦门都市圈、泉州都市圈、漳州都市圈、泉州北部生态城市圈、漳州西南生态城市圈及漳州南部沿海城市圈六个星座城市圈。

最后，本章根据重构模式的选择，从优化开发区、重点开发区、限制开发区、禁止开发区四类不同类型主体功能区出发，具体提出各类主体功能区各城市圈、不同主体功能区交界处及空间联系通道实现空间重构的路径。

7 政策启示

7.1 形成城市群空间重构规划体系

城市群空间重构实践需有完善的城市群空间规划体系来指导，并对城市群空间进行整体规划和协调，加快同城化、主体功能区规划实施。通过对城市群内的资源利用，特别是水、土地资源利用及产业空间布局、交通设施建设、环境污染处理等问题进行统筹规划，保障厦漳泉城市群空间重构进程的有据可依。同时，在同城化和主体功能区的背景下，通过规划体系的调控作用，引导城市群内各项资源的合理分配，促进经济社会、生态环境的可持续发展。

7.2 完善交通网络系统

当前，厦漳泉城市群已经形成较为完善的城际交通网络，因此应利用城市群内已有交通路网的可达性优势，形成辐射整个城市群的交通轴线。推进厦漳泉城市群对外联系的交通网络，特别是高速铁路的建设。加快城市群内部快速交通通道建设，使发展极、协调极与整个城市群密切联系，发挥发展极、协调极的辐射带动作用，加快同城化进程；建设城际轻轨交通网，完善综合枢纽建设，连接城市群内部各组团，提升城市群各城市的联系通道效率，实现厦漳泉城市群各城市间交通联系的无缝衔接。着重发展厦漳泉三市城内交通网络，加快建设城内轨道交通，形成立体的城内公共交通系统，解决同城化交通因素的主要瓶颈，推进同城发展，从而反馈交通网络系统，形成完善的城际、城内交通网络。

7.3 合理分配资源要素

厦漳泉城市群内部资源、要素存在较大差异，且发展制约因素各不相同，城市群内部具有互补性。因此，在同城化、主体功能区实施两大背景主导下，厦漳泉城市群空间重构时，各组团需将城市群作为整体，科学规划，合理分配资源要素。在水、土地等自然资源方面，漳州都市圈、泉州北部生态城市圈、漳州西南生态城市圈应在满足自身发展所需的同时为厦门都市圈、泉州都市圈，以及漳州南部沿海城市圈提供资源保障，充分发挥其资源禀赋。同时，厦门都市圈、泉州都市圈及漳州南部沿海城市圈则应合理分配其资金、人才、科技等社会经济资源，从而实现资源要素的合理分配。

7.4 集约利用土地资源

土地承载生命，只有土地的可持续发展才能带动生命的可持续。厦门市土地资源匮乏，适宜建设的土地十分有限。厦门市陆域面积仅占福建省总量的1%，区域近五成陆域面积的地貌为山地。根据《厦门市建设用地适宜性评价》研究成果，厦门市约821km^{2}的土地为不宜建设用地；而《厦门市生态文明建设规划》中划入陆域生态控制线中的面积约981km^2，约占全市陆域面积的57.74%。地域狭小、可建设土地稀缺对社会经济发展构成直接限制。因此，解决土地资源问题，提高现有土地资源的利用效率，合理配置土地资源，是提升厦门综合承载力的根本。

7.4.1 推进城中村改造

作为城市化进程中出现的一个特殊城市现象或城市空间——城中村往往被遗忘在都市的夹缝中。对于这一地区，需加快对其的改造和利用，充分发挥其空间作用，使得其也成为都市重要组成部分，成为承载更多人口的重要载体。目前厦门市东部的禾山镇、何厝村、何盾村、前埔村、洪文村、西林村、曾厝垵及黄厝村等都是典型的城中村地区，这些地区在空间上是属于城区的组成部分，但《城市用地分类与规划设计用地标准》并未对这类用地的性质进行专门的界定，其本身低标准的环境建设和低成本的自发性建设导致这里违章建筑泛滥，公众设施缺乏，治安状况堪忧，与周边现代城市的环境形成强烈反差。因此对于城中村，应坚持以人为本、可持续的城市化、多元化发展以及传承与保护历史文脉原则，改善其设施、建筑、景观和环境，对其进行重建与改造。

7.4.2 建设紧凑型城市

我国仍处于全力推进城市化的进程中，人口与经济活动还将进一步向城市集中，故对城市空间需求依然在持续增长。为了城市可持续发展需预留生态用地，城市可供开发利用的空间愈发有限，因此，需要采取紧凑的城市形态，并不断调整和优化产业结构。紧凑城市在公共交通设施普及，拓展社区功能，提升生活质量，集约利用空间，减少能源消耗，改善城镇环境等方面有很大的优势。而对于厦门市来说，土地面积狭小，城市发展空间受到极大制约，为避免将建设“美丽厦门”误解为“人为造城”的契机，故采取紧凑的城市形态是建设“美丽厦门”和实现可持续发展的必由之路。

7.4.3 挖掘城市地下空间潜力

地下空间的开发建设成为城市发展的必然趋势。厦门市是国内几个仅有的拥有《地下空间开发利用规划》的城市，这表明厦门市对于城市地下空间的开发已经走在我国前列。对于未来厦门市地下空间的开发，应遵循综合开发原则、地上地下协调原则、综合利益最大化原则以及可持续发展原则，实现地下空间的深层化、网络化、立体化和人性化建设。未来厦门地下空间开发应以规划快速轨道网和城市主干道网络为地下空间开发利用的骨架，以中心广场、商业中心、地铁车站、主干道地下交叉点、山体及大型公共设施的地下空间为节点，形成“一心四轴、十二个重点开发利用地区”的地下空间网络体系。伴随着地下空间的开发，提高厦门市土地资源的综合利用率，为未来容纳更多的人口做好空间的准备。

7.5 保障水资源供应

由于厦门城市用水对外依赖度极高，虽然综合用水指数较高，但是地区水资源量依然十分紧缺。随着厦门第二水资源地工程的建设，以及城市供水能力的增强，水资源承载力也会有一定的提升。但是，随着居民生活水平不断提高和社会经济的进一步发展，城市缺水的本质不会改变，仍然会是城市发展的重大瓶颈因素之一。

7.5.1 加强保障饮用水资源安全

根据《厦门城市总体规划（2011-2020）》，其远景需水量高达 $14.51\times10^8 m^3/a$。目前，厦门市水资源开发利用较高，除同安以外其他区建设新水源工程难度大，基本上无开发潜力，而厦门主要水源九龙江北溪上游部分河段水质污染也日益严重（邱强，2014）。2009 年春节前夕九龙江爆发的甲藻水华已严重威胁厦门市饮用水源地安全，凸显了目前的厦门市饮用水供应系统尚存在这巨大的环境安全隐患，也说明该地区未来存在水质性缺水的风险，因此必须采取强化管理、优化配置、进一步加强饮用水源安全保障体系建设等综合措施解决水资源短缺的问题，提高城市水资源承载能力。

7.5.2 加快第二水源地建设

在充分利用本地水资源的前提条件下，解决厦门市饮用水源安全的根本出路在于开发新水源。除加快建成莲花水库外（年供水量可达$0.87\times10^8 m^3$），还应加快建设厦门市第二水源长泰龙津溪引水工程（长泰枋洋水利枢纽工程的先行工程），每年可向厦门供水约$2.0\times10^8 m^3$，可进一步提高厦门近期城市发展用水的安全性与保障率。

7.5.3 加强水资源统一管理

城乡水务一体化管理是当今世界发达国家和地区普遍采取和推行的一种先进管理模式（邱强，2014）。实行水资源统一管理，对全市城乡水务进行集中统一管理，建立一个以水资源所有权属管理为中心的分级管理、监督到位、关系协调、运行有效的管理机构，对水资源的开发利用走向长远规划、综合开发和高效利用的轨道，从而优化水资源配置来提高城乡供水保证率。

7.6 协同保护生态环境

随着城市建设过程中环境保护力度的不断加大，环境治理和生态保护的工作成效将进一步提高，污染物排放量呈逐年减少趋势，城市环境剩余容量将有所改善。

不论是在同城化抑或是主体功能区实施的背景下，厦漳泉城市群空间重构必然要求生态环境的协同整治、保护。当前，厦漳泉城市群环境容量整体较为乐观，但承载潜力问题逐步显现，特别是泉州市的大气环境容量、漳州市及厦门市的水环境容量成为城市群环境承载力的主要瓶颈，因此在城市群空间重构中，更需协同整治生态环境。按照主体功能区要求，严格保护禁止开发区，保护九龙江、晋江等水域的水资源，构筑以水域、湿地、森林等为主体的生态格局，维护生态自然景观；发展环境友好型产业，建设生态文明城镇，治理区域生态环境问题，提升环境承载潜力，构建一个层次和功能较多的综合性城市集群生态网络；协同保护海岸资源，在保护的前提下，永续利用岸线资源。

7.6.1 运用环境承载力调整社会经济布局

环境承载能力的提高也是未来城市综合承载能力提高的基础。要提高城市群的环境承载能力，一方面要实现环境管理从目标总量控制向容量总量控制转变，进一步加大环境治理和生态修复力度；另一方面要坚持集约高效、绿色低碳的发展方式，灵活运用环境承载力调控社会经济布局。要始终坚持以人为本，加强制度创新，走绿色、低碳城市的发展模式，以环境容量为基础引导和调控社会经济布局，从而不断增强厦漳泉城市群的可持续发展能力。

7.6.2 完善区域污染物排放联防联控

由于水和空气污染具有空间流动性与扩散性，使得流域水污染控制和区域大气污染防治应彻底打破行政区划为主的管理模式，要在加强污染物总量控制基础上，建立以九龙江流域和厦漳泉城市群区域为单元的一体化控制模式。为此，①要统筹九龙江流域的厦漳泉城市群区域环境容量资源，优化经济结构与布局，根据不同城市间污染传输关系、环境质量现状、环境承载力等因素，划分出核心控制区，严格落实分类管理政策，对不同控制区实行不同的污染物排放总量控制和环境标准。②要建立九龙江流域和厦漳泉城市群区域环境污染联防联控协调机制，推进落实九龙江流域和厦漳泉城市群区域污染防治一体化的政策措施。③要“统一监管”，建立跨界污染防治协调处理机制和区域性污染应急处理机制。④要“统一评估”，即建立联防联控工作评估考核体系。⑤要“统一监测”，即推动九龙江流域水环境和厦漳泉城市群区域空气质量监测网络建设，实现区域监测信息共享。

8 推广应用：大武夷的实践

8.1 福建大武夷旅游联盟合作

2011 年 3 月福建省旅游市场工作会议上提出于 2011 年上半年成立“大武夷旅游联盟”，着力打造大武夷旅游区。南平市和三明市作为大武夷旅游区的重要的组成部分，在发展规划、区域整合、整体营销、人才培养等方面全面合作；在吸引游客、财政金融、投融资机制创新、对台交流等方面先行先试；共编精品线路，统一服务标准，完善交通支撑，加快项目开发；积极借助旅游区域协作带来的发展机遇，使其成为“海峡旅游”的重要支撑。

8.2 大武夷主体功能区分析

8.2.1 功能区规划依据

立足自然生态要素地域分异规律和资源环境对人类活动的空间适宜性要求，坚持生态优先与以人为本相协调、严格保护与有序开发相统筹、全面提升与特色发展相兼顾、近期建设与长远发展相结合的原则，科学合理地划分功能类型区。

(1) 生态环境本底。基于地形条件、生态重要性、生态脆弱性以及土地资源利用适宜性评价结果，明确地域功能布局的自然基础。其中，地形坡度在 25°以上易发生水土流失和地质灾害的区域，省级及以上生物多样性维护区，重要水源涵养地，以及关系较大范围区域生态安全的典型自然生态系统分布区，作为优先重点保护对象，区内禁止工业化城镇化开发。

(2) 保护利用格局。科学评价现状土地利用结构和利用水平，判定地域功能类型。依法设立的各类自然文化资源保护区域、林地及地形坡度 25°以上的退耕林地属于禁止开发类型；耕地、园地、农村居住用地及适于旅游休闲的区域划归为限制开发类型；城镇、工矿和产业园区用地，人口和产业集聚程度高、建设强度大的地区，属于重点建设类型区。

（3）开发建设增量。依据自然本底条件、后备适宜建设用地潜力和地区未来发展趋势，统筹考虑武夷山市发展战略与布局导向，权衡核定城镇建设、产业园区增量规模和拓展方向，将2030年前的开发建设增量纳入重点建设类型。

8.2.2 武夷山市功能区划结果

（1）重点开发区。重点开发区空间格局呈现出沿交通线带状分布的特点。这是由市域地理条件、交通条件、人口分布、经济发展等诸多因素共同作用所形成的。范围包括新丰街道、武夷街道、崇安街道、星村镇、兴田镇和五夫镇等地区，总面积为205.72 km^2，占全市土地面积的7.31%。重点开发区包括中心城区、重点城镇及工业园区。其中，中心城区包括城南村、赤石村、五里村、武夷山茶场、城西村等行政村的大部分范围和大布村、樟树村、崩埂村等行政村的少部分范围，面积为45.5 km^2，占土地面积的1.62%；重点乡镇包括兴田村、星村、五夫村、南源岭村、角亭村、仙店村、溪尾村、城村、枫坡村、典村、南岸村、五一村、公馆村13个行政村，面积为146.35 km^2，占土地面积的5.20%；工业园区面积为13.87 km^2，占土地面积的0.49%。

（2）限制开发区。限制开发区分布范围较广，总面积为1706.25 km^2，占土地面积的60.84%。其中，农业主产区面积为749.32 km^2，占土地面积的26.64%，主要分布于乡镇中心的周围行政村，该区域地势低平，坡度较低，适宜农业耕作，成为农业发展的重要地区；生态保育区面积为956.93 km^2，占土地面积的34.02%，主要分布于边远的行政村，该区域海拔较高、坡度较陡，以水源涵养、生态调节为主要功能，积极提供生态公共服务产品，应将其建设成为重要的生态保育区。

（3）禁止开发区。禁止开发区主要是生物多样性保护功能区、风景名胜区、水源保护区，总面积为900.54 km^2，占全市土地面积的32.02%。该区域内禁止从事与生态保护相悖的任何开发建设活动（表8-1）。

主体功能区划有助于地域开发的引导和控制。适宜发展的区域（重点开发区）将得到优先发展的机会，而那些适宜承担生态功能的区域（禁止开发区和限制开发区）发展将受到限制。为保证分区引导和地区关系协调，必须配套相关的地域要素引导和控制政策，以促进区域福利均衡。在空间开发过程中，政府要根据主体功能分区，实施分区域管制，可以应用资源分配、财政分担、考核体系等手段，予以不同程度的调控。例如，对于重点开发区，政府可放宽人口和产业的管制约束，适当扩大用地供给，促进其加快工业化和城市化发展，但是要提出更高的经济产出规模和发展效率的要求，为全市发展积累更多的财富；对于限制开发区，要实行严格的土地和投资控制，政府可通过建立生态补偿政策和财政转移支付等方式，增加其生态和环境维护费用，重点用于公共服务设施、生态环境建设和旅游开发扶持，以缩小当地居民的生活福利与其他区域的差距；对于禁止开发区要依据法律法规实行强制性保护，控制人为因素对自然生态的干扰，严禁不符合主体功能定位的开发活动。同时，对不同区域实施不同的政府政绩考核体系，对鼓励开发的区域以经济指标考核为主，并考虑将部分财政收入转移支付给限制开发区和禁止开发区；对需要保护的区域以生态维持和环境保护考核指标为主；对一些资源环境承载能力较大的欠发达区域，应尽可能从改善可达性等投资环境条件出发，增加开发需求，促进其经济社会发展。

表 8-1 武夷山市主体功能区布局方案

主体功能区		发展类型	空间布局	面积（km^2）	占土地总面积的比重（%）
重点开发区	城镇建设区	中心城区	城南村、赤石村、五里村、武夷山茶场、城西村的大部分范围和大布村、樟树村、崩埂村的少部分范围	45.5	1.62
		重点城市	兴田村、星村村、五夫村、南源岭村、角亭村、仙店村、溪尾村、城村村、枫坡村、典村村、南岸村、五一村、公馆村	146.35	5.20
	工业园区	仙店生态创业园	仙店村	5.66	0.2
		文化创意产业园	樟树村	4.58	0.16
		产业开发区	高苏坂村	3.63	0.13
	小计		—	205.71	7.31
限制开发区	农业发展区	农业发展区	南树村、黄村、大渚村、黎前村、洋庄村、下阳村、巨口村、黎口村、柘洋村、汀前村、荷墩村、黄土村等 60 个行政村	749.32	26.64
	生态保育区	生态保育区	大安村、坑口村、西际村、浆溪村、翁墩村、上村村、程墩村、汀溪村、茶景村、黄墩村、黎新村、里江村等 53 个行政村	956.93	34.02
	小计		—	1 706.25	60.67

续表

<table>
<tr><th colspan="2">主体功能区</th><th>发展类型</th><th>空间布局</th><th>面积（km²）</th><th>占土地总面积的比重（%）</th></tr>
<tr><td rowspan="7">禁止开发区</td><td rowspan="3">生物多样性保护区</td><td>自然保护区</td><td>桐木村、程墩村、大安村</td><td rowspan="6">900. 54</td><td rowspan="6">32. 02</td></tr>
<tr><td>国家森林公园</td><td>桐木村、红星村、程墩村、黄柏村</td></tr>
<tr><td>生态公益林</td><td>—</td></tr>
<tr><td rowspan="2">水源保护区文化与自然遗产</td><td>重要水源地</td><td>五夫镇、岚谷乡、吴屯乡、上梅乡、武夷山市水源保护地、洋庄取水口</td></tr>
<tr><td>世界文化与自然遗产</td><td>武夷山自然文化遗产保护区</td></tr>
<tr><td>风景名胜区</td><td>国家级风景名胜区</td><td>天心村、星村村、黄柏村</td></tr>
<tr><td colspan="2">小计</td><td>—</td><td>900. 54</td><td>32. 02</td></tr>
<tr><td colspan="2">合计</td><td>—</td><td>—</td><td>2 812. 51</td><td>100. 00</td></tr>
</table>

8. 2. 3　泰宁县功能区划结果

根据资源环境承载能力、现有开发强度和发展潜力，将泰宁县划分为禁止开发区、限制开发区和重点建设区，确定区域功能定位与发展方向，优化国土空间结构，规范保护开发秩序，把泰宁县打造成生态文明建设先行区、旅游产业聚集区、城乡建设示范区、文化繁荣新兴区，表 8-2 为泰宁县功能区布局方案。

表 8-2　泰宁县功能区布局方案

<table>
<tr><th colspan="2">功能区</th><th>发展类型</th><th>空间布局</th><th>面积（hm²）</th><th>占土地总面积的比重（%）</th></tr>
<tr><td rowspan="6">重点建设区</td><td rowspan="2">城镇建设区</td><td>发展核心区</td><td>县城</td><td>1 088</td><td>0. 71</td></tr>
<tr><td>中心城镇</td><td>朱口镇</td><td>222</td><td>0. 15</td></tr>
<tr><td rowspan="3">工业集中区</td><td>产业提升区</td><td>杉城丰元工业区</td><td>147</td><td>0. 10</td></tr>
<tr><td>产业壮大区</td><td>杉城大洋坪工业区</td><td>263</td><td>0. 17</td></tr>
<tr><td>产业开发区</td><td>朱口龙湖工业区</td><td>448</td><td>0. 29</td></tr>
<tr><td colspan="2">小计</td><td>—</td><td>2 168</td><td>1. 42</td></tr>
</table>

续表

功能区	发展类型	空间布局	面积（hm²）	占土地总面积的比重（%）
限制开发区	农业发展区	主要分布在新桥、上青、朱口、杉城、下渠、开善等乡镇	47 573	31. 12
	生态保育区	主要集中在梅口、大龙和大田等乡镇	66 395	43. 43
	小计	—	113 968	74. 55
禁止开发区	生物多样性保护功能区	峨嵋峰国家级自然保护区（包括核心与缓冲区）	6 822	4. 46
	水源涵养与土壤保持功能区	瑞溪际头水库水源保护区、朱口镇乌丝段水源保护区以及一般乡镇水源保护区	2 401	1. 57
	自然遗产、风景名胜区及国家森林公园	世界自然遗产禁建区与世界地质公园核心区（包括中国丹霞·泰宁世界自然遗产、泰宁国家级风景名胜区、泰宁县猫儿山国家森林公园等重点景区）	3 138	2. 05
	生态公益林	主要分布在上清溪、金湖沿岸	24 384	15. 95
	小计	—	36 745	24. 03
合计	—	—	152 881	100. 00

注：本表所用基础数据来自全国第二次土地调查标准时点的数据库；禁止开发区面积统计时，各片区重叠部分不重复计入

其中，重点建设区包括城镇建设区、工业集中区，到 2020 年，该类区面积控制在 2168 hm^{2}以内，占土地总面积的比例不超过 1. 42%。限制开发区包括农业发展区和生态保育区，至规划期末，该类区面积达 113 968 hm^2，占土地总面积的比例为 74. 55%。禁止开发区涵盖生物多样性保护功能区、水源涵养与土壤

保持功能区、生态公益林、风景名胜区等，规划期内，面积不低于36 745 hm^2，占土地总面积的比重不低于24.04%。

8.2.4 光泽县功能区划结果

重点建设区包括城镇建设区、工业集中区，到2020年，该类区面积控制在1496.07 hm^{2}以内，占土地总面积的比重不超过0.67%。限制开发区包括农业发展区和生态保育区，至规划期末，该类区面积达149 027.18 hm^2，占土地总面积的比例为66.41%。禁止开发区涵盖生物多样性保护功能区、水源涵养与土壤保持功能区、生态公益林、风景名胜区以及水土流失防治区等，规划期内，面积不低于73 881.07 hm^2，占土地总面积的比例不低于32.92%。表8-3为光泽县功能区布局方案。

表8-3 光泽县功能区布局方案

功能分区	面积（hm^2）	占土地总面积的比例（%）
重点建设区	1 496.07	0.67
城镇建设区	895.47	0.40
工业集中区	600.60	0.27
限制开发区	149 027.18	66.41
农业发展区	44 141.91	19.67
生态保育区	104 885.27	46.74
禁止开发区	73 881.07	32.92
合计	224 404.32	100

8.3 大武夷的空间重构

8.3.1 管理体制创新

8.3.1.1 现行管理体制问题

1）行政管理体制

目前，大武夷旅游区旅游管理各自为政，跨区域协作困难；以旅游行政管理为主导的资源开发呈现散、慢、小等问题，条块分割政出多头；旅游管理经营涉及多个主体，职责不清，合力不强。

2）景区管理体制

在景区管理体制方面，同一景点多头管理、条块分割，管理效率低下；经济利益占首位，多头相互制约，资源保护意识淡薄；景区管理监管不力，缺乏有效约束机制。

8.3.1.2 一体化管理体制改革措施

1）构建区域旅游管理体系

（1）联合成立“协作委员会”。南平、三明两市市委、市政府联合成立“大武夷旅游区发展协作委员会”（以下简称“联委会”），并成为具有权威性的常设机构，负责大武夷地区旅游规划、开发、保护、利用、建设的统一管理工作。

（2）建立大武夷县市区分管旅游领导定期会议制度。建立大武夷旅游区（南平、三明）各县市区政府分管旅游领导协作会议制度，按照“联合主办、轮流承办”的方式，每半年举办一次协作会议，研究和探讨区域旅游合作的重大问题、探讨两地市旅游协作的战略、方针与机制，其办公室在当届协作会议举办的旅游主管部门内，负责两市旅游合作的日常协作和组织工作。

（3）建立区域旅游协作会议秘书处。每季度定期轮流召开由各县市区旅游局长参加的联席会，研究确定两市协作的具体策略和措施，通报各地旅游发展的情况，交流经验、协调解决旅游合作与发展中遇到的问题。各成员旅游局明确本单位负责此项工作的具体负责人和主责部门，负责协调处理会议相关事宜，处理成员之间旅游合作交流的日常工作。

（4）建立区域旅游企业、协会协作会议制度。建立大武夷旅游区与海西旅游区、台湾地区的旅游企业及协会等组织之间的协作会议制度，每年举办一次协作会议，研究和探讨区域旅游市场主体和行业协会之间合作的重大问题、具体策略和措施，其办公室设在省级旅游协会内，负责各方面旅游合作的日常协调和组织工作。

（5）联合组建旅游开发集团公司。组建旅游开发集团公司，承担融资平台和投资主体角色，积极招商引资，吸纳和引进各类社会资本，实施旅游项目的投资开发和管理，并负责规划区内各景点、旅游产品、旅游购物、基础设施、旅行社等的企业化开发经营。近中期，开发公司可引入若干战略投资者（只注资、不参与经营、不控股），以增强资本实力，满足后续开发的资金需求。在大武夷旅游开发集团公司下设辖内各市、县地区的开发分公司，如南平市、三明市旅游开发分公司，专司地区开发运营工作。继续引入合作伙伴，以开发公司为主导，采用合作经营、子项目承包等多种形式。远期，大武夷旅游区发展到一定程度后，可在开发公司基础上成立大武夷旅游集团，走集团化发展之路，成立景区项目子公司以及餐饮、住宿、交通、购物等产业链拓展子公司。

2）创新景区管理开发模式

创新管理模式："三权"分离、企业经营。在旅游景区管理体制上，在保护前提下探索景区所有权、管理权和经营权分开。在试行景区，可尝试依法出让经营权，由旅游开发公司负责景区的投融资、开发运营；管委会保留对景区的所有权和资源保护的监督管理权利，并负责行驶政府授权的相关行政审批权和执法权。

创新开发模式：因地制宜、共同开发。具体来说，各景区的资源禀赋、发展定位、发展背景不一而同，开发运营模式也有差别，具体设计见表8-4。

表8-4　大武夷旅游开发运营模式

景区类型	模式	内容
自然资源型景区	"联委会+开发公司+单个项目开发商"模式	联委会负责搭建平台，制定门槛；开发公司负责景区的整体开发；景区内单个项目招商引资，由其他开发商开发
人文资源型景区	"联委会+开发公司+社区"的复合型模式	联委会规划、开发公司投资、社区参与（联盟入股或参与）
人造景区	旅游复合地产开发模式	将旅游度假项目开发与旅游地产开发结合起来，整体化的商业运作，可与专业化的旅游地产企业共同开发

8.3.2 推进政策

1）制定一体化产业发展政策

出台一部《大武夷旅游开发与管理暂时办法》，在大武夷旅游产业整体发展的前提下，联合向省政府申请政策支持和资金支持，积极研究大武夷旅游区发展政策，并且落实重大项目领导直接负责制，狠抓落实；重视扶持旅游新业态的发展，特别是养生旅游产业、度假旅游产业、高端旅游地产等发展，培育新兴旅游品牌，实现战略产业的一体化。

2）投资政策一体化

设立旅游发展专项资金，通过政府引导、市场运作的一体化方式，遵循市场经济规律，多渠道、多形式地增加大武夷旅游区的开发投入，对于重点项目的投资，要统一把握，统一监督。出台土地使用权或者转让权的优惠政策，吸引投资者，并在大武夷旅游区内形成一体化共识，对于特殊地段（荒山、荒坡、荒滩）的旅游开发，经有关部门批准可以给予最高30年的使用权，并免缴土地使用费。

3）税收政策一体化

制定相对合理和统一的财政税收政策，对于旅游企业广告促销等费用税前列支比例按照规定的上限执行，激发旅游企业的广告营销积极性；对于大型旅游建设项目应采取减免企业所得税的优惠政策，可免征城市维护建设税、固定资产方向调节税和耕地占用税等。

4）环境建设政策一体化

建立重大旅游建设项目的审批绿色通道，推进高水平、国际化、标志性的大项目建设速度，给予良好的外部环境和政策保障。对于来发建设的旅游产品和基础设施项目，可以免收水土保持费和水资源管理费，免费提供水、电、路等基础工程的勘测设计和技术服务；对于不良的经营行为和违法行为，应依法从重、从严、从快处理，切实保障各类投资主体的合法权益不受侵犯。

8.3.3 行动策略

8.3.3.1 产品合作一体化

初步构建“大武夷黄金旅游圈”，以大武夷地区（南平、三明两市市辖范围内区域）为核心，以海西旅游区、长三角地区、珠三角地区为扩展区，以华北、华中、成渝地区为延伸区，构建“大武夷黄金旅游圈”。

以促进“大武夷旅游圈”共融发展为目标，深度挖掘有特色的旅游资源，开发区域互补型旅游产品，避免同质化竞争，实现错位竞合发展。

8.3.3.2 项目协作一体化

旅游项目的开发，传统协作方法是各行政区开发各自行政辖区范围所属旅游项目，由此可能产生一些问题。例如，旅游交通系统项目，各行政区自设关卡，旅游运输不便；景区景点项目，统一产品被人为分割；服务系统项目，缺乏统一规划，管理混乱。

1）统一规划、政策引导

由大武夷联委会制定统一的符合大项目开发的政策，包括跨区域旅游项目所属行政区的税收分割政策等。

2）市场化运作

由旅游开发集团作为项目法人进行项目开发，各行政区通过税收获得利益；对于跨区域旅游开发项目由所属行政区通过税收分割政策获得利益。

3）联委会监督

政府和项目法人严格执行联委会制定的所有项目开发政策。违背政策的由联委会根据评估结果给予相应处罚。

8.3.3.3 营销网络一体化

旅游营销总体上包括政府营销和企业营销两大块。政府营销实质是区域旅游形象和品牌的营销，企业营销实质是经营性营销。为更好地宣传大武夷旅游区形象，需要政府与企业合作共建水平合作与垂直分工的区域营销网络体系。

1）政策制定

由大武夷联委会制定统一的营销政策、营销原则及相应管理制定等。

2）水平营销体系——政府主导

首先，在国内主要客源城市设立办事处，从事大武夷区域旅游形象和品牌的宣传营销。

其次，与中国政府驻外旅游办事处、办事机构及国外旅游咨询中心合作营销大武夷。

3）垂直营销体系——旅行社建立

通过收购与兼并现有旅行社，整合组建大型旅行社集团，创建旅行社的垂直分工体系，在国内外建立包括旅游批发商、零售商、代理商和门市部在内的营销网络。

4）联委会监管

旅行社必须按照既定营销政策或原则进行经营，所有旅行社都必须执行相应管理制度等。

9 讨论与结论

9.1 讨 论

9.1.1 城市群同城化的主导影响因子

由于同城化最早是出于政府规划文件，因此部分文献认为城市群同城化的主导影响因子主要为政府决策等宏观政策。例如，宋煜（2008）提出行政机制在同城化中、前期起到主导因素；杨海华（2010）根据对广佛同城化的研究，同样提出上级政府的推动是城市群同城化的主要影响力。而本研究根据专家学者意见及民众认知的调查，则认为交通网络是厦漳泉城市群同城化的主导影响因子，这虽然与宋煜、杨海华的观点有所不同，但与曾群华和徐长乐（2013）、黄鑫昊（2013）、Glaeser（2004）的结论较为相似，他们也认为交通是核心影响力。造成主导因子认知差异主要是由于几个方面引起。首先，从评价方法上来看，认为政府决策是主导因子的文献，大多是从传统的城市地理学的宏观角度进行定性探讨，而本研究则是从微观个体入手，综合考虑专家学者、民众认知而得出交通网络是主导因子的结论。其次，从研究对象来看，相较于厦漳泉三个地区，广州、佛山两个城市合作的历史相对较短，且两者已步入工业化后期，因此，对于两者而言，经济、交通方面的合作较为成熟，政府决策更能推动同城化；而厦漳泉城市群自 20 世纪 80 年代便由政府牵头提出共建闽南金三角，但近 30 年的历程，并未在政府主导下形成同城化。自 2010 年福厦铁路的运行以来，三市间的交流合作才随着交通网络改进而深入，同城化建设进一步向深化方向发展。

在中心地理论中，交通原则是中心地网络结构形成的重要原则，并有学者从中心地理论的角度出发，认为交通网络在构建中国城市群空间结构体系时发挥着越来越重要的作用（宋吉涛等，2006）。同时，陆大道（1995）指出，交通条件的改善会降低各城市之间的互动成本，使“增长极”和“开发轴线”通过支配效应等效应对城市群产生带动作用，进而对空间结构的形成和改变产生影响；

Owen 在 *Transportation and World Development* 一书中也强调交通运输网络是形成城市群网络系统的必要前提，与城市群的空间整合有密切联系；同样的，杨卫东和邓润飞（2014）提出保障生产、生活要素流动的交通运输系统在很大程度上决定了同城化的空间范围。对于厦漳泉城市群而言，通过交通网络的改善而降低各城市间的互动成本，促使同城化发展成为可能，这丰富、完善了中心地理论，一方面为厦漳泉城市群空间重构奠定了基础，另一方面也为这些理论提供了案例和依据。

9.1.2 民众交通感知对城市群空间重构的影响

交通决定了城市群空间相互作用的深度与广度，其变革、更新与演替深刻影响着城市群空间结构（丁金学和罗萍，2014）。王春才和赵坚（2007）运用比较分析法、实证分析法和数学模型等方法研究了交通、城市空间演化的相互作用机制，认为交通可达性的改善，降低了出行交通成本，并通过影响居民的选址行为而影响城市空间结构布局；同时，空间布局的变化，则通过影响相应的路网布局和出行成本（体现了交通可达性水平）而影响交通方式，从而影响城市交通的发展。在我们的研究中，自 1991 年以来，随着福厦铁路、龙厦铁路、厦深铁路等交通路网的不断完善，厦漳泉城市群理论 1h 交流圈持续扩展，至 2012 年理论 1h 交流圈已覆盖了城市群全部范围。这与上述研究结论较为一致，交通网络不断影响着城市群空间结构。与此同时，在城市群质量提升、空间结构优化过程中，交通发展的关键要求应是随着尺度扩张转移到交通系统的优化和提升（王成金和金凤君，2005）。在发展中国家，城市交通系统的成功提升包括城际和城内交通系统的有效整合，这已成为必然的趋势。不考虑表面上的创造的效益，一个成功的交通系统的评估不仅靠长度和密度的数量，还要考虑其满足大众的需求的程度，尤其是可达性（Yang et al.，2014）。交通系统的目的就是提高可达性。可达性可分为两种，即潜在可达性和实际可达性（Tyrinopoulos and Antoniou，2013；Ye et al.，2013；Kang and Sun，2013）。实际可达性指的是指在给定时间内实际到达的范围，而潜在可达性指的是在给定时间内可能到达的范围。潜在可达性是估算实际可达性的基础，但现有研究多数为研究潜在可达性，而非实际可达性（Hu et al.，2013）。本研究中，厦漳泉城市群的城际可达性可视为城际潜在可达性，扣除城内可达性后的城际可达性可视为城际实际可达性。1997 年以来，厦漳泉第一条高速公路竣工，高速铁路建设也在迅猛发展。2012 年厦漳泉通车高速公路里程达 26 887 km，而 1997 年仅为 14 328 km，高速公路路网密度由 1997 年的 56.8 km/100 km^2 增加到 2012 年的 106.7 km/100 km^2。随着交通网络的变化，城际可达性迅猛发展，几乎覆盖了整个厦漳泉城市群。因此，政府认为交通条件已达到了同城化的基本要求，并采用自上而下的策略推动同城化过程。然而，我们也发现，虽然政府致力于改善交通条件，可多数受访者对城内可达性表示不满意，说明受访者到长途汽车站/火车站和到厦漳泉其他两个城市的可达性较差。这些发现给了我们一些有价值的启示，首先，厦漳泉城市群城内交通条件不足，导致受访者不得不花费大量时间以到达长途汽车站/火车站，从而极大地影响了城际交通。其次，已有研究表明，相比城内可达性，政府更重视城际可达性（Hu et al.，2013），认为城际可达性是同城的重要保障（李恒鑫，2010）。为了促进同城化进程，政府持续优先发展高速公路、铁路以方便城际民众出行和货运，而非发展城内交通系统，促使城际可达性不断扩大。同城化实施的前提是降低交通时间，提高城内与城际交通系统的效率，扩大可达性的范围，从而促使城市群空间结构演进更为合理。因此，政府应提高城内公共交通系统，建造足够的公共交通站点，以满足乘客交通的需求。而且，为低中收入家庭提供快捷廉价城内公共交通系统应作为城市规划中的强制性内容，建造新的地铁或轻轨系统可作为最重要的举措之一。

除此之外，尚需强调的是，民众在城市内均花费 31 ~61 分钟交通辅助时间，而致使实际 1h 交流圈以城市内为主要覆盖区域，且实际 1h 交流圈交集部分主要为漳州市的龙海以及厦门市的集美、翔安。这些区域因具有最大的时空收敛效应，理论上应成为民众交流、产业集聚的主要平台，从而影响厦漳泉城市群同城化的空间结构。但其在当前厦漳泉经济空间结构中，该区域却是厦漳泉城市群合作的薄弱地区，而这类地区同时也是不同类型主体功能区的边缘交界区域。因此，在同城化与主体功能区背景下，厦漳泉城市群规划中应关注这种空间区位与经济地位相错位的情形，应加强该区域经济建设，促使生产、生活活动的交流，并依据实际小时交流圈、边缘交界区域对厦漳泉城市群空间结构进行重构。本研究针对这一特殊区位地区提出了重构的实现路径，这也给城市群空间结构优化与重构提供了新的研究思路，即考虑民众交通辅助时间，从实际小时交流圈、不同类型主体功能区边缘交界区域的视角来进行重构，这在以往城市群空间优化与重构研究中是较少涉及的。

9.1.3 主体功能区与城市群空间重构

在我们的研究中，城市群空间重构模式、实现路径是以主体功能区为主体框架而展开的，这既是主体功能区规划的落实，又是主体功能区理论的提升。主体功能区以解决现实发展中的核心问题为宗旨，在空间规划中是表达总体布局的一种方式。空间规划主要是点（城市、枢纽等）、线（交通路网、生态廊道等）、面（一定区域）等空间要素的合理布局，城市群空间重构同样是对城市群空间要素的重新组合和优化（赵璟和党兴华，2012），两者在本质上是一致的。主体功能区强调区域主体功能，强化了空间的指导和约束力（方忠权和丁四保，2008）。然而，樊杰（2007a）曾提出主体功能区是空间规划中“面”集表达的核心方式，但对轴线或廊道等“线”集的表达、甚至“点”集的表达涉及很少，无法满足合理组织空间结构的基本要求。本研究中，我们在“面”的主体功能定位下，提出厦门、漳州、泉州等“点”的重构，完善城际、城内的空间联系通道等“线”，按照“宜生态则生态，宜经济则经济”的模式，保障可持续发展的绿色空间、生产要素集聚空间，按照方忠权提出的“弹性适应空间和刚性约束空间的有机结合”（方忠权和丁四保，2008），重构中刚柔并重。厦漳泉城市群空间重构在主体功能区规划实施指导下进行，一方面保障区域主体功能，另一方面也弥补主体功能区较少涉及“点、线”的不足，在主体功能区强调“外部性”（丁四保，2009）的空间规划框架下，从城市群内部进行空间重构，丰富主体功能区理论。

9.2 结　　论

9.2.1 厦漳泉城市群同城化程度

从人口空间、经济空间及城镇空间特征等几个角度来解析厦漳泉城市群空间结构现状特征，本研究认为厦漳泉城市群空间发展呈现集聚与扩散共存，但首位城市——厦门市集聚作用不够突出，人口流动、传统产业活动已向次一级中心、中小城市扩散。在经济空间结构上则表现出城市群东南部强于西北部、核心区域强于外围区域，且东南部地区同城化现象凸显，城市群向同城化的空间结构演变，整体为“核心错位偏离型”。厦漳泉城市群城镇化水平、城镇密度整体有待提升，内部空间差异较大，城镇分布呈显著的交通轴线特征，形成“T”字形城镇空间结构，但同城特征显现。

9.2.2 厦漳泉城市群同城化主导影响因子

影响厦漳泉城市群同城化的相关因子有地理环境、经济发展、交通网络、思想文化及政策规划因子。其中，交通网络是促使厦漳泉城市群同城化的最重要因素，在厦漳泉城市群同城化中起到了主导作用；政策规划因子起到了加速作用，是厦漳泉城市群同城化的催化剂；经济发展、地理环境及思想文化因子则是城市群同城化的基础，奠定了城市群同城化的形式、方向及速度的基石。

厦漳泉理论小时交流圈覆盖范围较大，均超出本市市域范围，且三市理论1h圈的交叉范围基本涵盖了规划的厦漳泉同城化的核心区域，厦漳泉城市群城际交通较为完善。但实际1h交流圈范围大幅度缩小，未呈现出交叉重叠区域，仅在相邻的两市间有所交集，且集中于高等级道路交通线附近区域，厦漳泉城市群城市内交通系统仍有待改善。

在高速公路和高速铁路等支撑下，厦漳泉非常满意城际可达性和满意城际可达性都大于厦漳泉的范围，但非常满意城内可达性和满意城内可达性面积有限，而非常不满意占主导地位。同时，多数人认为交通是厦漳泉同城化非常重要或重要的条件，厦漳泉城际交通已达到多数人满意需求，而城内交通未能达到多数人满意需求。

9.2.3 厦漳泉城市群主体功能区定位

从国家主体功能区规划上看，厦漳泉城市群属于国家级重点开发区。从省级主体功能区规划层面看，厦漳泉城市群禁止开发区包含自然保护区、风景名胜区、森林公园、湿地公园、地质公园及重要饮用水水源一级保护地；优化开发区包括了厦门市湖里区、思明区及泉州市的鲤城区、丰泽区；农产品主产区包括长泰县、南靖县、平和县三个县域的部分乡镇；重点生态功能区包括安溪县、永春县、德化县、华安县、漳浦县、云霄县、诏安县及东山县的部分乡镇；其余均为重点开发区。

2005~2012年厦漳泉城市群资源环境承载力指数整体上呈现下降趋势，特别是自然承载力指数，而人口经济社会发展压力指数则呈现出稳步上升状态。2006年以后，厦漳泉城市群可持续发展状态较差。根据土地、大气、水及交通各单要素承载潜力测算，厦漳泉城市群资源环境综合承载潜力为2443万~2955万人，其中交通环境是影响厦漳泉城市群开发潜力的主要限制因素。漳浦县、德化县、南安市、南靖县、平和县等县市资源环境承载力与自然承载力指数较高，压力指数较低；湖里区、思明区、鲤城区、丰泽区、东山县的资源环境承载力与自然承载力指数最低，但获得性承载力指数、人口与经济社会压力指数较高；思明区、湖里区、鲤城区、丰泽区表现为超载，属“低承载力高压力型”，是潜力提升区；石狮市、晋江市为满载，属“低承载力中压力型”，是潜力一般区；海沧区、集美区、翔安区、同安区、惠安县、龙文区、芗城区、南安市已接近满载，属于“中承载力中压力型”，是潜力较大区；其余空间单元可载程度最大，属于“高承载力低压力型”，是潜力最大区。

厦漳泉城市群主体功能区实施成效有待提高，综合资源承载力空间差异显著，且呈现出与现状经济空间结构、城镇空间结构相矛盾的态势。

9.2.4 厦漳泉城市群空间重构导向及模式

在同城化注重一体化、主体功能区强调资源环境承载力及区域主体功能的背景下，厦漳泉城市群空间重构应以生态化、一体化、网络化、节约集约化为空间重构的整体导向，从而实现城市群体空间的整合化发展，提升城市群地域整体功能。

厦漳泉城市群在近期应采取“点-轴”模式相结合的空间重构模式，以优化开发区的厦门市中心城区、泉州市中心城区作为整个城市群的中心极点，重点开发区作为城市群的协调极，利用交通综合网络引导周边县市，特别是限制开发区的保护性发展，从而实现空间重构；远期则采取“星座网络”模式，即以资源环境承载力为基础，重构形成厦门都市圈、泉州都市圈、漳州都市圈、泉州北部生态城市圈、漳州西南生态城市圈及漳州南部沿海城市圈六个星座城市圈。

9.2.5 厦漳泉城市群空间重构实现路径

本研究认为支撑厦漳泉城市群空间重构目标实现、重构模式形成的行之有效的路径主要包括：①优化开发区需提高国土资源利用率，依靠技术和制度创新，优化产业结构，提高开发潜力，切实做好中心城市的增长点作用；②提升漳州市中心城区，拓展泉州市的重点开发区，保障重点开发区的协调极作用；③农产品主产区、重点生态功能区及近海生态功能区在保证各自主体功能的同时，主动发展绿色经济，构筑宜居环境，重构为泉州北部生态城市圈、漳州西南生态城市圈；④维护城市群基本的地表纹理，分类保护禁止开发区；⑤发挥优化与重点开发区、重点与限制开发区交界区域的优势，使其成为同城化的先驱地区及不同主体功能城市圈交流、合作的平台。同时，注重城际、城内交通的无缝衔接，特别注重城内交通的完善，重构空间联系通道。

9.3 创新点、研究不足与展望

9.3.1 主要创新点

（1）耦合同城化与主体功能区，丰富城市群空间重构理论内涵，完善城市群空间重构分析框架。同城化与主体功能区可以相互补充，两者的交叉耦合具有广阔的理论价值与应用前景，但目前在城市群空间重构的相关研究未见报道。本研究以主体功能区规划实施为出发点，立足同城化的趋势，分析两者现状、存在问题及发展需求，完善了两者耦合下的城市群空间重构研究路线，从不同主体功能区类型提出城市群空间重构导向、模式、实现路径，丰富了城市群空间重构分析框架，拓展了城市群空间重构系统研究。

（2）跳出传统宏观角度分析主导影响因子的框架，提出同城化主导影响因子微观个体定量分析方法。将微观个体和GIS技术相结合，引入凸壳理论，提出交通辅助时间、交通时间满意度概念，率先采用交通辅助时间划分小时交流圈，运用民众交通时间满意度分析厦漳泉城市群城际、城内可达性，创新主导影响因子分析方法，丰富与发展了城市地理学研究方法。

9.3.2 研究不足与展望

本研究在梳理国内外相关文献的基础上，研究了主体功能区规划实施背景下厦漳泉城市群的空间结构特征以及空间重构，试图以厦漳泉城市群为案例，为海西城市群发展、重构提供借鉴。但鉴于数据及篇幅原因，本研究仍有部分问题需要进一步探讨：

（1）本研究从人口空间、经济空间及城镇空间等角度，尽管也能较好地解析厦漳泉城市群空间结构现状特征，但毕竟选择指标尚不全面，分析方法深度有待加强，更细致的空间结构特征还需详尽研究。

（2）在同城化主要影响因子分析过程中，本研究在计算交通时间时并未考虑特殊情况，但是很明显同一条路上的交通其经历大相径庭，可能由于驾驶员的性格、车辆、实时交通流量、道路工作情况和其他的行驶条件（如天气）而不同；同时，乘坐公共交通出行是厦漳泉城内最常用的到达长途汽车站/火车站的交通方式，但市内仍有小部分受访者采用其他的方式，如小汽车、摩托车和三轮车等；最后，本研究所用的可达性测量都基于地理距离和耗费时间。可达性存在若干限制条件，其中一些远较地理距离和耗费时间复杂。社会和文化概念、身体残疾、经济财产或对交通的态度和知识，都是可达性非地理限制条件的例子。这些限制条件的存在使得全面评价可达性极为困难，现有资源无法让我们开展更为深入细致的研究，但这些可能成为今后工作的有价值的方向。

（3）因数据精度限制，在城市群空间重构中，按照优化开发、重点开发、限制开发、禁止开发四类主体功能提出功能区内部以及各类功能区间的重构，但这仅停留在区县指引层面，对区县内部特别是乡镇差异考察不足，因而难以把握其内部差异，也难以确定区县的重构模式、实现路径，这需要在县域空间范围进行更深入分析研究。

参考文献

柴彦威，塔娜，毛子丹 . 2011. 单位视角下的中国城市空间重构 . 现代城市研究，(3)：5-9.

车冰清，朱传耿，李敏 . 2008. 基于主体功能区布局的区域经济合作模式探析 . 现代经济探讨，(11)：89-92.

陈桂龙 . 2013. 2013 中国城市群发展状况与研判 . 中国建设信息，(21)：62-65.

陈美玲 . 2011. 城市群相关概念的研究探讨 . 城市发展研究，18（3）：5-8.

陈群元，宋玉祥 . 2010. 城市群空间范围的综合界定方法研究———以长株潭城市群为例 . 地理科学，30（5）：660-666.

陈文群 . 2006. 福建省水资源承载能力分析 . 中国农村水利水电，(3)：12-14.

陈雯，陈顺龙 . 2012. 厦漳泉大都市区同城化：重塑发展新格局 . 北京：科学出版社 .

陈修颖 . 2003. 区域空间结构重组：理论基础，动力机制及其实现 . 经济地理，23（4）：445-450.

陈学斌 . 2012. 加快建立基于主体功能区规划的生态补偿机制 . 宏观经济管理，(5)：57-59.

陈永忠 . 2014. 推进成德同城化的理论思路与对策研究 . 决策咨询，(1)：1-5.

陈云峰，孙殿义，陆根法 . 2006. 突变级数法在生态适宜度评价中的应用 . 生态学报，26（8）：2587-2593.

陈志强，陈明华，陈志彪 . 2011. 基于凸壳模型的福建省水土流失核心区划分 . 江西农业学报，12（5）：142-143，148.

陈志文，陈修颖 . 2007. 区域空间结构重组：结构重组研究的新领域 . 江西社会科学，20（9）：166-170.

陈周宁 . 2011. 城市管理体制视角下的泉州市晋江两岸同城化研究 . 泉州：华侨大学硕士学位论文 .

成为杰 . 2014. 主体功能区规划“落地”问题研究——基于 19 个省级规划的分析 . 国家行政学院学报，(1)：51-58.

程佳，孔祥斌，赵晶，等 . 2013. 基于主体功能区的大都市区域建设用地集约利用评价——以北京市为例 . 中国农业大学学报，18（6）：207-215.

程三友，李英杰 . 2009. 一种新的最小凸包算法及其应用 . 地理与地理信息科学，25（5）：43-45.

程玉鸿，李克桐 . 2014. “大珠三角”城市群协调发展实证测度及阶段划分 . 工业技术经济，(4)：59-70.

崔功豪 . 1992. 中国城镇发展研究 . 北京：中国建筑工业出版社 .

邓春玉 . 2008. 基于主体功能区的广东省城市化空间均衡发展研究 . 宏观经济研究，(12)：38-45.

邓清华 . 2003. 生态城市空间结构研究 . 热带地理，23（3）：279-283.

狄乾斌，吴佳璐，张洁 . 2013. 基于生物免疫学理论的海域生态承载力综合测度研究——以辽宁省为例 . 资源科学，35（1）：21-29.

丁金学，罗萍. 2014. 新时期我国城市群交通运输发展的思考. 区域经济评论，(2)：24.
丁四保. 2009. 中国主体功能区划面临的基础理论问题. 地理科学，29（4）：587-592.
杜黎明. 2008. 推进形成主体功能区的区域政策研究. 西南民族大学学报（人文社会科学版），29（6）：241-244.
段德罡，刘亮. 2102. 同城化空间发展模式研究. 规划师，28（5）：91-94.
樊广佺，曲文龙，杨炳儒. 2008. 平面点集凸壳的一个性质. 地理与地理信息科学，24（1）：46-48.
樊杰，洪辉. 2012. 现今中国区域发展值得关注的问题及其经济地理阐释. 经济地理，32（1）：1-6.
樊杰. 2007a. 我国主体功能区划的科学基础. 地理学报，62（4）：339-350.
樊杰. 2007b. 解析我国区域协调发展的制约因素 探究全国主体功能区规划的重要作用. 中国科学院院刊，22（3）：194-201.
方创琳，宋吉涛，蔺雪芹，等. 2010. 中国城市群可持续发展理论与实践. 北京：科学出版社.
方创琳，宋吉涛，张蔷，等. 2005. 中国城市群结构体系的组成与空间分异格局. 地理学报，60（5）：827-840.
方创琳. 2004. 城市群空间范围识别标准的研究进展与基本判断. 城市规划学刊，(4)：1-6.
方创琳. 2012. 中国城市群形成发育的政策影响过程与实施效果评价. 地理科学，32（3）：257-264.
方大春，杨义武. 2013. 高铁时代长三角城市群交通网络空间结构分形特征研究. 地域研究与开发，32（2）：52-56.
方辉. 2012. 长江中游地区三大城市群空间结构优化研究. 武汉：华中师范大学硕士学位论文.
方忠权，丁四保. 2008. 主体功能区划与中国区域规划创新. 地理科学，28（4）：483-487.
冯平，李绍飞，李建柱. 2008. 基于突变理论的地下水环境风险评价. 自然灾害学报，17（2）：13-18.
冯宗宪，黄建山. 2005. 重心研究方法在中国产业与经济空间演变及特征中的实证应用. 社会科学家，(2)：77-80.
高新才，王云峰. 2010. 主体功能区补偿机制市场化：生态服务交易视角. 经济问题探索，(6)：72-76.
高秀艳，王海波. 2007. 大都市经济圈与同城化问题浅析. 企业经济，(8)：89-91.
龚经海. 2003. 城市圈（群）理论及其对我国城市化的借鉴. 湖北财税：理论版，(5)：19-21.
龚唯平，赵今朝. 2010. 协调指数：产业结构优化效果的测度. 暨南学报（哲学社会科学版），(2)：50-57.
顾朝林，庞海峰. 2007. 中国城市集聚区的演化过程. 城市问题，(9)：2-6.
顾朝林，张敏. 2000. 长江三角洲城市连绵区发展战略研究. 现代城市研究，(1)：7-11.

顾朝林 . 1999. 经济全球化与中国城市发展：跨世纪中国城市发展战略研究 . 北京：商务印书馆 .
顾朝林 . 2011. 城市群研究进展与展望 . 地理研究，30（5）：771-784.
官卫华，叶斌，王耀南 . 2011. 宁镇扬同城化视角下南京东部地区功能重组 . 城市规划，(7)：61-67.
郭恒 . 2013. 基于主体功能区的区域政府合作整体性治理模式研究 . 桂林：广西师范学院硕士学位论文 .
郭凯 . 2013. 山东省主体功能区政策体系研究 . 济南：山东师范大学博士学位论文 .
郭培坤，王勤耕 . 2011. 主体功能区环境政策体系构建初探 . 中国人口 · 资源与环境，21（3）：41-45.
郭永昌 . 2004. 包头城市地域空间结构演变的动力机制与预测研究 . 呼和浩特：内蒙古师范大学硕士学位论文 .
国家发展和改革委员会宏观经济研究院国土地区研究所课题组 . 2007. 我国主体功能区划分及其分类政策初步研究 . 宏观经济研究，4（3）：3-10.
哈斯巴根 . 2013. 基于空间均衡的不同主体功能区脆弱性演变及其优化调控研究 . 西安：西北大学博士学位论文 .
韩德军 . 2014. 基于主体功能区规划的欠发达地区土地利用模式优化研究 . 北京：中国农业大学博士学位论文 .
韩玉刚，焦化富，李俊峰 . 2010. 基于城市能级提升的安徽江淮城市群空间结构优化研究 . 经济地理，30（7）：1101-1106.
贺素莲 . 2010. 基于紧凑城市理念的长株潭城市群空间结构研究 . 长沙：湖南师范大学硕士学位论文 .
胡兆量 . 2007. 关于深圳和香港共建国际大都市的问题 . 城市问题，(1)：3-8.
黄建山，冯宗宪 . 2005. 我国产业经济重心演变路径及其影响因素分析 . 地理与地理信息科学，21（5）：49-54.
黄建毅，张平宇 . 2009. 辽中城市群范围界定与规模结构分形研究 . 地理科学，29（2）：181-187.
黄鑫昊 . 2013. 同城化理论与实践研究 . 长春：吉林大学博士学位论文 .
黄翌，李陈，欧向军，等 . 2013. 城际“1 小时交通圈”地学定量研究 . 地理科学，33（2）：157-166.
蒋海兵，徐建刚，祁毅 . 2010. 京沪高铁对区域中心城市陆路可达性影响 . 地理学报，65（10）：1287-1298.
焦张义，孙久文 . 2011. 我国城市同城化发展的模式研究与制度设计 . 现代城市研究，(6)：7-10.
解利剑 . 2009. 广州居民城际通勤问题研究 . 广州：中山大学硕士学位论文 .
赖岚岚 . 2013. 主体功能区背景下粤北发展与地方政府建设研究 . 西安：陕西师范大学硕士学位论文 .

兰正文，郑少智 . 2007. 基于突变级数法的集群竞争力综合评价——以港澳台商投资广东省制造业为例 . 统计科学与实践，(5)：16-18.
李承国 . 2008. 山东省主体功能区划分研究 . 济南：山东师范大学硕士学位论文 .
李光勤 . 2007. 成渝经济区城市群空间结构研究 . 重庆：西南大学硕士学位论文 .
李恒鑫 . 2010. 城际铁路对城市圈同城化的促进作用 . 综合运输，(4)：36-40.
李红，许露元 . 2013. 主体功能区建设中的理论与实践困境 . 经济纵横，(9)：20-23.
李佳洺，张文忠，孙铁山，等 . 2014. 中国城市群集聚特征与经济绩效 . 地理学报，69（4）：474-484.
李军，胡云锋，任旺兵，等 . 2013. 国家主体功能区空间型监测评价指标体系 . 地理研究，2（1）：123-132.
李军，任旺兵 . 2011. 国家主体功能区规划实施的几个关键问题 . 经济研究导刊，6（7）：240-243.
李俊高 . 2013. 我国城市群空间演进动因研究 . 成都：四川省社会科学院硕士学位论文 .
李平 . 2010. 通勤距离与城市空间扩展的关系研究 . 北京：北京交通大学硕士学位论文 .
李强，刘蕾 . 2014. 基于要素指数法的皖江城市带土地资源承载力评价 . 地理与地理信息科学，30（1）：56-59.
李绍飞，孙书洪，王向余 . 2007. 突变理论在海河流域地下水环境风险评价中的应用 . 水利学报，38（11）：1312-1317.
李雯燕，米文宝 . 2008. 地域主体功能区划研究综述与分析 . 经济地理，28（3）：357-361.
李仙德，白光润 . 2009-094-01. 转型期上海城市空间重构的动力机制探讨 . 现代城市研究，9：11-18.
李宪坡 . 2008. 解析我国主体功能区划基本问题 . 人文地理，23（1）：20-24.
李晓晖，肖荣波，廖远涛，等 . 2010. 同城化下广佛区域发展的问题与规划对策探讨 . 城市发展研究，17（12）：77-83.
李晓莉 . 2008. 大珠三角城市群空间结构的演变 . 城市规划学刊，32（2）：49-52.
李迎成，王兴平 . 2013. 沪宁高速走廊地区的同城化效应及其影响因素研究 . 现代城市研究，(3)：84-89，120.
李永华 . 2009. 甘肃省主体功能区划中的生态系统重要性评价 . 兰州：兰州大学硕士学位论文 .
林东华 . 2013. 基于集成的同城化租金分析及战略思考 . 福州大学学报（哲学社会科学版），27（4）：43-48.
林锦耀，黎夏 . 2014. 基于空间自相关的东莞市主体功能区划分 . 地理研究，33（2）：349-357.
林征 . 2008. 软件重构——基于秦山核电系统的实例研究 . 上海：上海交通大学硕士学位论文 .
刘传明 . 2008. 省域主体功能区规划理论与方法的系统研究 . 武汉：华中师范大学博士学位论文 .

刘桂文 . 2010. 主体功能区视角下的县域城镇化发展路径探析 . 热带地理，30（2）：194-199.
刘红 . 2010. 主体功能区的土地权益补偿机制构建 . 商业时代，(9)：101-102.
刘纪远，王新生，庄大方，等 . 2003. 凸壳原理用于城市用地空间扩展类型识别 . 地理学报，58（6）：885-892.
刘继斌 . 2012. 长吉图区域空间结构重组与管治研究 . 长春：东北师范大学博士学位论文 .
刘克华，陈仲光 . 2005. 区域管治的新探索：厦泉漳城市联盟规划战略 . 经济地理，25（6）：843-846.
刘荣增 . 2003. 城镇密集区发展演化机制与整合 . 北京：经济科学出版社 .
刘如菲 . 2013. 后现代地理学视角下的城市空间重构：洛杉矶学派的理论与实践 . 中国市场，(12)：64-69.
刘玉亭，王勇，吴丽娟 . 2013. 城市群概念，形成机制及其未来研究方向评述 . 人文地理，28（1）：62-68.
龙拥军 . 2013. 基于主体功能区的重庆市区域统筹发展研究 . 重庆：西南大学博士学位论文 .
陆大道 . 1990. 中国工业布局的理论与实践 . 北京：科学出版社 .
陆大道 . 1995. 区域发展及其空间结构 . 北京：科学出版社 .
陆敏，张述林 . 2008. 基于空间结构的重庆市“一小时经济圈”旅游发展战略研究 . 北京第二外国语学院学报，(7)：71-75.
栾贵勤，田芳，孟仁振 . 2008. 试论主体功能区的产业政策规划 . 经济师，(11)：82-83.
罗小明 . 2009. 基于突变理论的战场电磁环境复杂性评价方法研究 . 装备指挥技术学院学报，20（1）：7-11.
马随随，朱传耿，仇方道 . 2010. 我国主体功能区划研究进展与展望 . 世界地理研究，19（4）：91-97.
马随随 . 2013. 主体功能区导向下新沂市空间结构现状及其优化对策 . 淮海文汇（3）：33-35.
马晓冬，朱传耿，马荣华，等 . 2008. 苏州地区城镇扩展的空间格局及其演化分析 . 地理学报，63（4）：405-416.
马学广 . 2012. 城市边缘区空间重构的驱动机理研究述评 . 特区经济，(10)：251-254.
满强 . 2011. 基于主体功能区划的区域协调发展研究 . 长春：东北师范大学博士学位论文 .
牟勇 . 2009. 合淮同城化：内涵、效应、障碍与实现 . 消费导刊，(21)：124-124.
彭震伟，屈牛 . 2011. 我国同城化发展与区域协调规划对策研究 . 现代城市研究，6：20-24.
彭智勇 . 2014. 府际协调理论视角下“宁镇扬同城化”发展的思考 . 江南论坛，(1)：9-11.
秦尊文 . 2009. 武汉孝感同城化问题研究 . 中国地质大学学报（社会科学版），9（4）：13-16.
邱强 . 2014. 适应主体功能区的财政转移支付制度研究 . 厦门：厦门大学硕士学位论文 .
曲林，曲鑫，李德江 . 2012. 黑龙江省主体功能区规划动态监测技术研究 . 测绘与空间地理信息，35（12）：27-28，31.
渠立权 . 2014. 淮海经济区区域空间结构评价与重构 . 地理与地理信息科学，30（1）：76-80.
芮旸 . 2013. 不同主体功能区城乡一体化研究：机制、评价与模式 . 西安：西北大学博士学位论文 .

桑秋，张平宇，罗永峰，等. 2009. 沈抚同城化的生成机制和对策研究. 人文地理，24（3）：32-36.

尚正永，白永平. 2007. 赣州市 1 小时城市经济圈划分研究. 地域研究与开发，26（1）：16-19.

宋吉涛，方创琳，宋敦江. 2006. 中国城市群空间结构的稳定性分析. 地理学报，61（12）：1311-1325.

宋家泰. 1980. 城市-区域与城市区域调查研究——城市发展的区域经济基础调查研究. 地理学报，35（4）：277-287.

宋小冬，廖雄赳. 2003. 基于 GIS 的空间相互作用模型在城镇发展研究中的应用. 城市规划汇刊，（3）：46-51.

宋煜. 2008. 国内同城化战略的实施回顾及个案剖析. 上海：同济大学硕士学位论文.

宋云婷. 2013. 长春市功能扩散与空间重构研究. 长春：东北师范大学硕士学位论文.

苏珏灿. 2013. 城市更新背景下的空间重构——以重庆市为例. 城市开发，（9）：86-87.

孙鹏，曾刚. 2009. 基于新区域主义视角的我国地域主体功能区规划解读. 改革与战略，25（11）：95-98.

孙鹏，曾刚. 2013. 中国大都市主体功能区规划的基础理论体系构建——基于复合生态系统理论. 开发研究，（1）：26-29.

孙鹏. 2011. 中国大都市主体功能区规划的理论与实践——以上海市为例. 上海：华东师范大学博士学位论文.

孙一飞. 1994. 中国城镇密集区研究. 南京：南京大学博士学位论文.

谭波，邓远建，黄鹂. 2012. 中国主体功能区规划下的区域发展金融支持研究. 中南财经政法大学学报，（3）：80-85.

谭跃. 2009. 城市空间结构演化研究. 重庆：重庆大学硕士学位论文.

汤放华，陈立立，曾志伟，等. 2010. 城市群空间结构演化趋势与空间重构——以长株潭城市群为例. 城市发展研究，（3）：65-69.

汤放华，魏清泉，陈立立，等. 2008. 基于分形理论的长株潭城市群等级规模结构研究及对策. 人文地理，23（5）：43-46.

唐启国. 2010. 关于宁镇扬同城化示范区提升为国家战略的思考. 城市，（12）：17-20.

童长江. 2014. 基于“主体功能区”的城乡经济发展一体化模式探讨——以湖北省鄂州市为例. 鄂州大学学报，21（2）：5-6.

王成金，金凤君. 2005. 中国交通运输地理学的研究进展与展望. 地理科学进展，24（6）：66-78.

王春才，赵坚. 2007. 城市交通与城市空间演化相互作用机制研究. 城市问题，（6）：15-19.

王德，郭玖玖. 2008. 北京市一日交流圈的空间特征及其动态变化研究. 现代城市研究，23（5）：68-75.

王德，宋煜，沈迟，等. 2009. 同城化发展战略的实施进展回顾. 城市规划学刊，（4）：74-78.

王佃利，杨妮. 2013. 城市群发展中的同城化策略探析——以省会城市群发展为例. 山东行政学院学报，(3)：31-35.
王发曾，刘静玉. 2007. 我国城市群整合发展的基础与实践. 地理科学进展，26（5）：88-99.
王桂圆，陈眉舞. 2004. 基于GIS的城市势力圈测度研究——以长江三角洲地区为例. 地理与地理信息科学，20（3）：69-73.
王建军，王新涛. 2008. 省域主体功能区划的理论基础与方法. 地域研究与开发，27（2）：15-19.
王珺. 2008. 武汉城市圈空间结构优化研究. 武汉：华中科技大学博士学位论文.
王丽，邓羽，牛文元. 2013. 城市群的界定与识别研究. 地理学报，68（8）：1059-1070.
王明苹. 2011. 新城市时代中国特大城市空间重构研究. 济南：山东师范大学硕士学位论文.
王倩. 2007. 主体功能区绩效评价研究. 经济纵横，(7)：21-23.
王倩倩. 2012. 主体功能区监测评价指标体系及典型空间数据集建设. 阜新：辽宁工程技术大学硕士学位论文.
王强，伍世代，李永实，等. 2009. 福建省域主体功能区划分实践. 地理学报，64（6）：725-735.
王士君，高群. 2001. 论长春—吉林城市整合发展. 经济地理，21（5）：589-593.
王伟，方朝阳. 2012. 鄱阳湖生态经济区小时交流圈划分与研究. 江西师范大学学报（自然科学版），35（6）：651-656.
王伟. 2008. 中国三大城市群空间结构及其集合能效研究. 上海：同济大学博士学位论文.
王颖. 2012. 东北地区区域城市空间重构机制与路径研究. 长春：东北师范大学博士学位论文.
王玉，许松辉，林太志. 2012. 同城化背景下的地区整合规划——以广佛金沙洲地区为例. 规划师，27（12）：18-23.
王昱，丁四保，王荣成. 2009. 主体功能区划及其生态补偿机制的地理学依据. 地域研究与开发，28（1）：17-22.
王振. 2010. 长三角地区的同城化趋势及其对上海的影响. 科学发展，(4)：101-109.
王振波，徐建刚. 2010. 主体功能区划问题及解决思路探讨. 中国人口·资源与环境，20（8）：126-131.
王铮，孙翊. 2013. 中国主体功能区协调发展与产业结构演化. 地理科学，33（6）：641-648.
魏婷，朱晓东，李杨帆，等. 2008. 突变级数法在厦门城市生态安全评价中的应用. 应用生态学报，19（7）：1522-1528.
翁钢民，鲁超. 2009. 基于突变级数法的旅游产业竞争力评价研究——以西北五省为例. 软科学，23（6）：57-61.
邬文艳. 2009. 呼包鄂城市群空间结构及其演化机制. 呼和浩特：内蒙古师范大学硕士学位论文.
毋河海. 1997. 凸壳原理在点群目标综合中的应用. 测绘工程，6（1）：1-6.
吴建楠，程绍铂，姚士谋. 2013. 中国城市群空间结构研究进展. 现代城市研究，（12）：97-101.

吴蕊彤，李郇．2013．同城化地区的跨界管治研究——以广州-佛山同城化地区为例．现代城市研究，(2)：87-93．
吴瑞坚．2010．广佛同城化的协调机制研究——基于集团理论视角的分析．探求，(6)：12-15．
吴新文，罗阳辉．2012．哈尔滨一小时经济圈空间范围的界定研究．经济论坛，(11)：75-78．
吴扬，汪珠．2008．基于GIS的城市影响腹地划分研究——以长三角为例．云南地理环境研究，20（6)：45-50．
吴茵，李满春，毛亮．2006．GIS支持的县域城镇体系空间结构定量分析——以浙江省临安市为例．地理与地理信息科学，22（2)：73-77．
伍世代，李婷婷．2011．海西城市群工业空间格局与演化分析．地理科学，(3)：309-315．
伍世代，王强．2007．福建省城镇体系分形研究．地理科学，27（4)：493-498．
伍世代，王强．2008．中国东南沿海区域经济差异及经济增长因素分析．地理学报，63（2)：123-134．
伍世代．2000．GIS支持的福清市多目标土地适宜性评价．福建师范大学学报（自然科学版)，16（3)：87-90．
伍贤旭．2004．区域经济空间结构重组与产业结构调整关系研究．克山师专学报，23（2)：8-10．
厦门市地方税务局课题组．2013．促进厦漳泉经济同城化发展的税收政策研究．发展研究，(3)：68-76．
肖枫，张俊江．1990．城市群体经济运行模式——兼论建立“共同市场”问题．城市问题，(4)：10-14．
谢俊贵，刘丽敏．2009．同城化的社会功能分析及社会规划视点．广州大学学报（社会科学版)，8（8)：24-28．
邢铭．2007．沈抚同城化建设的若干思考．城市规划，31（10)：52-56．
徐琳瑜，杨志峰，李巍．2005．城市生态系统承载力理论与评价方法．生态学报，25（4)：771-777．
徐明．2010．省级主体功能区财税政策探讨．现代经济探讨，(5)：71-75．
许学强，周一星，宁越敏．1997．城市地理学．北京：高等教育出版社．
闫晴．2012．我国区域城市整合与同城化发展研究．长春：东北师范大学硕士学位论文．
阎欣．2014．城际交通发展规划对厦漳泉大都市区经济社会空间格局影响研究．厦门：厦门大学硕士学位论文．
杨海华．2010．广佛同城化的生成机制和合作模式研究．广东经济，(8)：48-51．
杨海华．2014．同城化背景下宁镇扬区域协调制度研究．城市管理与科技，(1)：17-19．
杨卫东，邓润飞．2014．同城化背景下城市群综合交通发展对策．综合运输，(1)：58-61．
杨再高．2009-04-01．以广佛同城化携领珠三角一体化．南方日报，A13．
姚士谋，陈振光，朱英明．2006．中国城市群．北京：中国科学技术大学出版社．
姚士谋，李青，武清华，等．2010．我国城市群总体发展趋势与方向初探．地理研究，(8)：1345-1354．

姚士谋，武清华，薛凤旋，等. 2011. 我国城市群重大发展战略问题探索. 人文地理，26（1）：1-4.
叶玉瑶，张虹鸥，李斌. 2008. 生态导向下的主体功能区划方法初探. 地理科学进展，27（1）：39-45.
殷洁，罗小龙. 2013. 尺度重组与地域重构：城市与区域重构的政治经济学分析. 人文地理，8（2）：67-73.
于洪俊，宁越敏. 1983. 城市地理概论. 合肥：安徽科学技术出版社.
俞孔坚，李迪华. 2002. 论反规划与城市生态基础设施建设. 杭州城市绿色论坛论文集：55-68.
袁安贵. 2008. 成渝城市群经济空间发展研究. 成都：西南财经大学博士学位论文.
曾群华，徐长乐. 2013. 后世博时代长三角区域联动效应的同城化研究. 中国名城，（12）：32-38.
曾群华. 2011. 新制度经济学视角下的长三角同城化研究. 上海：华东师范大学博士学位论文.
曾月娥，伍世代，李永实，等. 2012a. 海西经济区同城化的地学透视——以厦漳同城化为例. 贵州大学学报（自然科学版），29（1）：105-109.
曾月娥，伍世代，李永实，等. 2012b. 基于潜能模型的城市同城化透视——以厦门漳州两市为例. 重庆师范大学学报（自然科学版），29（5）：78-82.
张超. 2013. 沈抚同城化进程中地方政府职能转变研究. 沈阳：辽宁大学硕士学位论文.
张广海，李雪. 2007. 山东省主体功能区划分研究. 地理与地理信息科学，23（4）：57-61.
张浩然，衣保中. 2012. 城市群空间结构特征与经济绩效——来自中国的经验证据. 经济评论，2012，（1）：42-47.
张洪军. 2009. 基于 GIS 的山东半岛城市群空间布局研究. 开封：河南大学博士学位论文.
张建新，霍小平. 2010. 城市功能调整与均衡区域构建——基于主体功能区建设背景下的视角. 城市问题，（5）：14-17.
张莉，陆玉麒. 2001. 河北省城市影响及空间发展趋势研究. 地理学与国土研究，17（1）：11-15.
张林波，李文华，刘孝富，等. 2009. 承载力理论的起源、发展与展望. 生态学报，29（2）：878-888.
张明东，陆玉麒. 2009. 我国主体功能区划的有关理论探讨. 地域研究与开发，28（3）：7-11.
张倩，胡云锋，刘纪远，等. 2011. 基于交通、人口和经济的中国城市群识别. 地理学报，66（6）：761-770.
张鲜化，陈金泉. 2005. 多目标突变论在城市空间发展方向决策中的应用. 南方冶金学院学报，26（3）：51-55.
张洵，欧向军，叶磊，等. 2013. 中心城市为依托的区域空间重构分析——以江苏省为例. 地理与地理信息科学，29（2）：54-59.
张耀军，陈伟，张颖. 2010. 区域人口均衡：主体功能区规划的关键. 人口研究，34（4）：

8-19.
张志斌，陆慧玉 . 2010. 主体功能区视角下的兰州—西宁城镇密集区空间结构优化 . 干旱区资源与环境，24（10）：13-18.
章孝灿，戴企成 . 2002. GIS 中基于拓扑结构和凸壳技术的快速 TIN 生成算法 . 计算机学报，25（11）：1212-1218.
赵桂红，丁治国，罗亚涵 . 2008. 基于联盟航线网络的香港和广州机场定位分析 . 综合运输，21（11）：60-63.
赵景华，李宇环 . 2012. 国家主体功能区整体绩效评价模式研究 . 中国行政管理，(12)：20-24.
赵璟，党兴华 . 2012. 基于分形理论的城市群最优空间结构模型与应用 . 西安理工大学学报，28（2）：240-246.
赵永江，董建国，张莉 . 2008. 主体功能区规划指标体系研究——以河南省为例 . 地域研究与开发，26（6）：39-42.
赵云伟 . 2001. 当代全球城市的城市空间重构 . 国外城市规划，15（5）：2-5.
钟海燕 . 2006. 成渝城市群研究 . 成都：四川大学博士学位论文 .
钟晓青，叶大青 . 2011. 基于重心、中心地理论的广东省主体功能分区 . 应用生态学报，55（5）：1267-1274.
钟业喜，文玉钊 . 2013. 城市群空间结构效益比较与优化研究——以江西省为例 . 地理科学，33（11）：1309-1315.
周民良 . 2000. 经济重心，区域差距与协调发展 . 中国社会科学，（2）：42-53.
周强，张勇 . 2008. 基于突变级数法的绿色供应链绩效评价研究 . 中国人口 · 资源与环境，18（5）：108-111.
周小平，于小荷，倪超 . 2013.《 全国主体功能区规划》实施阻力及其解决路径探讨 . 北京化工大学学报：社会科学版，（1）：29-33.
周轶男 . 2011. 宁波市域北部同城化及空间发展研究 . 杭州：浙江大学硕士学位论文 .
朱传耿，仇方道，马晓冬，等 . 2007. 地域主体功能区划理论与方法的初步研究 . 地理科学，27（2）：136-141.
朱高儒，董玉祥 . 2009. 基于公里网格评价法的市域主体功能区划与调整——以广州市为例 . 经济地理，29（7）：1097-1102.
朱虹霖 . 2010. 广佛同城发展动因分析——经济社会发展的可能与必然 . 南方论刊，(7)：11-12.
朱惠斌，李贵才 . 2013. 深港联合跨界合作与同城化协作研究 . 经济地理，33（7）：9-14.
朱顺娟 . 2012. 长株潭城市群空间结构及其优化研究 . 长沙：中南大学博士学位论文 .
朱铁臻 . 2007-10-09. “同城化”是城市现代化发展的新趋势 . 中国经济时报，A14.
朱翔，贺清云，徐美 . 2012. 长株潭城市群主体功能区划分研究 . 湖南大学学报（社会科学版），26（5）：59-62.
诸大建，王世营 . 2011. 上海城市空间重构与新城发展研究 . 城市与区域规划研究，4（1）：57-68.

祝诗蓓，程琳. 2011. 基于最短路径的等时缓冲区分析及其应用. 交通运输工程与信息学报，27（10）：1-10.

Apparicio P，Abdelmajid M，Riva M，et al. 2008. Comparing alternative approaches to measuring the geographical accessibility of urban health services：Distance types and aggregation-error issues. International Journal of Health Geographics，7（1）：7-23.

Apparicio P，Cloutier M S，Shearmur R. 2007. The case of Montreal's missing food deserts：Evaluation of accessibility to food supermarkets. International Journal of Health Geographics，6（1）：4-27.

Benenson I，Martens K，Rofé Y，et al. 2001. Public transport versus private car GIS-based estimation of accessibility applied to the Tel Aviv metropolitan area. The Annals of Regional Science，47（3）：499-515.

Cao X，Chen H，Li L，et al. 2009. Private car travel characteristics and influencing factors in chinese cities：A case study of Guangzhou in Guangdong，China. Chinese Geographical Science，19（4）：325-332.

Chikofsky E J，Cross J H. 1990. Reverse engineering and design recovery：A taxonomy. Software IEEE，7（1）：13-17.

Dijst M，Vidakovic V. 2000. Travel time ratio：The key factor of spatial reach. Transportation，27（2）：179-199.

Feng Z，Yuan H，Liu J，et al. 2013. Selection model of trip time for rural population. Journal of Central South University，20（1）：274-278.

Geddes S P. 1915. Cities in Evolution：An Introduction to the Town Planning Movement and to the Study of Civics. London：Williams & Norgate.

Glaeser E L，Kohlhase J E. 2004. Cities，regions and the decline of transport costs. Papers in Regional Science，83（1）：197-228.

Gottmann J. 1957. Megalopolis or the urbanization of the northeastern seaboard. Economic geography，33（3）：189-200.

Hansen V E. 1959. Report of Engineering Research with Recommendations for Strengthening the Program. Logan：Utah Water University.

Howard E. 1898. To-morrow：A Peaceful Path to Real Reform. London：Cambridge University Press.

Hu R，Dong S，Zhao Y，et al. 2013. Assessing potential spatial accessibility of health services in rural China：A case study of Donghai county. International Journal for Equity in Health，12（1）：35-45.

Ibem E O. 2013. Accessibility of Services and Facilities for Residents in Public Housing in Urban Areas of Ogun State，Nigeria. Urban Forum：Springer.

Kang Y，Sun D. 2013. Lattice hydrodynamic traffic flow model with explicit drivers' physical delay. Nonlinear Dynamics，71（3）：531-537.

Khisty C J，Ayvalik C K. 2003. Automobile dominance and the tragedy of the land- use/transport system: Some critical issues. Systemic Practice and Action Research, 16 (1): 53-73.

Lee K, Lee H Y. 1998. A new algorithm for graph- theoretic nodal accessibility measurement. Geographical Analysis, 30 (1): 1-14.

Li S, Shum Y. 2001. Impacts of the national trunk highway system on accessibility in China. Journal of Transport Geography, 9 (1): 39-48.

McGee T G. 1991. The emergence of desakota regions in Asia: Expanding a hypothesis. The extended metropolis: Settlement transition in Asia: 3-25.

Miller H J, Wu Y H. 2000. GIS software for measuring space- time accessibility in transportation planning and analysis. GeoInformatica, 4 (2): 141-159.

Mogridge M. 1986. If London is more spread out than Paris, why don't Londoners travel more than Parisians. Transportation, 13 (1): 85-104.

Munoz U H, Kallestal C. 2012. Geographical accessibility and spatial coverage modeling of the primary health care network in the Western Province of Rwanda. International Journal of Health Geographics, 11 (1): 40-51.

Olaru D, Smith B. 2005. Modelling behavioural rules for daily activity scheduling using fuzzy logic. Transportation, 32 (4): 423-441.

Owen W. 1987. Transportation and World Development. Maryland: Johns Hopkins University Press.

Polo V, Gonzalez-Navarrete P, Silvi B, et al. 2008. An electron localization function and catastrophe theory analysis on the molecular mechanism of gas- phase identity SN2 reactions. Theoretical Chemistry Accounts, 120 (4-6): 341-349.

Radke J, Mu L. 2000. Spatial decompositions, modeling and mapping service regions to predict access to social programs. Geographic Information Sciences, 6 (2): 105-112.

Salze P, Banos A, Oppert J M, et al. 2011. Estimating spatial accessibility to facilities on the regional scale: An extended commuting-based interaction potential model. International Journal of Health Geographics, 10 (1): 2-18.

Sassen S. 2000. Analytic borderlands: Economy and culture in the global city. A Companion to the City: 168-180.

Soleimani M, Tavallaei S, Mansuorian H, et al. 2014. The assessment of quality of life in transitional neighborhoods. Social Indicators Research, 119 (3): 1589-1602.

Tyrinopoulos Y, Antoniou C. 2013. Factors affecting modal choice in urban mobility. European Transport Research Review, 5 (1): 27-39.

Ullman E L. 1957. American Commodity Flow: A Geographic Interpretation of Rail and Water Traffic Based on Principles of Spatial Interchange. Washington D C: University of Washington Press.

Wang K, Deng Y, Sun D, et al. 2014. Evolution and spatial patterns of spheres of urban influence in China. Chinese Geographical Science, 24 (1): 126-136.

Weber C, Puissant A. 2003. Urbanization pressure and modeling of urban growth: Example of the Tunis Metropolitan Area. Remote Sensing of Environment, 86 (3): 341-352.

Wei X, Kong W. 2013. Research on Travel Mode and Travel Decision-Making of Low-Income Groups in Guangzhou City. Proceedings of 20th International Conference on Industrial Engineering and Engineering. Management: Springer.

Yang Z, Yi C, Zhang W, et al. 2014. Affordability of housing and accessibility of public services: Evaluationof housing programs in Beijing. Journal of Housing and the Built Environment, 29 (3): 521-540.

Ye L, Hui Y, Yang D. 2013. Road traffic congestion measurement considering impacts on travelers. Journal of Modern Transportation, 21 (1): 28-39.

Zhang X, Lu H, Holt J B. 2011. Modeling spatial accessibility to parks: A national study. International Journal of Health Geographics, 10 (1): 31-45.

Zhou Y. 1991. The Metropolitan Interlocking Region in China: A preliminary Hypothesis. The Extended Metropolis: Settlement Transition in Asia. Honolulu: University of Hawaii Press.

Zhu X, Liu S. 2004. Analysis of the impact of the MRT system on accessibility in Singapore using an integrated GIS tool. Journal of Transport Geography, 12 (2): 89-101.

附　　录

厦漳泉城市群同城化民众心理调查问卷

问卷编号：
调查单位：福建师范大学地理科学学院厦漳泉城市群同城化研究课题组

尊敬的被访者：

您好！我们是福建师范大学地理科学学院厦漳泉城市群同城化研究课题组，目前正在进行有关厦漳泉同城化课题的调研。同城化是指几个相邻的城市间实现基础设施、政策等共享，交通便利，人们往返这几个城市间就像是生活在同一个城市一样。为了能够更加全面而客观地分析大家对厦漳泉城市群同城化的看法及其对大家生活的影响，我们特组织这次调查。恳请您在百忙之中抽出时间，根据自己的实际填写这份问卷，您提供的信息将作为厦漳泉城市群空间重构的重要依据。您的信息我们将严格保密！对您的理解、支持与合作，我们不胜感谢！

在您选中的项目编码上打“√”

1. 您的性别是

A. 男　B. 女

2. 您的年龄是

A. < 18 岁　B. 18 ~ 34 岁　C. 35 ~ 60 岁　D. >60 岁

3. 您的职业是

A. 学生　B. 工人　C. 农民　D. 商人
E. 公务员、事业单位人员　F. 企业、公司人员　G. 服务性工作人员
H. 自由职业者　I. 退休人员

4. 您的月收入是

A. < 2000 元　B. 2000 ~ 4000 元　C. 4000 ~ 6000 元　D. >6000 元

5. 您现所在地是

A. 厦门市　B. 漳州市　C. 泉州市　D. 其他

6. 您的家人（父母、夫妻、子女）居住地是

A. 厦门市　　B. 漳州市　　C. 泉州市　　D. 其他

7. 您是否有外出到厦门市/泉州市/漳州市吗？

A. 很经常　　B. 经常　　C. 一般　　D. 偶尔

E. 不去

该题若选择 E，则直接跳到第 21 题

8. 正常情况下，您到汽车站的交通工具

A. 私家车　　B. 公交车　　C. 出租车　　D. 摩托车或电动车

E. 人力三轮车　　F. 步行

9. 正常情况下，您到火车站的交通工具

A. 私家车　　B. 公交车　　C. 出租车　　D. 摩托车或电动车

E. 人力三轮车　　F. 步行

10. 通常情况下，您坐公交车到汽车站需多长时间？

具体时间：

11. 通常情况下，您坐公交车到火车站需多长时间？

具体时间：

12. 通常情况下，坐公交车到汽车站、火车站让您感到非常满意、满意、一般、不满意和非常不满意的时间分别是多少？

到汽车站					到火车站				
很满意	满意	一般	不满意	很不满意	很满意	满意	一般	不满意	很不满意

13. 正常情况下，您外出到厦门市/泉州市/漳州市的交通工具是

A. 私家车　　B. 客运汽车　　C. 动车　　D. 火车

E. 公交车　　F. 摩托车

14. 您认为您到厦门市/泉州市/漳州市方便吗？

A. 很方便　　B. 比较方便　　C. 一般　　D. 不方便

E. 很不方便

15. 五年前，您到厦门市/泉州市/漳州市的交通工具是

A. 私家车　　B. 客运汽车　　C. 动车　　D. 火车

E. 公交车　　F. 摩托车

16. 与五年前相比，您是否认为您到厦门市/泉州市/漳州市更加方便？

A. 十分赞成　　B. 比较赞成　　C. 一般　　D. 比较不赞成

E. 非常不赞成

17. 通常情况下，从长途汽车/火车站出发进行厦门市/泉州市/漳州市的非常满意、满意、一般、不满意和非常不满意的时间阀值各是多少？

很满意	满意	一般	不满意	很不满意

18. 您认为交通对厦漳泉同城化重要吗
A. 最重要　B. 重要　C. 一般　D. 不重要
E. 没有关系
19. 您对厦漳泉目前城内可达性满意吗？
A. 很满意　B. 满意　C. 一般　D. 不满意
E. 很不满意
20. 您对厦漳泉目前城际可达性满意吗？
A. 很满意　B. 满意　C. 一般　D. 不满意
E. 很不满意
21. 您是否外出到其他县市吗？
A. 很经常　B. 经常　C. 一般　D. 偶尔
E. 不去
22. 您外出到其他县市的交通工具是
A. 私家车　B. 客运汽车　C. 动车　D. 火车
E. 公交车　F. 摩托车　G. 步行
23. 几年前，您外出到其他县市的交通工具是
A. 私家车　B. 客运汽车　C. 动车　D. 火车
E. 公交车　F. 摩托车　G. 步行
24. 您是否支持厦漳泉同城化？
A. 很支持　B. 比较支持　C. 一般　D. 比较不支持
E. 很不支持
25. 您认为实现厦漳泉同城化的可能性？
A. 一定会实现　B. 可能会实现　C. 一般　D. 可能不会实现
E. 一定不会实现
26. 厦漳泉同城化，您认为对您生活是否会产生影响？
A. 有很好影响　B. 有较好影响　C. 没有影响　D. 有较不好影响
E. 很不好影响
27. 您希望厦漳泉同城化的中心城市是
A. 厦门　B. 漳州　C. 泉州
28. 您是否认为同城化可以促进三个地区的发展？
A. 非常赞成　B. 比较赞成　C. 一般　D. 比较不赞成

E. 非常不赞成

29. 您是否希望厦漳泉城际客运公交化？

A. 非常希望　B. 比较希望　C. 一般　D. 比较不希望

E. 非常不希望

30. 建成"1h"交通网后，您是否愿意周末到厦门市/泉州市/漳州市游玩吗？

A. 非常愿意　B. 比较愿意　C. 一般　D. 比较不愿意

E. 非常不愿意

31. 建成"1h"交通网后，您是否愿意到厦门市/泉州市/漳州市购物吗？

A. 非常愿意　B. 比较愿意　C. 一般　D. 比较不愿意

E. 非常不愿意

32. 如果生病，您是否愿意到厦门市/泉州市/漳州市看病吗？

A. 非常愿意　B. 比较愿意　C. 一般　D. 比较不愿意

E. 非常不愿意

33. 您是否认为同城化会导致地区风俗消失？

A. 非常赞成　B. 比较赞成　C. 一般　D. 比较不赞成

E. 非常不赞成

34. 您是否认为厦漳泉同城化可以加强闽南文化的交流？

A. 非常赞成　B. 比较赞成　C. 一般　D. 比较不赞成

E. 非常不赞成

35. 如果您有将就学的子女，您是否愿意送您子女到除您居住地外的其他两个地区就学吗？

A. 非常希望　B. 比较希望　C. 一般　D. 比较不希望

E. 非常不希望

36. 您是否愿意在除您居住地外的其他两个地区购房？

A. 非常希望　B. 比较希望　C. 一般　D. 比较不希望

E. 非常不希望

37. 出于什么原因您愿意（不愿意）到其他两个地方购房？

A. 房价原因　B. 交通原因　C. 教育原因　D. 设施原因

E. 工作原因　F. 其他原因

38. 您对您目前居住地方的基础设施满意吗？

A. 非常希望　B. 比较希望　C. 一般　D. 比较不希望

E. 非常不希望

39. 您是否赞成厦漳泉同城化应使用统一区号？

A. 非常赞成　B. 比较赞成　C. 一般　D. 比较不赞成

E. 非常不赞成

40. 您是否赞成厦漳泉同城化可以加强和台湾的合作？

A. 非常赞成　B. 比较赞成　C. 一般　D. 比较不赞成

E. 非常不赞成

41. 您是否希望取消厦漳泉的户籍差异？

A. 非常希望　B. 比较希望　C. 一般　D. 比较不希望

E. 非常不希望

42. 您是否希望厦漳泉同城化可以实现工资待遇的一致？

A. 非常赞成　B. 比较赞成　C. 一般　D. 比较不赞成

E. 非常不赞成

43. 您是否希望实现厦漳泉土地资源的统一调配？

A. 非常希望　B. 比较希望　C. 一般　D. 比较不希望

E. 非常不希望

44. 您是否希望实现厦漳泉水资源的统一调配？

A. 非常希望　B. 比较希望　C. 一般　D. 比较不希望

E. 非常不希望

45. 您是否认为厦漳泉同城化可以改善水质污染？

A. 非常赞成　B. 比较赞成　C. 一般　D. 比较不赞成

E. 非常不赞成

46. 您是否认为厦漳泉同城化可以改善近海污染？

A. 非常赞成　B. 比较赞成　C. 一般　D. 比较不赞成

E. 非常不赞成

47. 您是否赞成“服务同城化，政治文化个性化”？

A. 非常赞成　B. 比较赞成　C. 一般　D. 比较不赞成

E. 非常不赞成

48. 您认为实现厦漳泉同城化的关键在于

A. 综合交通　B. 政策战略　C. 文化教育　D. 医疗保险

E. 共同市场　F. 资源共享　G. 产业发展　H. 无户籍差别

49. 请您对您希望尽早实现一体化的方面进行排序（共有七个方面，请分别在□内填写1～7，1表示希望最早实现，2表示希望较早实现，以此类推）

项目	交通网	医疗卫生	社保医保	户籍制度	文化	教育	基础设施
序号							

再次感谢您参与本次调查！衷心祝您一切顺利！

调查员调查情况登记表

姓名		调查时间	
调查方式		联系方式